高等院校计算机任务驱动教改教材

人工智能程序设计
（Java）
（微课视频版）

赵 彦 主编

清华大学出版社
北京

内 容 简 介

本书是2022年百度松果学堂高校合作项目资助计划立项建设项目的成果,是江苏省高校"青蓝工程"优秀教学团队(苏教师函〔2022〕29号)的阶段性成果。本书为新形态一体化教材,可与中国大学MOOC平台"零基础闯关Java挑战二级"课程、江苏省职业教育移动互联应用技术专业教学资源库"Java语言程序设计"课程、广东省高职教育嵌入式技术应用专业教学资源库的"Java程序设计"课程配套使用。

本书紧扣电子信息大类"Java程序设计"课程的要求,针对日常教学中学生"学不会、考不过"的问题,按照"理论精解、实践演练、考题精讲"三步走战略,重点讲解了Java语言的基本特性、面向对象技术、数组、字符串、异常处理机制、数据流技术、集合、用户图形界面设计以及Applet小程序的知识。

本书特色如下:学生随时可扫描二维码视频学习,从零基础初学者快速成长为Java编程高手;教师可获得丰富的立体化资源,配套题库丰富,全面破解Java的重点和难点。另外,本书配套提供了PPT、120个视频、41个实例、294道习题。

本书适合零基础Java初学者,既可以作为本科和高职院校Java课程的配套教材,也可以作为专业人员的参考用书。

本书封面贴有清华大学出版社防伪标签,无标签者不得销售。
版权所有,侵权必究。举报:010-62782989,beiqinquan@tup.tsinghua.edu.cn。

图书在版编目(CIP)数据

人工智能程序设计:Java.微课视频版/赵彦主编.—北京:清华大学出版社,2023.3(2025.1重印)
高等院校计算机任务驱动教改教材
ISBN 978-7-302-62643-5

Ⅰ.①人… Ⅱ.①赵… Ⅲ.①人工智能-高等学校-教材 Ⅳ.①TP18

中国国家版本馆CIP数据核字(2023)第019966号

责任编辑:张龙卿
封面设计:薛茗兮 徐巧英
责任校对:袁 芳
责任印制:沈 露

出版发行:清华大学出版社
网 址:https://www.tup.com.cn,https://www.wqxuetang.com
地 址:北京清华大学学研大厦A座 邮 编:100084
社 总 机:010-83470000 邮 购:010-62786544
投稿与读者服务:010-62776969,c-service@tup.tsinghua.edu.cn
质量反馈:010-62772015,zhiliang@tup.tsinghua.edu.cn
课件下载:https://www.tup.com.cn,010-83470410

印 装 者:三河市龙大印装有限公司
经 销:全国新华书店
开 本:185mm×260mm 印 张:17.25 字 数:414千字
版 次:2023年4月第1版 印 次:2025年1月第3次印刷
定 价:54.00元

产品编号:098566-02

前 言

Java自诞生以来,稳居世界编程语言排行榜前三甲。另外,Android、JavaScript、Java EE均属于Java阵营。Java阵营占据整个编程界的半壁江山,是当前主流的计算机编程语言。

编者自2009年起,长期从事Java教学,在实际教学中发现学生的困境来自两方面:一是"学不会",无论是电子信息类的学生还是计算机类的学生,无论是本科生还是高职生,学完Java课程都很难做出实际的项目;二是"考不过",由于Java知识点琐碎,市面上的教材大多数复杂、啰唆,导致学生难以厘清其逻辑关系,期末考试大批量不及格是常有的现象,更不用说Java的考证(比如全国计算机等级考试二级Java科目)。如何让学生顺利掌握Java教学知识点,掌握Java编程技能,合理应对期末考试和Java考证,是很多学校教师和同学都要面对的难题。

如何让零基础的初学者可以快速掌握Java编程技巧,快速学会面向对象技术、文件操作、GUI编程、线程等知识,还能将这些知识融会贯通,可以手到擒来地进行自我验证、测试和实验呢?这就需要授课教师不仅要传递知识给学生,还要传递学习方法给学生。本书的宗旨就是让学生零基础学会Java,以课程考试过关、Java技能过关、二级Java科目高分过关作为学习目标,完成"教材+课程"的学习。本书作为新形态一体化教材配套提供优质资源,可以辅助教师教学,让学习者实现从零基础快速成长为Java编程高手的梦想。

本书符合电子信息大类Java程序设计课程的要求,结合全国计算机二级Java考试大纲,将Java教学内容划分为10个教学模块,共计44个小节,每个小节均按照"三步走"战略进行讲述,分别为"理论精解""实践演练""考题精讲"三部分,并匹配对应的PPT和视频讲解。"三步走"战略的详细介绍如下。

(1)理论精解:将Java程序设计中频繁出现的高频考点作为教学重点,以一语道破天机的方法归纳总结Java的语法和概念。

(2)实践演练:通过现场实操验证Java理论知识的应用,破解教学难点。

(3)考题精讲:理论讲完后,立即使用实际考题帮助学生加深记忆,实现温故而知新的效果,达到迅速提升的目的。

本书积极推进并践行党的二十大精神和习近平新时代中国特色社会主义思想进教材、进课堂、进头脑，以"立德树人"为根本，强调理论联系实际，落实知行合一。全书四个技能篇章与"劝学、笃行、情怀、修身"主线紧密对接，用工学结合的方式逐步训练学生的四个进阶式技能：基本程序设计思维→面向对象程序设计→深化高级编程知识→拓展界面设计技能。

第1篇为Java程序设计入门，包含第1、2章，介绍Java语言的起源、发展、特点和应用领域，理解并掌握Java中的数据类型、运算符、表达式以及程序控制语句的运用。

第2篇为Java面向对象技术，包含第3~5章，重点介绍类、对象、继承、多态、数组、字符串以及Java的异常处理机制。

第3篇为Java高级编程技术，包含第6~8章，重点介绍Java的I/O处理、线程、集合与泛型。

第4篇为Java的GUI设计，包含第9章和第10章，主要了解窗体、容器、布局、组件的使用、事件处理以及Applet的工作原理。

本书主编为赵彦老师，副主编为李轩涯博士。李博士为百度公司高校合作部总监，他全程参与到本书的方案设计、实施和审核中，对本书的编写提出了许多宝贵的意见和建议，在此表示由衷的感谢。

由于编者水平有限，书中难免有疏漏和不妥之处，恳请广大读者和同行专家批评、指正，欢迎提出宝贵意见。

编　者

2023年1月

目 录

第 1 篇 Java 程序设计入门

第 1 章 认识 Java ……………………………………………… 3
1.1 Java 的发展历史 ………………………………………… 3
1.2 Java 概述 ………………………………………………… 5
1.2.1 Java 的特点 ……………………………………… 5
1.2.2 考题精讲 ………………………………………… 7
1.3 Java 的实现机制 ………………………………………… 8
1.3.1 Java 虚拟机 ……………………………………… 8
1.3.2 垃圾回收机制 …………………………………… 9
1.3.3 代码安全性检查 ………………………………… 9
1.3.4 考题精讲 ………………………………………… 10
本章小结 …………………………………………………… 11
习题 ………………………………………………………… 11

第 2 章 Java 的基础特性 ……………………………………… 13
2.1 Java 的 8 种基本数据类型和 8 种包装类型 …………… 13
2.1.1 整型（byte、short、int、long）………………… 13
2.1.2 浮点型（float、double）………………………… 13
2.1.3 字符型（char）…………………………………… 14
2.1.4 布尔型（boolean）……………………………… 15
2.1.5 Java 的 8 种包装类型 …………………………… 15
2.1.6 实践演练 ………………………………………… 15
2.1.7 考题精讲 ………………………………………… 16
2.2 Java 的运算符和表达式 ………………………………… 17
2.2.1 算术运算符 ……………………………………… 17
2.2.2 比较运算符 ……………………………………… 18
2.2.3 逻辑运算符 ……………………………………… 18

        2.2.4 位运算符 ·· 18
        2.2.5 赋值运算符 ······································ 19
        2.2.6 运算符的优先次序 ································ 19
        2.2.7 实践演练 ·· 20
        2.2.8 考题精讲 ·· 21
   2.3 Java 的流程控制 ·· 21
        2.3.1 选择结构 ·· 21
        2.3.2 循环结构 ·· 23
        2.3.3 跳转语句 ·· 24
        2.3.4 实践演练 ·· 25
        2.3.5 考题精讲 ·· 26
   本章小结 ·· 27
   习题 ·· 28

第 2 篇　Java 面向对象技术

第 3 章　Java 的面向对象特性 ···································· 35
   3.1 类 ·· 35
        3.1.1 类的定义 ·· 35
        3.1.2 类定义的说明 ···································· 36
        3.1.3 实践演练 ·· 36
        3.1.4 考题精讲 ·· 37
   3.2 对象 ·· 38
        3.2.1 对象的创建 ······································ 38
        3.2.2 构造方法 ·· 39
        3.2.3 对象成员的访问 ·································· 40
        3.2.4 实践演练 ·· 40
        3.2.5 考题精讲 ·· 41
   3.3 包 ·· 42
        3.3.1 包的声明 ·· 42
        3.3.2 包的命名 ·· 43
        3.3.3 JDK 常用包 ······································ 43
        3.3.4 包的导入 ·· 43
        3.3.5 实践演练 ·· 44
        3.3.6 考题精讲 ·· 45
   3.4 继承 ·· 45
        3.4.1 继承的概念 ······································ 45
        3.4.2 如何定义子类 ···································· 45
        3.4.3 成员变量的继承 ·································· 46

         3.4.4 方法的继承与覆盖 ································ 46
         3.4.5 构造方法的继承 ···································· 46
         3.4.6 实践演练 ··· 47
         3.4.7 考题精讲 ··· 49
   3.5 多态 ·· 51
         3.5.1 多态的概念 ··· 51
         3.5.2 覆盖实现多态性 ···································· 51
         3.5.3 重载实现多态性 ···································· 51
         3.5.4 构造方法的重载 ···································· 51
         3.5.5 实践演练 ··· 52
         3.5.6 考题精讲 ··· 54
   3.6 抽象 ·· 55
         3.6.1 抽象类的概念 ·· 55
         3.6.2 抽象类的定义 ·· 55
         3.6.3 抽象类的说明 ·· 56
         3.6.4 实践演练 ··· 56
         3.6.5 考题精讲 ··· 57
   3.7 接口 ·· 59
         3.7.1 为什么要有接口 ···································· 59
         3.7.2 接口的定义 ·· 59
         3.7.3 接口的实现 ·· 59
         3.7.4 实践演练 ··· 60
   本章小结 ··· 65
   习题 ··· 65

第4章 Java 的数组和字符串 ································· 68
   4.1 一维数组 ·· 68
         4.1.1 一维数组的声明 ···································· 68
         4.1.2 一维数组的创建 ···································· 69
         4.1.3 数组的长度和默认值 ···························· 69
         4.1.4 访问数组的元素 ···································· 69
         4.1.5 数组的初始化 ·· 69
         4.1.6 数组的遍历 ·· 69
         4.1.7 对象数组 ·· 70
         4.1.8 实践演练 ··· 70
         4.1.9 考题精讲 ··· 71
   4.2 二维数组 ·· 74
         4.2.1 二维数组的声明 ···································· 74
         4.2.2 二维数组的创建 ···································· 75

4.2.3　二维数组的初始化 ……………………………………………………………… 75
　　4.2.4　二维数组的长度 …………………………………………………………………… 75
　　4.2.5　二维数组的遍历 …………………………………………………………………… 76
　　4.2.6　实践演练 …………………………………………………………………………… 76
　　4.2.7　考题精讲 …………………………………………………………………………… 77
4.3　字符串 ……………………………………………………………………………………… 79
　　4.3.1　字符串的创建 ……………………………………………………………………… 79
　　4.3.2　字符串长度的获取 ………………………………………………………………… 80
　　4.3.3　字符串的连接 ……………………………………………………………………… 80
　　4.3.4　字符串大小写的转换 ……………………………………………………………… 80
　　4.3.5　字符串的查找 ……………………………………………………………………… 81
　　4.3.6　字符串的截取 ……………………………………………………………………… 81
　　4.3.7　实践演练 …………………………………………………………………………… 81
　　4.3.8　考题精讲 …………………………………………………………………………… 83
本章小结 ……………………………………………………………………………………… 86
习题 …………………………………………………………………………………………… 87

第5章　Java 的异常处理 …………………………………………………………………… 90

5.1　异常概述 …………………………………………………………………………………… 90
　　5.1.1　异常类型 …………………………………………………………………………… 90
　　5.1.2　异常类的层次关系 ………………………………………………………………… 91
　　5.1.3　常见系统异常类 …………………………………………………………………… 92
　　5.1.4　考题精讲 …………………………………………………………………………… 92
5.2　try...catch...finally ………………………………………………………………………… 93
　　5.2.1　捕获异常 …………………………………………………………………………… 93
　　5.2.2　try...catch 语句的几点说明 ………………………………………………………… 93
　　5.2.3　finally 子句 ………………………………………………………………………… 93
　　5.2.4　实践演练 …………………………………………………………………………… 94
　　5.2.5　考题精讲 …………………………………………………………………………… 95
5.3　用 throws、throw 抛出异常 ……………………………………………………………… 98
　　5.3.1　声明异常 …………………………………………………………………………… 98
　　5.3.2　抛出异常 …………………………………………………………………………… 98
　　5.3.3　实践演练 …………………………………………………………………………… 98
　　5.3.4　异常的使用原则 …………………………………………………………………… 100
　　5.3.5　考题精讲 …………………………………………………………………………… 100
本章小结 ……………………………………………………………………………………… 100
习题 …………………………………………………………………………………………… 101

第3篇　Java 高级编程技术

第6章　Java 的数据流 ·· 105
6.1　File 类 ·· 105
　　6.1.1　File 类介绍 ··· 105
　　6.1.2　File 类的方法 ·· 106
　　6.1.3　实践演练 ··· 106
　　6.1.4　考题精讲 ··· 109
6.2　RandomAccessFile 类 ·· 109
　　6.2.1　RandomAccessFile 类介绍 ······························ 109
　　6.2.2　随机文件的建立 ·· 110
　　6.2.3　RandomAccessFile 类的常用方法 ····················· 110
　　6.2.4　实践演练 ··· 110
　　6.2.5　考题精讲 ··· 112
6.3　InputStream 与 OutputStream 类 ···························· 112
　　6.3.1　I/O 流 ·· 112
　　6.3.2　InputStream 与 OutputStream 类简介 ·············· 113
　　6.3.3　InputStream 和 OutputStream 类的常用方法 ····· 113
　　6.3.4　实践演练 ··· 114
　　6.3.5　考题精讲 ··· 116
6.4　FileInputStream 与 FileOutputStream 类 ················· 116
　　6.4.1　类的从属关系 ··· 116
　　6.4.2　FileInputStream 类 ······································· 116
　　6.4.3　FileOutputStream 类 ····································· 117
　　6.4.4　实践演练 1 ··· 118
　　6.4.5　ObjectInputStream 和 ObjectOutputStream 类 ···· 119
　　6.4.6　实践演练 2 ··· 119
　　6.4.7　考题精讲 ··· 121
6.5　Reader、Writer 类及 FileReader、FileWriter 类 ········ 122
　　6.5.1　Reader 与 Writer 类 ····································· 122
　　6.5.2　FileReader 类和 FileWriter 类 ························ 122
　　6.5.3　FileReader 类和 FileWriter 类的构造方法 ········ 123
　　6.5.4　FileReader 类和 FileWriter 类的常用方法 ········ 124
　　6.5.5　实践演练 ··· 124
　　6.5.6　考题精讲 ··· 125
6.6　过滤流 ·· 125
　　6.6.1　过滤流的基本原理 ······································· 125
　　6.6.2　BufferedInputStream、BufferedOutputStream 类 ·· 126

  6.6.3 实践演练 1 ·· 127
  6.6.4 DataInputStream、DataOutputStream 类 ·· 128
  6.6.5 实践演练 2 ·· 130
  6.6.6 BufferedReader、BufferedWriter 类 ··· 132
  6.6.7 实践演练 3 ·· 133
  6.6.8 考题精讲 ·· 134
本章小结 ··· 138
习题 ··· 138

第 7 章　Java 的线程 ··· 142

7.1 线程的两种方式 ··· 142
  7.1.1 什么是线程 ··· 142
  7.1.2 创建线程的方法 1：继承 Thread 类 ··· 142
  7.1.3 实践演练 1 ·· 143
  7.1.4 创建线程的方法 2：实现 Runnable 接口 ······································· 144
  7.1.5 实践演练 2 ·· 144
  7.1.6 考题精讲 ·· 146
7.2 线程的生命周期 ··· 149
  7.2.1 什么是线程的生命周期 ··· 149
  7.2.2 新建状态 ·· 149
  7.2.3 就绪状态 ·· 150
  7.2.4 运行状态 ·· 150
  7.2.5 阻塞状态 ·· 150
  7.2.6 死亡状态 ·· 150
  7.2.7 实践演练 ·· 150
  7.2.8 考题精讲 ·· 153
7.3 线程的优先级与基本控制 ··· 154
  7.3.1 线程的优先级 ·· 154
  7.3.2 线程的 sleep() 方法 ··· 154
  7.3.3 线程的 yield() 方法 ··· 154
  7.3.4 线程的 join() 方法 ·· 154
  7.3.5 线程的 interrupt() 方法 ·· 155
  7.3.6 实践演练 ·· 155
  7.3.7 考题精讲 ·· 158
7.4 线程的同步 ··· 160
  7.4.1 线程同步概述 ·· 160
  7.4.2 用 synchronized 关键字处理同步问题 ·· 161
  7.4.3 wait() 方法 ··· 161

	7.4.4 notify()方法	161
	7.4.5 实践演练	161
	7.4.6 考题精讲	165
本章小结		168
习题		168

第8章 Java 的集合 … 172

- 8.1 集合框架 … 172
  - 8.1.1 集合框架介绍 … 172
  - 8.1.2 Java 的集合框架 … 172
- 8.2 Collection 接口及其主要方法 … 173
  - 8.2.1 Collection 接口 … 173
  - 8.2.2 Collection 接口的主要方法 … 173
- 8.3 List 接口及其实现类 … 174
  - 8.3.1 List 接口及其扩展方法 … 174
  - 8.3.2 List 接口的实现类 … 174
  - 8.3.3 集合的遍历 … 174
  - 8.3.4 实践演练 … 175
- 8.4 Set 接口及其实现类 … 178
  - 8.4.1 Set 接口 … 178
  - 8.4.2 HashSet 类 … 178
  - 8.4.3 TreeSet 类 … 178
  - 8.4.4 实践演练 … 179
- 8.5 Map 接口及其实现类 … 182
  - 8.5.1 Map 接口 … 182
  - 8.5.2 Map 接口的实现类 … 182
  - 8.5.3 实践演练 … 182
- 8.6 泛型 … 185
  - 8.6.1 什么是泛型 … 185
  - 8.6.2 泛型类 … 186
  - 8.6.3 泛型接口 … 186
  - 8.6.4 泛型方法 … 186
  - 8.6.5 实践演练 … 186
  - 8.6.6 泛型的使用规则 … 187
- 本章小结 … 188
- 习题 … 188

第 4 篇　Java 的 GUI 设计

第 9 章　Java 的用户界面程序设计 ……………………………………………………… 193

9.1　窗体 ……………………………………………………………………………………… 193
9.1.1　图形用户界面编程介绍 …………………………………………………… 193
9.1.2　JFrame ……………………………………………………………………… 194
9.1.3　对话框 ……………………………………………………………………… 194
9.1.4　消息提示对话框 …………………………………………………………… 194
9.1.5　实践演练 …………………………………………………………………… 195
9.1.6　考题精讲 …………………………………………………………………… 199

9.2　常用面板 ………………………………………………………………………………… 200
9.2.1　普通面板 …………………………………………………………………… 200
9.2.2　滚动面板 …………………………………………………………………… 200
9.2.3　实践演练 …………………………………………………………………… 201
9.2.4　考题精讲 …………………………………………………………………… 203

9.3　布局管理(边界、流式、卡片、网格) ………………………………………………… 203
9.3.1　边界布局 …………………………………………………………………… 203
9.3.2　流式布局 …………………………………………………………………… 204
9.3.3　卡片布局 …………………………………………………………………… 204
9.3.4　网格布局 …………………………………………………………………… 204
9.3.5　实践演练 …………………………………………………………………… 205
9.3.6　考题精讲 …………………………………………………………………… 208

9.4　按钮组件(JButton、JCheckBox、JRadioButton) ……………………………………… 209
9.4.1　按钮 ………………………………………………………………………… 209
9.4.2　复选框 ……………………………………………………………………… 209
9.4.3　单选按钮 …………………………………………………………………… 210
9.4.4　实践演练 …………………………………………………………………… 210
9.4.5　考题精讲 …………………………………………………………………… 217

9.5　文本组件(JTextField、JPasswordField、JTextArea) ………………………………… 217
9.5.1　单行文本框(JTextField) ………………………………………………… 217
9.5.2　密码框(JPasswordField) ………………………………………………… 218
9.5.3　文本域(JTextArea) ……………………………………………………… 218
9.5.4　实践演练 …………………………………………………………………… 219

9.6　列表组件(JComboBox、JList) ………………………………………………………… 222
9.6.1　下拉框(JComboBox) ……………………………………………………… 222
9.6.2　列表框(JList) …………………………………………………………… 222
9.6.3　实践演练 …………………………………………………………………… 223
9.6.4　考题精讲 …………………………………………………………………… 225

9.7 事件处理机制 ··· 226
    9.7.1 事件处理机制的三要素 ·· 226
    9.7.2 事件处理模型 ·· 226
    9.7.3 事件的种类 ·· 227
    9.7.4 考题精讲 ·· 228
本章小结 ··· 229
习题 ··· 229

第 10 章 Java Applet 小程序 ·· 232

10.1 Applet 概述 ··· 232
    10.1.1 什么是 Applet ·· 232
    10.1.2 Applet 的生命周期 ·· 232
    10.1.3 加载 Applet ·· 233
    10.1.4 离开或者返回 Applet 所在 Web 页 ······························ 233
    10.1.5 重新加载 Applet ·· 233
    10.1.6 退出浏览器 ·· 233
    10.1.7 Applet 生命周期中常用的方法 ···································· 233
    10.1.8 考题精讲 ·· 234
10.2 编写 Applet 程序 ··· 235
    10.2.1 编写 Applet 程序的注意事项 ······································ 235
    10.2.2 编写程序的要点 ·· 235
    10.2.3 Applet 标记 ··· 235
    10.2.4 实践演练 ·· 236
    10.2.5 考题精讲 ·· 239
本章小结 ··· 241
习题 ··· 241

附录 A Java 常用关键字表 ··· 244

附录 B Java 运算符优先次序表 ·· 245

附录 C 全国二级 Java 考试大纲及考试环境解读 ··················· 247

参考文献 ··· 260

第 1 篇

Java 程序设计入门

第 1 章　认识 Java
第 2 章　Java 的基础特性

第 1 章　认识 Java

　　Java 语言自诞生之初就备受关注,其凭借免费、开源的特点始终位居世界编程语言排行榜前三名,长期处于首位,有超过 900 万开发者将 Java 作为首选编程语言。那么,Java 到底是什么?为什么它一经问世就能引起计算机界如此强烈的反响呢?这要从该语言的发展历史和自身特点说起。

本章主要内容:
- 了解 Java 的发展历史。
- 理解 Java 的主要特点。
- 掌握 Java 的实现机制。

本章教学目标

1.1　Java 的发展历史

　　Java 的历史可以追溯到 1991 年,当时 Sun 公司的一个小组在 Patrick Naughton、Mike Sheridan 和 James Gosling 的领导下开始设计一个小巧的计算机语言,目的是应用于像有线电视转换盒一类的消费设备。该语言必须具有以下特点。

　　(1) 必须非常小。不仅要小,并且能够生成非常紧凑的代码,因为这些设备没有很强的处理能力和太多的内存。

　　(2) 必须跨平台。因为不同厂商可以选择不同的 CPU,所以这个语言不能够限定在一个单一的体系结构之下。

　　之后的几十年,Java 设计者始终坚守初心不改,将容量小、跨平台、开源的理念坚持至今。

视频 1-1　Java 的发展历史

　　在研究开发过程中,Java 设计者深刻体会到消费类电子产品和工作站产品在开发哲学上的差异:消费类电子产品要求可靠性高、费用低、标准化、使用简单,用户并不关心 CPU 的型号,也不欣赏专用昂贵的 RISC 处理器,他们需要建立在一个标准的基础之上,具有一系列可选的方案,从 8086 到 80586 都可以选取。

　　为了使整个系统与平台无关,Java 设计者首先从改写 C 语言编译器着手,但是在改写过程中感到单纯的 C 语言已无法满足需要。为了达到设计目的,开发团队重新搬出了早期 PC 上尝试过的一些 Pascal 实现模型。但 Sun 公司的开发人员都有很深的 UNIX 背景,所以他们的语言是基于 C++ 而不是基于 Pascal 的,这也就是为什么他们要把该语言设计为面向对象而不是面向过程的。但是,正如 Java 设计者在采访中所说的那样:"毕竟,语言只是工具而非全部。"Java 设计者决定把这个语言称作 Oak(橡树,因为他非常喜欢自己办公室窗外的橡树)。但很不巧,几年之后他们发现早就有一门计算机语言的名字叫 Oak,所以

Java 设计者把该语言命名为 Java,这是太平洋上一个盛产咖啡的岛屿(爪哇岛)的名字。

Java 设计者在开始写 Java 时并不局限于扩充语言机制本身,更注重于语言所运行的软硬件环境,所以需要建立一个系统,这个系统运行于一个巨大的、分布的、异构的网格环境中,完成各电子设备之间的通信与协同工作。Java 设计者采用了虚拟机器码(virtual machine code)方式,即 Java 语言编译后产生的是虚拟机,虚拟机运行在一个解释器上,每一个操作系统均有一个解释器,这样 Java 就成了与平台无关的语言,这和 SunNews 窗口系统的设计有着相同的技术味道。在该窗口系统中用户界面统一用 PostScript 描述,不同的显示器有不同的 PostScript 解释器,这样便保证了用户界面良好的可移植性。

历经 17 个月的艰苦奋战,整个系统顺利完成。1992 年,Green 项目组提交了它的第一个产品,称为"*7"(StarSeven),它具有非常强的远程智能控制功能。它是由一个操作系统、一种语言(Oak 或 Java)、一个用户界面、一个新的硬件平台、三块专用芯片构成的。

通常情况下,这样的项目要 75 个人干三年,但该项目仅用了 17 个月。项目完成后,在 Sun 公司内部做了一次展示和鉴定。观众的反映是:在各方面都采用了崭新的、非常大胆的技术。许多参观者对 Java 都留下了非常深刻的印象,也得到了 Sun 公司领导人的关注。

不幸的是,在 Sun 公司里没有人对把它做成产品这件事感兴趣,市场上的生产消费电子产品的巨头们也没有兴趣。因此,Green 项目(此时已经改名为 FirstPerson)的人员在 1993 年和 1994 年的上半年一直在苦苦寻找愿意购买他们技术的客户,但是一个也没有找到。Java 设计者曾回忆说,为了卖出他们的技术,他们的行程已经达到了 30 万英里。

图 1-1 是 1994—2019 年 Java 技术发展的时间轴。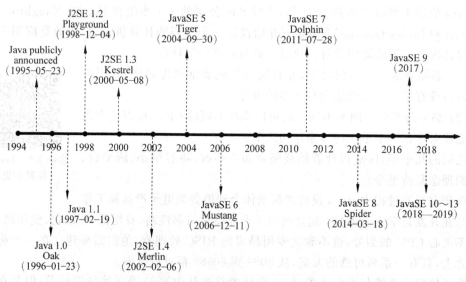

图 1-1 Java 技术发展的时间轴

当 Java 的技术专家在痛苦地出售他们的技术时,互联网的浪潮开始奔涌。功夫不负有心人,在 1994 年,Netscape 公司宣布支持 Java。1994 年中期,Java 语言的开发者意识到,他们能够设计一个真正超酷的浏览器,因为当时客户机/服务器模型所需要的几项东西他们都完成了:体系结构中立、实时、可靠、安全,而这些都有别于传统的工作站。

因此,Java 设计者决定要开发一个浏览器,因为只有开发出功能强大的实际产品,才能证明该技术有足够的市场潜力。

不久，WebRunner 浏览器问世，后改名为 HotJava。HotJava 浏览器使用 Java 开发，可以执行在网页中内嵌的 Java 代码（称为 Applet）。这项技术在 1995 年 5 月 23 日的 SunWorld 会议上展出，在产业界引起了巨大轰动，激发起一直持续到今天的 Java 狂热！

随后，1995 年秋季迎来了 Java 应用的大突破：Netscape 公司在 1996 年 1 月正式发布包含 Java 的新版 Navigator 浏览器，与此同时，IBM、Symantec、Inprise 等纷纷取得了 Java 许可证。随后，微软也取得了 Java 的许可证，在微软开发的 Internet Explorer 浏览器中可以浏览包含 Java 代码的网页，在 Windows 操作系统上也可以安装 Java 虚拟机。

2009 年 4 月，甲骨文（Oracle）公司宣布收购 Sun 公司。2011 年，甲骨文公司举行了全球性的活动，以庆祝 Java 7 的推出。2014 年，甲骨文公司发布了 Java 8 正式版。2022 年 3 月，甲骨文公司发布了 Java 18 正式版，这是世界排名第一的编程语言和开发平台的最新版本。Java 18（Oracle JDK 18）提供了数以千计的性能、稳定性和安全性改进，包括对平台的九项增强功能，将进一步提高开发人员的工作效率。

图 1-2 展示了 2020—2024 年 Java 各版本新增的技术特性。

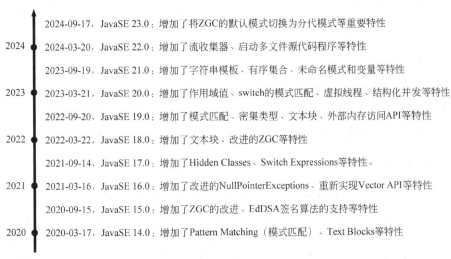

图 1-2　JavaSE 14～23 各版本新增的技术特性

历史的车轮永不停息，滚滚向前，技术的革新永无止境。只有坚持初心，坚持用户至上，服务于用户需求和市场需求，才能让产品立于不败之地，而这也是新时代程序设计者的职业精神。

1.2　Java 概述

1.2.1　Java 的特点

Java 自诞生以来就备受关注，Java 的问世标志着一个崭新的信息时代、计算时代的来临。直到目前为止，Java 仍是面向对象程序设计的首选语言，Java 能与 Web 和 Internet 无缝衔接，能有效处理动

视频 1-2　Java 的特点

画、声音、图像,具有较好的并发处理能力,因此它凭借自身的特点深受 Java 爱好者的追捧。Java 的九大显著特点如下。

1. 易学易用

Java 的内核为 C++,因此熟悉 C++ 的程序设计人员不需要花费太大精力就可以掌握 Java。Java 比 C++ 简单,例如 Java 中没有指针、结构体、类型重定义、全局变量、预处理等。

Java 语言简单是指这门语言既易学又好用。学习过 C、C++ 语言之后,就会感觉 Java 很眼熟,因为 Java 中许多基本语句的语法和 C、C++ 一样,像常用的循环语句、控制语句等和 C、C++ 几乎一样。但不要误解为 Java 是 C++ 的增强版,Java 和 C++ 是两种完全不同的语言,各有各的优势,将会长期并存下去,Java 语言和 C++ 语言已成为软件开发者应当掌握的语言。如果从语言的简单性方面看,Java 要比 C++ 简单。C++ 中许多容易混淆的概念,有些被 Java 弃之不用了,有些以一种更容易理解的方式实现。

2. 面向对象

Java 强调面向对象的特性,是一个完全面向对象的语言,对软件工程技术有很强的支持。Java 的设计集中于对象和接口。

3. 分布计算

Java 更强调网络特性,内置 TCP/IP、HTTP、FTP 类库,便于开发网上应用系统。Java 既支持各种层次的网络连接,又以 Socket 类支持可靠的流(stream)网络连接,所以用户可以产生分布式的客户机和服务器。Java 程序只要编写一次,就可以到处运行。

4. 代码健壮

Java 原来是用作编写消费类家用电子产品软件的语言,所以它被设计成用于写高可靠性和稳健代码的软件。Java 消除了某些编程错误,使得用它编写可靠软件相当容易。

Java 是一个强类型语言,它允许扩展一些功能,如编译时检查潜在类型不匹配的问题。Java 要求用显式的方法声明,它不支持 C 风格的隐式声明。这些严格的要求保证编译程序能捕捉到调用错误,从而使程序更加可靠。可靠性方面最重要的增强之一是 Java 的存储模型。Java 不支持指针,它消除重写存储数据的可能性。Java 解释程序也执行许多运行时检查,诸如验证所有数组和串访问是否在界限之内。异常处理是 Java 中使程序更稳健的另一个特征。异常是某种类似于错误的异常条件出现的信号。使用 try/catch/finally 语句,程序员可以找到出错的处理代码,这就简化了出错处理和恢复的任务。

5. 安全性高

Java 的存储分配模型是它防御恶意代码的主要方法之一。Java 没有指针,所以程序员不能得到隐蔽起来的内幕和伪造指针去指向存储器。更重要的是,Java 编译程序不处理存储安排决策,所以程序员不能通过查看声明去猜测类的实际存储安排。编译的 Java 代码中的存储引用在运行时由 Java 解释程序决定实际存储地址。

Java 运行系统使用字节码验证过程来保证装载到网络上的代码不违背任何 Java 语言

限制,这个安全机制部分包括类如何从网上装载,例如,装载的类是放在分开的名字空间中而不是作为局部类。

6. 跨平台可移植

Java 使得语言声明不依赖于实现方面。例如,Java 显式说明每个基本数据类型的大小和它的运算行为(这些数据类型由 Java 语法描述)。Java 环境本身对新的硬件平台和操作系统是可移植的。Java 编译程序也用 Java 编写,而 Java 运行系统用 ANSI C 语言编写。

7. 高效性

Java 是一种先编译后解释的语言,所以它不如全编译性语言速度快。但是有些情况下性能是很关键的,为了支持这些情况,Java 设计者制作了"及时"编译程序,它能在运行时把 Java 字节码翻译成特定 CPU(中央处理器)的机器代码,也就是实现全编译。Java 字节码格式设计时考虑到这些"及时"编译程序的需要,所以生成机器代码的过程十分简单,它能产生相当好的代码。

8. 多线程

Java 是多线程语言,它提供支持多线程的执行(也称为轻便过程),能处理不同任务,使具有线索的程序设计很容易。Java 的 lang 包提供一个 Thread 类,它支持开始线程、运行线程、停止线程和检查线程状态的方法。

Java 的线程支持也包括一组同步原语。这些原语是基于监督程序和条件变量风范,由 C.A.R.Haore 开发的广泛使用的同步化方案。用关键词 synchronized,程序员可以说明某些方法在一个类中不能并发地运行。这些方法在监督程序控制之下,确保变量维持在一致的状态。

9. 动态性

Java 语言设计成适应于变化的环境,它是一种动态的语言。例如,Java 中的类是根据需要载入的,甚至有些是通过网络获取的。

企业专家讲堂 1-1
程序员硬盘里的
C 与 Java 的深
夜对话

1.2.2 考题精讲

1. Java 程序独立于平台。下列关于字节码与各个操作系统及硬件之间关系的描述中,正确的是(   )。

　　A. 结合　　　　B. 分开　　　　C. 联系　　　　D. 融合

【解析】 Java 之所以能够独立于平台做到"一次编译,到处运行",主要得益于 Java 虚拟机,只有字节码与各个操作系统和硬件分开才能做到独立于平台。选项 A、C、D 错误,选项 B 正确。

2. 下列特点中不属于 Java 的是(   )。

　　A. 多线程　　　B. 多继承　　　C. 跨平台　　　D. 动态性

【解析】 Java 的特点包含多线程、跨平台、动态性、单继承等。接口是为了弥补 Java 中无法实现多继承而存在的,所以 Java 本身就是单继承。每个类只有一个父类,一个类可以有多个子类,因此 Java 中没有多继承。故本题答案为选项 B。

3. Java 为移动设备提供的平台是(　　)。

A. J2ME　　　　　B. J2SE　　　　　C. J2EE　　　　　D. JDK 5.0

【解析】 Java ME 又称为 J2ME(Java 2 micro edition),是为机顶盒、移动电话和 PDA 之类嵌入式消费电子设备提供的 Java 语言平台,包括虚拟机和一系列标准化的 Java API。Java ME 与 Java SE、Java EE 一起构成 Java 技术的三大版本。因此,本题答案为 A 选项。

J2ME 是一种高度优化的 Java 运行环境,主要针对消费类电子设备,例如蜂窝电话和可视电视、数字机顶盒、汽车导航系统等。它将 Java 语言的与平台无关的特性移植到小型电子设备上,允许移动无线设备之间共享应用程序,因而 J2ME 是为嵌入式和移动设备提供的 Java 平台。

1.3　Java 的实现机制

1.3.1　Java 虚拟机

对于大多数高级语言而言,只需要将代码编译或者解释为运行平台能够识别的机器语言便可以被执行。但是该机器语言受到操作系统的限制,比如 Windows 操作系统和 Linux 操作系统执行的机器语言是不同的,因此能够在 Windows 操作系统上运行的程序无法直接在 Linux 操作系统上运行。Java 虚拟机技术有效解决了 Java 语言跨平台运行的问题。Java 程序需要历经两个过程才能成功实现跨平台执行,首先将 Java 源程序编译为与平台无关的"字节码",即"*.class"文件;接着将要运行的 Java 程序运行在安装 Java 虚拟机(Java virtual machine,JVM)的平台上,此时编译后的"字节码"在虚拟机上解释执行,并生成该平台可以理解的机器语言。不同的平台对应不同的虚拟机,利用 Java 虚拟机技术屏蔽了各平台之间的差异,从而实现 Java 的跨平台特性。关于 Java 虚拟机的详细叙述如下。

视频 1-3　Java 的实现机制

1. Java 虚拟机是运行 Java 程序必不可少的机制

Java 虚拟机是一种用于计算机设备的规范,可用不同的方式(软件或硬件)加以实现。编译虚拟机的指令集与编译微处理器的指令集非常类似。Java 虚拟机包括一套字节码指令集、一组寄存器、一个栈、一个垃圾回收堆和一个存储方法域。

2. Java 虚拟机是在真正的机器上用软件方式实现的一台假想机

只要根据 JVM 规格描述将解释器移植到特定的计算机上,就能保证经过编译的任何 Java 代码都能够在该系统上运行。Java 虚拟机有自己想象中的硬件,如处理器、堆栈、寄存器等,还具有相应的指令系统。Java 虚拟机可以用一次一条指令的方式来解释字节码(把它映射到实际的处理器指令),或者字节码也可以由实际处理器中称作 just-in-time 的编译器进行进一步的编译。

3. Java 虚拟机可实现跨平台

Java 虚拟机规范提供了编译所有 Java 代码的硬件平台。JVM 的代码格式为压缩字节码,所以效率较高。Java 语言的一个非常重要的特点就是与平台的无关性。使用 Java 虚拟机是实现这一特点的关键。一般的高级语言如果要在不同的平台上运行,至少需要编译成不同的目标代码。而引入 Java 语言虚拟机后,Java 语言在不同平台上运行时不需要重新编译。Java 语言使用 Java 虚拟机屏蔽了与具体平台相关的信息,使得 Java 语言编译程序只需生成在 Java 虚拟机上运行的目标代码(字节码),就可以在多种平台上不加修改地运行。Java 虚拟机在执行字节码时,要把字节码解释成具体平台上的机器指令后再执行。

1.3.2 垃圾回收机制

C++ 中,由程序开发人员负责内存的释放,因此开发人员必须无时无刻都要计划着内存的分配和管理。如果内存长期得不到释放并还给操作系统,就会出现系统无内存可用的情况,导致系统崩溃。

Java 采用后台系统级线程记录每次内存的分配情况,并统计每个内存的引用次数。在 Java 虚拟机运行环境闲置时,垃圾收集线程将检查是否存在 0 引用的内存指针,从而实现内存的回收。

Java 的垃圾回收机制让程序员将注意力放在更需要注意的地方,让程序调试更为方便。

责任·担当 1-1
新时代程序设计者的职业精神

1.3.3 代码安全性检查

作为编程语言,所有 Java 源代码都写在以 .java 为扩展名的文本文件中。这些文件被 javac 编译程序编译成扩展名为 .class 的类文件。类文件包含在 Java 虚拟机上执行的"机器语言"——字节码,由 Java 虚拟机运行,如图 1-3 所示。

图 1-3　Java 程序的执行过程

Java 语言是解释执行的。先编辑程序,生成名为 *.java 的文本文件。经过编译,生成名为 *.class 的二进制字节码类文件。类文件包含在 Java 虚拟机上执行的"机器语言",由 Java 虚拟机运行。

因为 Java 虚拟机可以在不同的操作系统上运行,所以同样的 class 文件可以运行在 Microsoft Windows、Solaris、Linux 以及 Mac OS 操作系统之上,如图 1-4 所示。一些虚拟机,例如 Java HotSpot 虚拟机,在运行时还执行一些附加步骤来提升性能。

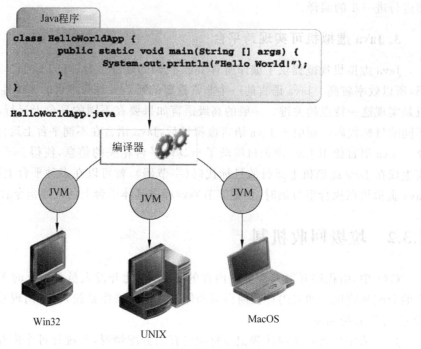

图 1-4 Java 虚拟机实现跨平台运行的原理

1.3.4 考题精讲

1. Java 程序的并发机制是（　　）。

　　A. 多线程　　　　B. 多接口　　　　C. 多平台　　　　D. 多态性

【解析】 多线程是 Java 程序的并发机制的体现，它能同步共享数据并处理不同的事件。本题答案为 A 选项。

2. 下列关于 Java 语言特点的叙述中，错误的是（　　）。

　　A. Java 支持分布式计算　　　　　　B. Java 是面向过程的编程语言

　　C. Java 是跨平台的编程语言　　　　D. Java 支持多线程

【解析】 Java 是新一代编程语言，具有很多特点。简单易学、面向对象技术、分布式计算、健壮性、安全性、跨平台（即系统结构中立）、可移植性、解释执行、高性能、多线程和动态性。故本题答案为 B 选项。

3. 下列对 Java 特性的叙述中，错误的是（　　）。

　　A. 在定义 Java 子类时，不可以增加新方法

　　B. Java 语言的特性之一是动态性

　　C. Java 语言用解释器执行字节码

　　D. Java 中的类一般都有自己的属性和方法

【解析】 在 Java 继承关系中，一个类继承另一个类时不仅会继承父类的属性和方法，还可以增加自己特有的属性和方法。故本题答案为 A 选项。

4. 下列选项中,错误的是(　　)。
    A. Java 不支持指针运算
    B. Java 不允许应用程序直接操作内存
    C. Java 采用独立于硬件平台的数据类型
    D. Java 的内存回收由操作系统完成

【解析】 Java 语言中没有指针,所以 Java 不允许应用程序直接操作内存。Java 是跨平台的语言,所以 Java 采用独立于硬件平台的数据类型,它的字符编码为 Unicode 编码,每个字符占 2 字节。但是 Java 的内存回收是由 JVM(Java 虚拟机)完成的。故本题答案为 D 选项。

5. 下列选项中,错误的是(　　)。
    A. Java 程序可以在操作系统上直接运行
    B. Java 程序可移植性强
    C. Java 具有安全高效的特点
    D. Java 支持多线程

【解析】 Java 具有可移植性、安全性、多线程性,所以 B、C、D 选项都是正确的。Java 程序是通过 JVM 平台运行的,依赖运行环境但并不依赖操作系统。因此 Java 是跨平台(操作系统)的语言,但是该平台上必须跑 JVM(Java 虚拟机)。所以本题答案为 A 选项。

本 章 小 结

本章内容以思维导图的形式呈现,请读者扫描二维码打开思维导图。

本章小结

习　　题

一、选择题

1. 下列选项中,能将 Java 源程序编译为字节码的命令是(　　)。
    A. javac　　　　　　B. javap　　　　　　C. java　　　　　　D. javah

2. 下列选项中,错误的是(　　)。
    A. Java 不支持指针运算
    B. Java 不允许应用程序直接操作内存
    C. Java 采用独立于硬件平台的数据类型
    D. Java 的内存回收由操作系统完成

3. 下列选项中,错误的是(　　)。
    A. Java 程序可以在操作系统上直接运行
    B. Java 程序可移植性强
    C. Java 具有安全高效的特点

D. Java 支持多线程
4. 下列选项中,不正确的是( )。
   A. Java 可以实现多重继承功能
   B. Java SE、Java ME 和 Java EE 是 Java 的三种平台
   C. Java 的内存回收可以由 JVM 完成
   D. Java 中的指针运算规则与 C++ 相同
5. JDK 中,编译和运行 Java 程序的命令分别是( )。
   A. javac,java   B. 都是 java   C. 都是 javac   D. java,javac
6. 若某个 Java 程序的主类名是 Hello,那么该程序经编译后生成的字节码文件名是( )。
   A. hello.class   B. Hello.java   C. Hello.class   D. hello.java
7. Java 程序独立于平台。下列关于字节码与各个操作系统及硬件之间关系的描述中,正确的是( )。
   A. 结合   B. 分开   C. 联系   D. 融合
8. 下列关于 Application 和 Applet 的说法中,正确的是( )。
   A. 都包含 main 方法   B. 都通过 appletviewer 命令执行
   C. 都通过 javac 命令编译   D. 都嵌入在 HTML 文件中执行
9. Java 程序结构中,源文件与程序的公共类( )。
   A. 开头字母必须大写   B. 可以不同
   C. 必须相同   D. 以上说法都不对
10. 下列关于 Java 语言的说法不正确的是( )。
    A. Java 语言不支持分布式计算   B. Java 是跨平台的语言
    C. Java 是面向对象语言   D. Java 语言可以编写网络程序

二、简答题

1. Java Application 源程序文件的扩展名是什么?Java 程序的编译命令是什么?
2. Java 语言是由哪个公司发布的?Java 程序编译生成什么文件?其扩展名是什么?

本章习题答案

第 2 章　Java 的基础特性

在老子的《道德经》中说道："合抱之木,生于毫末;九层之台,起于累土;千里之行,始于足下。"荀子的《劝学篇》中也说道："不积跬步,无以至千里;不积小流,无以成江海。"只有扎实的基础才能筑起万丈高楼,只有点滴的积累才能有恢宏成就。学习 Java 自然要从 Java 的基础开始,脚踏实地才可仰望星空。

本章主要内容:
- 掌握 Java 的 8 种基本数据类型。
- 了解 Java 的关键字。
- 掌握 Java 标识符的定义规则。
- 掌握运算符和表达式的概念和运算方法。
- 理解并掌握使用选择结构和循环结构解决实际问题的方法。

本章教学目标

2.1　Java 的 8 种基本数据类型和 8 种包装类型

2.1.1　整型(byte、short、int、long)

Java 语言提供了 4 种整型,分别为 byte、short、int 和 long。详细说明和举例如表 2-1 所示。

整型常量可用十进制、八进制、十六进制的形式表示。以 1~9 开头的数为十进制,以 0 开头的数是八进制,以 0x 开头的数为十六进制。常量整数后面加上大写字母 L 或小写字母 l 表示长整型常量。

视频 2-1　理论精解:
Java 的基本数据类型和包装类型

表 2-1　整型数据类型

数据类型	位数	默认值	取值范围	举　例
byte(位)	8	0	$-2^7 \sim 2^7-1$	byte b=10;
short(短整型)	16	0	$-2^{15} \sim 2^{15}-1$	short s=10;
int(整型)	32	0	$-2^{31} \sim 2^{31}-1$	int i=10;
long(长整型)	64	0	$-2^{63} \sim 2^{63}-1$	long a=10L;

2.1.2　浮点型(float、double)

Java 语言提供了两种浮点型,分别为 float、double。详细说明和举例如表 2-2 所示。

表 2-2 浮点数据类型

数据类型	位数	默认值	取值范围	举例
float(单精度)	32	0.0	$-2^{31} \sim 2^{31}-1$	float f=10.0f;
double(双精度)	64	0.0	$-2^{63} \sim 2^{63}-1$	double d=10.0d;

如果用科学计数法表示浮点数,即小数部分、指数部分,则必须遵循:E(或 e)前必须有数字,E(或 e)后必须为整数(如 0.13E+6)。

浮点常量默认为 double 类型,除非用字母 f 说明它是 float 型。浮点常量中的 f 和 d,可以为大写字母 F 和 D。

2.1.3 字符型(char)

单个字符用 char 类型表示。一个 char 表示一个 Unicode 字符,其值用 16 位无符号整数表示,范围为 0~65535。char 类型的常量值需要用一对单引号(")括起来。详细说明和举例如表 2-3 所示。

表 2-3 字符数据类型

数据类型	位数	默认值	取值范围	举例
char(字符)	16	空	$0 \sim 2^{16}-1$	char c='c';

Java 允许用一种特殊形式的字符常量,就是以字符"\"开头的字符序列,因为"\"后面的字符有了特殊的含义,故称转义字符。例如,'\n'代表一个"换行符";'\t'代表输出的位置跳转到下一个输出区,一个输出区为 8 列。常用的以"\"开头的特殊字符如表 2-4 所示。

表 2-4 转义字符及其作用

转义字符形式	字 符 值	作 用
\n	换行	将当前位置移到下一行开头
\t	水平制表符	将当前位置移到下一个 Tab 位置
\v	绘制制表符	将当前位置移到下一个垂直制表对齐点
\b	退格	将当前位置后退一个字符
\r	回车	将当前位置移到本行开头
\f	换页	将当前位置移到下一页开头,走纸换页
\a	警告	产生声音或视觉信号,报警(如铃声)
\\	一个反斜杠	输出反斜杠
\?	一个问号	输出问号
\"	一个双撇号	输出双撇号
\'	一个单撇号	输出单撇号
\ddd	d 代表一个八进制	1~3 位八进制常数对应的字符
\udddd	d 代表一个十六进制	1~4 位十六进制常数对应的字符

字符常量、转义字符的使用如下:

```
'a'           //表示字符 a
'\t'          //表示 Tab 键
'\u????'      //表示 unicode 字符,"????"代表 4 位十六进制数字
```

2.1.4 布尔型(boolean)

逻辑值有两个状态:开、关或者真、假。Java 有布尔类型,boolean 有两个状态,true 和 false,两个值都是小写,默认值为 false。计算机内部用 8 个二进制位,一个字节来表示布尔型的值。详细说明和举例如表 2-5 所示。

表 2-5 布尔数据类型

数据类型	位数	默认值	取值范围	举 例
boolean(布尔型的值)	8	false	true、false	boolean b=true;

2.1.5 Java 的 8 种包装类型

Java 的 8 种基本数据类型对应了 8 种包装类型,也称为类类型。详细说明如表 2-6 所示。

表 2-6 Java 的 8 种包装类型

基本数据类型	包装类型(类类型)	基本数据类型	包装类型(类类型)
byte	Byte	float	Float
short	Short	double	Double
int	Integer	char	Character
long	Long	boolean	Boolean

2.1.6 实践演练

实例 2-1 为每种数据类型定义一个变量,并为其赋值。请在全国计算机二级 Java 考试科目指定的编译器 NetBeans 中完成程序的编辑、调试和运行。NetBeans 的安装和使用请学习附录 C。

```
1   public class Demo2_1 {
2       public static void main(String[] args) {
3           byte byteValue;
4           short shortValue;
5           int intValue;
6           long longValue;
7           float floatValue = 3.1415f;
8           double doubleValue = 3.1415;
9           char charValue;
10          boolean booleanValue = true;
```

视频 2-2 实践演练:
Java 的基本数据类型和包装类型

```
11          byteValue = 30;
12          shortValue= 20000;
13          intValue = 6;
14          longValue = 1000;
15          charValue = 'A';
16          booleanValue = 6>7;
17          System.out.println("byteValue="+byteValue);
18          System.out.println("shortValue="+shortValue);
19          System.out.println("intValue="+intValue);
20          System.out.println("longValue="+longValue);
21          System.out.println("floatValue="+floatValue);
22          System.out.println("doubleValue="+doubleValue);
23          System.out.println("charValue="+charValue);
24          System.out.println("booleanValue="+booleanValue);
25      }
26  }
```

运行结果如下(NetBeans 编译器的运行结果)：

```
init:
deps-jar:
Compiling 1 source file to D:\KSWJJ\NCREProject\JavaTestPro\build\classes
compile-single:
run-single:
byteValue=30
shortValue=20000
intValue=6
longValue=1000
floatValue=3.1415
doubleValue=3.1415
charValue=A
booleanValue=false
生成成功(总时间：0 秒)
```

程序解析：在该实例中，定义了很多变量，分别为 byteValue、shortValue、intValue、longValue、floatValue、doubleValue、charValue、booleanValue，它们都是标识符。在 Java 语言中，标识符的定义规则如下。

(1) 标识符以字母、数字、下画线(_)、美元符号($)组成。

(2) 标识符以字母、下画线(_)、美元符号($)开头。

(3) 标识符严格区分大小写，没有长度限制。

(4) 用户自定义标识符不得与关键字重名，Java 常用关键字如本书附录 A 所示。

(5) 除以上几项外，还要注意标识符中不能含有其他符号，例如 +、=、*、、%等。当然也不允许插入空格。

2.1.7 考题精讲

1. 下列关于 boolean 类型的叙述中，正确的是(   )。

视频 2-3 考题精讲：
Java 的基本数据
类型和包装类型

A. 可以将 boolean 类型的数值转换为 int 类型的数值

B. 可以将 boolean 类型的数值转换为字符串

C. 可以将 boolean 类型的数值转换为 char 类型的数值

D. 不能将 boolean 类型的数值转换为其他基本数据类型

【解析】 在 Java 中,boolean 类型的值只有 true 和 false,无法与其他基本数据类型或引用数据类型之间进行转换,选项 A、B、C 错误,D 正确。所以答案为 D 选项。

2. 下列变量定义中不合法的是( )。

  A. int ＄x   B. _123

  C. ♯dim   D. summer_2012_test

【解析】 Java 中标识符的定义满足命名规范,只能由字母、数字、＄、下画线组成;标识符区分大小写,长度没有限制;不能以数字开头;用户自定义标识符不得与关键字同名。因此本题答案为 C 选项,Java 标识符中不包含♯。

3. 下列数中为八进制的是( )。

  A. 27   B. 0x25   C. 026   D. 028

【解析】 八进制在数值前面加上数字 0,十六进制在数值前面加上 0x,选项 A、B 错误,选项 C 正确。八进制的数字取值范围为 0~7,不能包含 8,所以选项 D 错误。

4. Java 语言使用的字符集是( )。

  A. ASCII   B. GB2312   C. Oak   D. Unicode

【解析】 Java 语言中使用的是 Unicode 字符集。ASCII 是国际上使用最广泛的字符编码,汉字编码及国标码是 GB2312。

5. 下列方法名的定义中,不符合 Java 命名约定的是( )。

  Ⅰ. showMessge   Ⅱ. ShowMessge   Ⅲ. showmessge   Ⅳ. ＄showMessge

  A. Ⅰ,Ⅱ   B. Ⅳ   C. Ⅱ,Ⅲ,Ⅳ   D. Ⅰ,Ⅱ,Ⅲ,Ⅳ

【解析】 Java 中方法的命名规范约定为遵循驼峰命名法:第一个单词首字母小写,后面的每个首字母大写,因此本题答案为 C。变量的命名规则也是如此。

2.2 Java 的运算符和表达式

Java 的运算符按照其功能可以分为算术运算、关系运算、逻辑运算、位运算、赋值运算和条件运算。表达式则是由常量、变量、方法调用和运算符共同组成,按照运算符的优先次序和结合性完成计算。Java 运算符的优先次序表如本书附录 B 所示。

视频 2-4 理论精解:
Java 的运算符
和表达式

2.2.1 算术运算符

算术运算符包括＋(加)、－(减)、*(乘)、/(除)、%(取余),可以对整型和浮点型数据计算。先算乘、除、求余,再算加、减,有括号的先计算括号里面,再计算括号外面,当运算符左右两边数据类型不相同时,向更高级别靠拢。详细说明和举例如表 2-7 所示。

表 2-7 算术运算符

运算符	说　明	举　例	注意事项
+	加	a=3+2	对整型和浮点型数据运算
-	减	a=b-c	对整型和浮点型数据运算
*	乘	a=b*c	对整型和浮点型数据运算
/	除	a=b/c	对整型和浮点型数据运算
%	求模(取余)	a=3%5	对整型和浮点型数据运算,包括负数

2.2.2 比较运算符

关系运算符用来比较两个数据的大小,共计 6 种。详细说明和举例如表 2-8 所示。

表 2-8 比较运算符

运算符	说　明	举　例	注意事项
<	小于	3<2	运算结果为逻辑值,true 或 false
<=	小于或等于	b<=c	运算结果为逻辑值,true 或 false
>	大于	b>c	运算结果为逻辑值,true 或 false
>=	大于或等于	b>=c	运算结果为逻辑值,true 或 false
==	等于	3==5	可用于任意数据类型,可以判定对象是否相等
!=	不等于	3!=5	可用于任意数据类型,可以判定对象是否相等

2.2.3 逻辑运算符

逻辑运算符包含逻辑与(&&)、逻辑或(||)、逻辑非(!)。详细说明和举例如表 2-9 所示。

表 2-9 逻辑运算符

运算符	说明	举　例	注意事项
&&	与	true&&false,结果为 false	两边都为 true 才是 ture。左边为 false 时右边短路不计算
||	或	true||false,结果为 true	只要有一边为 true 就是 ture,左边为 true 时右边短路不计算
!	非	!false,结果为 true	优先级高于&&、||。是单目运算

2.2.4 位运算符

位运算用来对二进制进行操作,包含按位取反(~)、按位与(&)、按位或(|)、按位异或(^)、右移(>>)、左移(<<)、无符号右移(>>>)。位运算只针对整型和字符型数据。详细说明和举例如表 2-10 所示。

表 2-10 位运算符

运算符	说明	举例	注意事项	
~	按位取反	~3	~0000 0011 得到：1111 1100 该数是-4的补码形式	负数补码规则：原码按位取反且末尾+1 4 的原码：0000 0100 -4 的补码：1111 1100
>>	右移	5>>2	0000 0101 右移 2 位后得到 0000 0001（前补符号位）	
<<	左移	5<<2	0000 0101 左移 2 位后得到 0001 0100（末尾补 0）	
>>>	无符号右移	0x0fff>>>8	向左移动 8 位，前面补 0，结果为十进制 15	
&	按位与	5&2	对应位，两个都是 1 才是 1	
|	按位或	5|2	对应位，有一个是 1 就是 1	
^	按位异或	5^2	对应位，相同为 0，不同为 1	

2.2.5 赋值运算符

赋值运算是先计算等号右边，将右边的计算结果赋值给等号的左边，因此等号左边必须为单个变量。详细说明和举例如表 2-11 所示。

表 2-11 赋值运算符

运 算 符	说　　明	举　　例	注 意 事 项
=	等于	a=3+2	从右向左计算
+=	加等	a+=b	a=a+b
-=	减等	a-=b	a=a-b
*=	乘等	a*=b	a=a*b
/=	除等	a/=b	a=a/b
%=	求余等	a%=3	a=a%3
<<=、>>=	左移等、右移等	a<<=b	a=a<<b
>>>=	右移(0)等	a>>>=b	a=a>>>b
&=、^=、|=	按位与、异或、或	a&&=b	a=a&&b
++、--	自增、自减运算符，实现 自动加 1 的操作	a++、a-- ++a、--a	先取值，再加 1 或减 1 先加 1 或减 1，再取值

2.2.6 运算符的优先次序

运算符的优先次序简表如表 2-12 所示，Java 运算符优先次序表如附录 B 所示。在表 2-12 中要特别注意：位运算符~（按位取反）的优先级很高，高于"!"（逻辑非运算符）；<<（左移）、>>（右移）、>>>（无符号右移）这三个位运算的优先级别低于算术运算符高于关系运算符；&（按位与）、|（按位或）、^（按位异或）这三个位运算符的优先级别低于关系运算符高于逻辑运算符；条件运算符的优先级别高于赋值运算符。

表 2-12 运算符优先次序简表

运 算 符	说 明
[]、.、(参数)、++、--	自左至右,后++、后--
++、--、+、-、~、!	前++、前--、正负号
*、/、%、+、-	先算乘除,再算加减
<<、>>、>>>	按箭头方向,左移、右移、无符号右移
<、<=、>、>=、==、!=	关系运算
&、^、|	按位与、按位异或、按位或
&&、||	逻辑与、逻辑或
?:	条件运算,唯一的三目运算
=、+=、-=、*=、/=、%=、<<=、>>=、>>>=、&=、^=、|=	赋值运算

2.2.7 实践演练

视频 2-5 实践演练:位运算

实例 2-2 假设 n=7,计算 n=n&n+1|n+2^n+3 的值。

```
1    public class Demo2_2 {
2        public static void main(String[]args){
3            int n=7;
4            n=n&n+1|n+2^n+3;
5            System.out.println("n="+n);
6        }
7    }
```

运行结果如下(NetBeans 编译器的运行结果):

```
init:
deps-jar:
Compiling 1 source file to D:\KSWJJ\NCREProject\JavaTestPro\build\classes
compile-single:
run-single:
n=3
生成成功(总时间:0 秒)
```

程序解析:当 n 为 7 时,表达式 n&n+1|n+2^n+3 变为 7&7+1|7+2^7+3。&(按位与)、|(按位或)、^(按位异或)这三个位运算符的优先级别低于算术运算符,因此要首先计算+(加法运算),所以表达式变为 7&8|9^10。&(按位与)、|(按位或)、^(按位异或)属于同一级别,但|运算的优先级最低,所以先计算& 和^。先计算 7&8,即 0111&1000 按位与得到 0;再计算 9^10,1001^1010 按位异或得到 3;最后计算 0|3,即 0000|0011 按位或得到 0011;因此最后输出的结果为 3。

2.2.8 考题精讲

1. 下列选项中属于 Java 运算符的是（　　）。
   A. ＊＊   B. add
   C. ♯   D. ＋＝

视频 2-6　考题精讲：
Java 的运算符
和表达式

【解析】　Java 中算术运算符包含＋、－、＊、/、％，赋值运算符包含复合赋值运算符，所以本题答案为 D 选项。＋＝为复合赋值运算符。

2. 若有语句"int a＝5,b＝5;"，则以下表达式中，结果为 25 的是（　　）。
   A.（＋＋a）＊（－－b）   B.（a＋＋）＊（b－－）
   C.（a＋＋）＊（－－b）   D.（＋＋a）＊（b－－）

【解析】　本题考查前缀运算符"＋＋"、后缀运算符"＋＋"、前缀运算符"－－"和后缀运算符"－－"。当"＋＋"在前时，在赋值前先自身＋1 再赋值；当"＋＋"在后时，先赋值再自身＋1；选项 A 中，表达式的值为 6＊4＝24；选项 B 中，表达式的值为 5＊5＝25；选项 C 中，表达式的值为 5＊4＝20；选项 D 中，表达式的值为 6＊5＝30。故本题答案为 B 选项。

3. 下列程序的运行结果是（　　）。
```
public class Test{
    public static void main(String[] args){
        System.out.println(3>2?4:5);
    }
}
```
   A. 2   B. 3   C. 4   D. 5

【解析】　本题考查条件运算符的应用。条件运算符的语法为"布尔表达式？值 1：值 2"。当布尔表达式的值为 true 时，条件表达式的值为"值 1"的值；当布尔表达式的值为 false 时，条件表达式的值为"值 2"的值。题目中布尔表达式"3＞2"的返回值为 true，则条件表达式的值为 4。选项 A、B、D 错误，选项 C 正确；本题答案为 C 选项。

4. 下列不属于位运算符的是（　　）。
   A. &&   B. ＞＞   C. ＞＞＞   D. ＜＜

【解析】　A 选项 && 为逻辑与运算，其余的都是位运算，所以选 A。

2.3　Java 的流程控制

2.3.1　选择结构

视频 2-7　理论精解：
Java 的流程控制

选择结构又称为分支结构，根据给定的条件进行判断并选择执行不同的流程分支。Java 语言提供了两种选择结构，分别为 if 语句和 switch 语句。

1. if 语句的标准格式

if 语句的标准格式如下：

```
if(布尔表达式) 语句
    [else 语句]
```

语法解析:

(1) if 是 Java 关键字,Java 的关键字表请参看本书附录 A。

(2) 括号内是布尔表达式,表达式两侧的括号不能省去,且只能是圆括号。

(3) 紧跟着的语句被称为 if 的子句,该语句必须是任意合法的一条语句,也包括 if 语句。如果需要多个语句,应该使用大括号"{ }"把一组语句括起来构成复合语句。

(4) 当布尔表达式的值为真时,执行 if 后面的语句;布尔表达式的值为假时,执行 else 部分。

2. if 语句的复杂形式

if 语句的复杂形式如下:

```
if(布尔表达式 1) 语句 1
else if(布尔表达式 2) 语句 2
else if(布尔表达式 3) 语句 3
...
else if(布尔表达式 n) 语句 n
else 语句 n+1
```

语法解析:

(1) else 必须与 if 配对,共同组成 if...else 语句。

(2) 每一个 else 要和其前面的、最近的、没有配过对的 if 进行配对。

3. switch 语句

switch 语句的一般格式如下:

```
switch(表达式) {
    case 常量表达式 1: 语句 1
    case 常量表达式 2: 语句 2
    ...
    case 常量表达式 n: 语句 n
    default: 语句 n+1
}
```

语法解析:

(1) switch 后面用花括号括起来的部分是 switch 的语句体。

(2) switch 后面括号内的表达式可以是 Java 语言中任意合法表达式,表达式结果的类型必须是整型或字符型(JDK 1.7 之后可接受 String 类型),并且表达式两侧的括号不能省略。

(3) case 后面的常量表达式为 case 语句的标号。该常量表达式的类型为整型或字符型,且各常量表达式的值不得相同。

(4) default 关键字也起到标号的作用,代表除了上述 case 标号外的标号。default 标号可以出现在 switch 语句体的任意位置上,当然也可以没有。

(5) 语句 1 到语句 n 可以是 1 条语句,也可以是若干条语句。在必要时,case 语句标号后面的语句可以省略不写。

(6) 当执行完某一个标号后面的语句时,如果没有遇到 break,将顺次向下执行,直到遇到 break 或执行完 switch 语句为止。

2.3.2 循环结构

循环语句可以控制程序流反复执行同一段程序,直到条件不满足为止。Java 提供三种循环语句:while 语句、do...while 语句和 for 语句。

1. while 语句的一般格式

while 语句的一般格式如下:

```
while(布尔表达式)
    循环体
```

语法解析:

(1) while 是 Java 关键字。

(2) 紧跟其后的布尔表达式可以是 Java 中任意合法的表达式,该表达式的结果必须为布尔类型,即 true 或 false。该表达式是循环条件,由它来控制循环体是否执行。

(3) 循环体只能是一条可执行语句,当多项操作需要多次重复做时,需要使用大括号"{}"把一组语句括起来,以便构成复合语句。

执行流程:

第一步,计算紧跟在 while 后面括号中布尔表达式的值,当表达式的值为 true 时,执行第二步;当表达式的值为 false 时,则跳过该 while 语句,执行该 while 语句后的其他语句。

第二步,执行循环体语句。

第三步,返回去执行第一步,直到条件不满足,即表达式的值为 false 时,退出循环,while 结构结束。

2. do...while 语句的一般格式

do...while 语句的一般格式如下:

```
do{
    循环体语句
}while(布尔表达式);
```

语法解析:

(1) do 是 Java 关键字,必须和 while 联合使用,不能单独出现。

(2) do...while 循环由 do 开始,用 while 结束。

(3) while 后面圆括号中的布尔表达式可以是 Java 任意合法的表达式,但是它的计算结果必须是布尔类型,即 true 或 false,由它控制循环是否执行,且圆括号和分号不可丢失。

执行流程:

第一步,先无条件执行一次指定的循环体语句。

第二步，执行完后，判断 while 后面的布尔表达式的值，当表达式的值为 true 时，程序流程返回，去重新执行循环体语句。

第三步：如此反复，直到表达式的值为 false 时为止，此时循环结束。

3. for 语句的一般格式

for 语句的一般格式如下：

for(表达式 1;表达式 2;表达式 3)
　　循环体

语法解析：

（1）for 是 Java 关键字。

（2）圆括号中通常是 3 个表达式，用于 for 循环的控制。for 语句中的表达式可以部分或者全部省略，但两个";"是不可省略的。

（3）各个表达式之间用";"隔开，且圆括号不可省略。

（4）按照语法规则，循环体只能是一条语句，如需要完成多项操作，必须使用复合语句。

执行流程：

第一步，先执行表达式 1。

第二步，求表达式 2 的值。表达式 2 为布尔表达式，其值为 true 或 false。若值为 true，则执行 for 语句的循环体语句，然后执行第三步；若值为 false，则退出 for 循环，执行 for 语句外部分。

第三步，求解表达式 3 的值。

第四步，重复执行第二步。

2.3.3 跳转语句

Java 语言抛弃了颇有争议的 goto 语句，取而代之的是 break 和 continue 语句，将它们用在选择和循环结构中，方便程序员有效控制程序的走向。

1. break 语句

break 语句的一般格式如下：

break;

语法解析：

（1）在 break 关键字后面加上分号就可以构成 break 语句。break 语句还可以用于从循环体内跳出，即提前结束循环。

（2）break 语句只能与循环语句和 switch 语句配合使用，不能用于其他语句。

（3）当 break 出现在循环体中和 switch 体内时，可控制跳出 break 所在的循环和 switch 语句。

2. continue 语句

continue 语句的一般格式如下：

```
continue;
```

语法解析:

(1) 在 continue 关键字后面加上分号就可以构成 continue 语句。

(2) continue 关键字只能出现在循环语句中。

(3) continue 关键字的作用是结束本次循环,即跳过 continue 所在循环体中的下面尚未执行的语句,转而去重新判定循环条件是否成立,从而确定下一次循环是否继续执行。

3. 标号语句

标号语句的一般格式如下:

标号: 语句

知识小贴士 2-1
意味深长的 Java
程序注释

语法解析:

(1) 标号可以放在 for、while、do 语句之前。

(2) break 语句可以和标号配合使用,格式如下:

```
break 标号;
```

其语义是跳出标号所标记的语句块,继续执行其后的语句。这种形式的 break 语句多用于嵌套块中,控制循环从内层跳到外层。

(3) continue 语句可以和标号配合使用,格式如下:

```
continue 标号;
```

立即结束标号标记的那重循环的当次执行,开始下一次循环。多用于多重循环。

2.3.4 实践演练

实例 2-3 设计月历打印程序。根据设定的年、月信息,计算出某年某月有多少天,并完成当月的月历打印。

视频 2-8 实践演
练:月历打印

```
1     public class Demo2_3 {
2         public int monthOfDay(int month,int year){
3             int days=0;
4             switch(month){
5                 case 1:
6                 case 3:
7                 case 5:
8                 case 7:
9                 case 8:
10                case 10:
11                case 12: days = 31;break;
12                case 4:
13                case 6:
14                case 9:
15                case 11: days = 30;break;
```

```
16              case 2: days=(year%4==0&&year%100!=0||year%400==0)?29:28;break;
17          }
18          return days;
19      }
20      public void display(int days){
21          for(int i=1;i<=days;i++){
22              System.out.print(i+"\t");
23              if(i%7==0){
24                  System.out.println();
25              }
26          }
27      }
28      public static void main(String []args){
29          Demo2_3 c=new Demo2_3();
30          c.display(c.monthOfDay(2,2020));
31          //System.out.println();
32          //System.out.println(c.monthOfDay(2,2020));
33      }
34  }
```

拓展与延伸 2-1
探索闰年,找寻
万年历的由来

运行结果如下(NetBeans 编译器的运行结果):

```
init:
deps-jar:
compile-single:
run-single:
1   2   3   4   5   6   7
8   9   10  11  12  13  14
15  16  17  18  19  20  21
22  23  24  25  26  27  28
29
生成成功(总时间:0 秒)
```

2.3.5 考题精讲

1. 若希望下列代码段可以打印出"季军",则变量 x 的取值范围是(　　)。

```
if (x == 0)
    System.out.println("冠军");
else if (x > 3)
    System.out.println("亚军");
else
    System.out.println("季军");
```

视频 2-9 考题精讲:
Java 的流程控制

A. x＝0　　　　　　B. x＞0　　　　　　C. x＞3　　　　　　D. x≤−3

【解析】 本题考查的是分支结构 if else 嵌套。布尔表达式满足哪个分支中条件,就执行哪个分支中的程序。题目要求输出"季军",当 if 和 else if 中的条件不满足时,执行 else 中的程序。A 选项满足了 if 条件,故不正确;B、C 选项满足 else if 中的条件,故不正确;D 选项满足 else 中的条件,D 选项正确;故本题答案为 D 选项。

2. 下列程序的运行结果是(　　)。

```
1   public class Test {
2       public static void main(String[] args) {
3           int s=0;
4           for (int i = 1; i <5; i++)
5               for (int j = 1; j <=i; j++)
6                   s=s+j;
7           System.out.println(s);
8       }
9   }
```

A. 4　　　　　B. 6　　　　　C. 10　　　　　D. 20

【解析】 本题考查 for 循环的嵌套。本题外层循环执行 4 次,内循环累加 j 的值。第一次时,i=1,j=1,s=1;第二次时,i=2,j 从 1 至 2,s=1+1+2=4;第三次时,i=3,j 从 1 至 3,循环 3 次,s=4+1+2+3=10;第四次时,i=4,j 从 1 至 4,s=10+1+2+3+4=20;本题答案为 D 选项。

3. 下列 Java 语句属于跳转语句的是(　　)。

A. break　　　B. try　　　C. catch　　　D. finally

【解析】 break 在 Java 中作用为跳出循环,A 选项正确,关键字 try、catch、finally 用来处理程序的异常,B、C、D 选项错误,故本题选择 A 选项。

4. 下列程序的运行结果是(　　)。

```
1    public class Test {
2        public static void main(String[] args) {
3            String s="Test";
4            switch (s) {
5                case "Java": System.out.println("Java");break;
6                case "Language": System.out.println("Language");break;
7                case "Test": System.out.println("Test");break;
8            }
9        }
10   }
```

A. Java　　　B. Language　　　C. Test　　　D. 编译出错

【解析】 在 JDK 1.7 版本之前,switch 语句不支持 String 类型数据。全国计算机二级 Java 使用的是 JDK 1.6 版本,因此该程序编译会报错,因此本题选 D 选项。JDK 1.7 以上,运行出来的结果为 C 选项。

本 章 小 结

本章小结

本章小结内容以思维导图的形式呈现,请读者扫描二维码打开思维导图学习。

习　题

一、选择题

1. 不属于简单数据类型的是（　　）。
   A. 整型数据　　　　B. 浮点型数据　　　　C. 枚举类型　　　　D. 布尔型数据

2. 下面的代码段中，执行之后 count 的值是（　　）。

```
int count=1;
for(int i=1;i<=5;i++)
{
    count=count+i;
}
System.out.println(count);
```

   A. 15　　　　B. 16　　　　C. 5　　　　D. 1

3. 代表十六进制整数的是（　　）。
   A. 0xa2　　　　B. 1900　　　　C. fa00　　　　D. 0123

4. 按 Java 语言规则，下列赋值语句中不合法的是（　　）。
   A. float a=3.0;　　　　　　　B. double b=4.0;
   C. int c=5;　　　　　　　　　D. long d=2L;

5. Java 语言中，下列标识符错误的是（　　）。
   A. get　　　　B. _num　　　　C. $r2　　　　D. this

6. 在 Java 语句中，37.2%10 的运算结果为（　　）。
   A. 3　　　　B. 7.2　　　　C. 7　　　　D. 0.2

7. 阅读下列代码：

```
public class test{
    public static void main(String args[]){
        System.out.println((3>2)?4:5);
    }
}
```

   其运行结果是（　　）。
   A. 2　　　　B. 3　　　　C. 4　　　　D. 5

8. 在 Java 中，表示换行符的转义字符是（　　）。
   A. \n　　　　B. \f　　　　C. 'n'　　　　D. \dd

9. Java 字符采用的是 Unicode 编码方案，每个 Unicode 码占用的位数是（　　）。
   A. 8　　　　　　　　　　　　B. 16
   C. 32　　　　　　　　　　　 D. 由软硬件平台决定

10. 若 a=00110111，则 a>>2 语句的执行结果为（　　）。
    A. 00000000　　　B. 11111111　　　C. 00001101　　　D. 11011100

11. 阅读下列代码：
```
public class Test{
    public static void main(String args[]){
        String s="one";
        switch(s){
            case "one":System.out.print("one"); break;
            case "two":System.out.print("two"); break;
            case "three":System.out.print("three"); break;
        }
    }
}
```
其运行结果是(　　)。
　　A. one　　　　B. two　　　　　C. three　　　　　D. 编译出错
12. 若 x=2,y=3,则 x&y 的结果是(　　)。
　　A. 0　　　　　B. 2　　　　　　C. 3　　　　　　　D. 5

二、填空题

1. 表达式 1/2*3 的计算结果是_____。
2. 在循环体中,关键字_____结束本次循环,进入下一次循环；关键字_____则退出整个循环。
3. 设有 double 型变量：x=2.4,a=7.5,y=8,则算术表达式 x+a%3 * (int)(x+y)%2/4 的值为：_____。
4. 设 x=2,则表达式(x++)/3 的值是_____。

三、简答题

1. 程序设计规定的三种基本控制结构是什么？
2. Java 语言中,移位运算符有哪些？
3. Java 程序中的循环语句包括哪些？
4. 设有 double 型的三个变量：x=2.5,a=7,y=4.7,则算术表达式 x+a%3 * (int)(x+y)%2/4 的值为多少？

四、看程序写结果

1. 以下程序的运行结果是_____。
```
public class Test{
    public static void main(String args[]){
        int i=3,j;
        outer: while(i>0){
            j=3;
            while(j>0){
                if(j<3) break outer;
                System.out.println(j+" and "+i);
                j--;
```

            }
            i--;
        }
    }
}

2. 以下程序执行后运行结果是_____。

```
public class Test{
    public static void main(String args[]){
        int n=7;
        n<<=3;
        n=n&n+1|n+2^n+3;
        n>>=2;
        System.out.print(n);
    }
}
```

3. 以下程序执行后运行结果是_____。

```
public class Test{
    public static void main(String args[]){
        double score=85.5;
        System.out.print("成绩是:");
        switch((int)(score/10)){
            case 9:
            case 10:System.out.println("优秀");break;
            case 8:System.out.println("良好");break;
            case 7:System.out.println("中");break;
            case 6:System.out.println("及格");break;
            default:System.out.println("不及格");break;
        }
    }
}
```

五、程序填空题

1. 本程序的功能是计算 123、56、34 三个数中的最大数并输出结果。

```
public class Test{
    public static void main (String args[ ]){
        int x=123,y=56,z=34;
        int _____;
        MaxValue=max(x,y,z);
        System.out.print("三个数中的最大者是"+MaxValue);
    }
    public static _____ max(int a, int b, int c){
        int temp, max_value;
        temp=a>b? a:b;
        max_value=temp>c? _____;
        return max_value;
    }
}
```

2. 本程序的功能是判断年份 1990、2000 和 2008 是否是闰年,并打印输出判断的结果。

```
public class Test{
    public static void main (String args[ ]){
        yes_no (1990);
        yes_no (2000);
        yes_no (2008);
    }
    public static void yes_no (_____){
        if(_____)
            System.out.print(year+"年是闰年。");
        else
            System.out.print(year+"年不是闰年。");
    }
}
```

3. 本程序的功能是产生 50 个 0~9 的随机整数,并统计整数 5 出现的次数。

```
public class Test{
    public static void main (String args[ ]){
        int result=0;
        int i=0;
        int randomNum;
        while(i<50){
            randomNum=_____;
            if(_____)
                result++;
            _____;
        }
        System.out.print("result is:"+result);
    }
}
```

六、编程题

掷一个六面骰子 500 次,统计每一面出现的次数。

本章习题答案

第 2 篇

Java 面向对象技术

第 3 章 Java 的面向对象特性
第 4 章 Java 的数组和字符串
第 5 章 Java 的异常处理

第 3 章　Java 的面向对象特性

面向对象程序设计(object oriented programming,OOP)是当前最流行的程序设计技术,具有代码可维护性强、可扩展性好、可重用性高等优点。计算机就是为了能够高效描述、存储和解决现实世界的问题而存在的,所以面向对象程序设计的主要构建思想就是要将现实世界在计算机世界中进行表示、存储和处理。马克思告诉我们世界是物质的,因此现实世界中实际存在的事物均可以在计算机世界中抽象为对象。例如,现实世界中存在继承,所以计算机世界中就有了继承;现实世界中存在没有后代的事物,所以计算机世界中就有了最终类……那么,接下来就让我们从现实世界出发,来深入了解面向对象技术吧!

本章主要内容:
- 掌握类的定义和对象的创建。
- 掌握构造方法类及对象成员的访问。
- 了解包的声明及使用方法。
- 掌握类的继承、方法的继承与覆盖。
- 掌握多态的概念,了解方法的覆盖和重载的区别及使用方法。
- 掌握抽象类和接口的概念、区别及使用方法。

本章教学目标

3.1　类

3.1.1　类的定义

类是具备某些共同特征的实体的集合,它是一种抽象的概念。用程序设计的语言来说,类是一种抽象的数据类型,它是对所具有相同特征实体的抽象。

视频 3-1　理论精解:类

类通过 class 关键字来定义,一般形式为:

```
[类定义修饰符] class <类名> [extends 父类名]{
    访问权限修饰符 变量类型 成员变量名[= 默认值];
    访问权限修饰符 返回值类型 成员方法名(参数类表) [{
        成员方法体
    }];
}
```

3.1.2 类定义的说明

现对类的定义给出以下 8 点说明。

(1) []号部分表示可选项。

(2) class 是关键字,表明其后面是一个类。所有的类名都应该符合标识符的规定,一般情况下类的首字母要大写。

(3) extends 是关键字,如果所定义的类从某一个父类派生而来,那么父类的名字应写在 extends 之后。一个类只能有一个父类,表示一个孩子只有唯一的父亲。Java 是遵循父系结构的单继承,即一个类只有唯一的父类,一个父类可以有多个孩子。

(4) 类的修饰符用于说明类的性质和访问权限,包括 public、private、abstract、final。其中 public 表示可以被任何其他代码访问,该类为公共类;private 表示该类为私有类;abstract 表示该类为抽象类;final 表示该类为最终类。

(5) 类体部分定义了该类所包括的所有成员变量和成员方法。成员变量可以有多个,成员变量前面的类型是该变量的类型;成员方法也可以有多个,最前面的类型是方法返回值的类型,方法体是真正要执行的语句。方法体内定义的变量为局部变量,仅在方法体内有效。

(6) Java 要求类的定义与实现放在一起保存,整个类必须在一个文件中。文件名必须根据文件中共有类的名字命名,大小写一致。类定义时要指明父类,若没有指明则说明其默认父类为 Object 类。Object 类是所有类的父类。Object 类是 Java 中唯一一没有父类的类。

(7) 访问权限级别有 4 种。①public:对外公开,访问级别最高;②protected:只对同一个包中的类或子类公开;③默认:只对同一个包中的类公开;④private:不对外公开,只能在类内部访问,访问级别最低。

(8) 变量前用 static 来修饰,就说明该变量为类变量(静态变量),它的值将被该类的所有对象共用,可实现在同一个类的不同对象间传递信息。成员方法前用 static 来修饰,说明该方法为类方法(静态方法)。类变量和类方法既可以通过"类名.变量名"或"类名.方法名"调用,也可以通过"对象.变量名"或"对象.方法名"调用。静态方法只能使用本类定义的静态变量,无法使用本类定义的普通成员变量。

3.1.3 实践演练

实例 3-1 定义 Person 类,完成该类属性和方法的定义和访问。

视频 3-2 实践演练:
类的定义和使用

```
1    public class Person {
2        String name;
3        static int age;
4        public void move() {
5            System.out.println("Person move!");
6        }
7        public static void eat() {
```

```
8            System.out.println("Person eat!");
9        }
10       public static void main(String[] args) {
11           Person p1 = new Person();
12           Person p2 = new Person();
13           Person.age=18;
14           p1.move();
15           p1.name="张三";
16           p2.name="李四";
17           System.out.println("p1.name="+p1.name);
18           System.out.println("p2.name="+p2.name);
19           System.out.println(Person.age);
20           p2.move();
21           Person.eat();
22       }
23   }
```

运行结果如下（eclipse 编译器的运行结果）：

```
Person move!
p1.name=张三
p2.name=李四
18
Person move!
Person eat!
```

程序解析：Person 类包含两个属性分别为 String 类型的 name 和 int 类型的 age，其中 age 为 static 类型，即静态属性，所以 age 归 Person 类所有的对象所共有，访问该属性时可以通过"类名.属性名"直接访问；Person 类还包含两个方法，分别为 move()方法和 eat()方法，其中 eat()方法为 static 类型，所以 eat()方法就是静态方法，归 Person 类所有对象所共有；调用该方法时可以通过"类名.方法名"调用。在 main()方法中首先定义了 p1 和 p2 两个 Person 对象，使用 new 关键字，用 Person 的默认构造方法创建；接下来给类属性 age 赋值为 18；调用 p1.move()后，展示"Person move!"的信息；为 p1、p2 的 name 属性分别赋值为"张三"和"李四"，所以打印出"p1.name＝张三""p2.name＝李四"；展示 Person.age 的值为 18；调用 p2.move()后，再次展示"Person move!"的信息；通过"类名.方法名"的方式调用静态方法 eat，展示"Person eat!"的信息。

提示：可以将第 19 行的"Person.age"改为"p1.age"，该程序依然可以正常运行，从而证明，类变量既可以通过"类名.变量名"调用，也可以通过"对象.变量名"调用。

本实践演练环节，重点考查了对类的定义、对象的创建、属性的赋值、方法的调用、类属性和类方法的使用等知识，是对前面讲解的知识的综合性练习，帮助大家加深对知识的直观性认识和理解。

3.1.4 考题精讲

1. Java 中所有类的父类是（   ）。

A. Father　　　　B. Lang　　　　　　C. Exception　　　D. Object

【解析】 Java 中 Object 类是所有类的父类。如果一个类没有用 extends 关键字说明其父类时，就默认继承自 Object 类，Object 类是 Java 中唯一一没有父类的类。

2. 下列说法中，错误的是（　　）。

　　A. Java 编程时，要求应尽量多用 public 变量

　　B. Java 编译时，要求应尽量少用 public 变量

　　C. Java 编译时，要求应尽量不用 public 变量

　　D. Java 编译时，要求应尽量使用 private 变量

【解析】 在 Java 中，public 为访问权限控制符。如果使用 public 修饰，会使修饰的对象成为公共的，这样任何一个类都可以访问，所以就不利于降低耦合度。因此本题答案选 A 选项。

3. 若特快订单是一种订单，则特快订单类与订单类的关系是（　　）。

　　A. 使用关系　　　B. 包关系　　　　C. 继承关系　　　D. 无关系

【解析】 继承是 Java 语言的一大特性，允许将一个类定义为一个更为通用的类的特例。特殊类称为子类，通常类称为父类。特快订单类和订单类这两者有显著的类相似性，两个类共享属性和方法。除了订单类的属性外，特快订单类可能还有一些其他的特殊属性。显然订单类是一个通用类，是父类；而特快订单类是订单类的一个特例，是子类。因此订单类和特快订单类之间存在继承关系。所以答案选 C 选项。

4. 类变量必须带有的修饰符是（　　）。

　　A. static　　　　B. final　　　　　C. public　　　　D. volatile

【解析】 类变量可以直接通过类名调用，需要用 static 修饰成静态变量，所以本题答案为 A 选项。

5. 下列说法中正确的是（　　）。

　　A. 实例变量是类的成员变量　　　　B. 实例变量是用 static 关键字声明的

　　C. 类方法中可以访问实例变量　　　D. 局部变量在使用之前不需要初始化

【解析】 在 Java 中的实例变量属于类的具体对象，又称为成员变量，所以无须使用 static 关键字，因此 B 选项错误。类方法要用 static 关键字修饰，只可以访问静态变量，不能访问实例变量，所以 C 选项错误。局部变量在使用的时候必须进行初始化操作，如果没有显示的初始化，系统会给局部变量赋默认值，因此 D 选项错误。故本题答案为 A 选项。

3.2　对　　象

3.2.1　对象的创建

对象的创建分两步。

（1）进行对象的声明，即定义一个对象变量的引用。

　　<类名> <对象名>；

视频 3-4　理论精解：对象

Car 类的定义如下：

```
1    public class Car {
2        public String brand;                //品牌
3        public double displacement;         //排量
4        public String color;                //颜色
5        public String modelnumber;          //型号
6        public void accelerate() {
7            System.out.println("加速...");
8        }
9        public void brake() {
10           System.out.println("刹车...");
11       }
12       public void back() {
13           System.out.println("倒车...");
14       }
15   }
```

程序解析：Car 类包含 4 个属性，分别是：brand 为 String（字符串）类型，代表汽车的品牌；displacement 为 double 类型，代表汽车的排量；color 为 String 类型，代表汽车的颜色；modelnumber 为 String 类型，代表汽车的型号。Car 类还包含 3 个方法，分别为：accelerate()方法代表加速；brake()方法代表刹车；back()方法代表倒车。该类的所有属性和方法都是 public 类型的，即公共类型，具有最高的访问级别。在类的定义中，类代表了现实世界中的事物，属性代表了该事物的性质，一般是名词；方法代表了该事物的行为，一般是动词。因此类就是现实世界在计算机世界中的一种抽象。

创建 Car 类对象的方法如下：

`Car car;`

（2）实例化对象，为声明的对象分配内存。这是通过 new 运算符实现的。

`<对象名> = new <类名>;`

将对象的声明和实例化对象两步合并，格式如下：

`<类名> <对象名> = new <类名>;`

对于如上所示 Car 类的定义，创建对象并实例化的方法如下：

`Car car = new Car();`

3.2.2 构造方法

构造方法必须通过 new 关键字来调用。构造方法也称为构造方法或构造器（constructor）。构造方法主要有两方面的作用：一是创建对象；二是做一些初始化的操作。

构造方法的特征如下。

（1）构造方法的名称必须与所属类的类名相同。

（2）定义构造方法时无须指定返回值类型，void 也不需要。

（3）即使没有显式地在类中定义构造方法，类也有一个默认的无参构造方法。一旦有显式的构造方法,默认的无参构造方法将立即失效。

(4) 构造方法可以重载。

对于如上所示 Car 类的定义,该类并没有显式定义构造方法,因此该类包含一个默认的无参构造方法,创建对象并实例化的过程中将调用默认无参构造方法,其方法如下:

```
Car car = new Car();
```

3.2.3 对象成员的访问

对象的成员包含成员变量和成员方法。在对象被创建后,可以通过"."(对象成员引用)操作符来访问和调用它们。"."操作符也被称为成员访问符,它的优先级别较高。使用"."操作符来调用成员变量和成员方法的方式如下:

对象引用变量名.成员变量名
对象引用变量名.成员方法名(实参列表)

以上述所示 Car 类的定义创建对象,并调用对象成员的方法如下,相关解释和运行结果如右侧所示。

```
1    Car car = new Car();                                    //创建对象 car
2    System.out.println("车的排量是:"+car.displacement);      //车的排量是:0.0
3    car.displacement = 2.0;
4    System.out.println("车的排量是:"+car.displacement);      //车的排量是:2.0
5    car.accelerate();                                        //加速……
6    car.brake();                                             //刹车……
7    car.back();                                              //倒车……
```

3.2.4 实践演练

实例 3-2 根据上述知识的讲述,将 Car 类补充完整并运行,实现类和对象的定义,并调用属性和方法。

视频 3-5 实践演练:对象的定义和使用

```
1    public class Car {
2        public String brank;
3        public double displacement;
4        public String color;
5        public String modelnumber;
6        public void accelerate() {
7            System.out.println("加速……");
8        }
9        public void brake() {
10           System.out.println("刹车……");
11       }
12       public void back() {
13           System.out.println("倒车……");
14       }
15       public Car() {
```

```
16        }
17        public Car(String brank, double displacement, String color, String
18        modelnumber) {
19            super();
20            this.brank = brank;
21            this.displacement = displacement;
22            this.color = color;
23            this.modelnumber = modelnumber;
24        }
25        public static void main(String[] args) {
26            Car car = new Car();
27            System.out.println("车的排量是:"+car.displacement);
28            car.displacement=2.0;
29            System.out.println("车的排量是:"+car.displacement);
30            car.accelerate();
31            car.brake();
32            car.back();
33            car = new Car("雪佛兰", 1.6, "红色", "自动挡");
34            System.out.println(car.color+car.brank+car.displacement+car.
              modelnumber);
35        }
36    }
```

运行结果如下(eclipse 编译器的运行结果):

```
车的排量是:0.0
车的排量是:2.0
加速……
刹车……
倒车……
红色雪佛兰1.6自动挡
```

程序解析：Car 类的第 15、16 行代码定义了无参构造方法。第 17～24 行代码定义了有参构造方法，该构造方法通过 eclipse 的快捷方式自动生成，根据 Car 类的属性自动创建。第 26 行代码调用无参构造方法生成了 car 对象。由于 displacement 属性为 double 类型，所以在没有赋值的情况下，默认值为 0.0。第 27 行代码当对象 car 访问该属性时，获得的数据为 0.0。第 28 行代码给 displacement 赋值为 2.0，所以第 29 行代码再次访问 displacement 的数据时，获得的数据为 2.0。第 30～32 行代码分别调用了三个方法，显示了对应的信息。第 33 行代码使用有参构造方法重新生成了 car 对象，在生成该对象时，通过数据传参给属性赋值，因此第 34 行代码通过 car 对象访问每个数据成员时，获得了"红色雪佛兰 1.6 自动挡"的数据信息。

本实践演练环节重点考查了对类的定义、无参构造方法、有参构造方法、对象的创建、属性的赋值、方法的调用等知识，是对前面讲解知识的综合性练习，帮助大家加深对知识的直观性认识和理解。

3.2.5 考题精讲

1. 下列关于构造方法的叙述中，错误的是(　　)。

A. Java 语言规定构造方法名与类名必须相同

B. Java 语言规定构造方法没有返回值,且不用 void 声明

C. Java 语言规定构造方法不可以重载

D. Java 语言规定构造方法只能通过 new 自动调用

视频 3-6 考题精讲:对象

【解析】 Java 中构造方法的要求为:方法名必须与类名一致,没有返回值,也不能用 void 修饰。构造方法分为有参构造方法和无参构造方法。有参和无参的构造方法属于构造方法的重载。构造方法在创建对象的时候自动调用,所以本题答案为 C 选项。

2. 下列有关构造方法的描述中,错误的是(　　)。

A. 构造方法一定要有返回值　　　　B. 一个类可以有多个构造方法

C. 构造方法和类有相同的名字　　　D. 构造方法总是和 new 一起使用

【解析】 Java 中对构造方法的使用必须遵循以下原则:方法名必须与类名一致,没有返回值且不用 void 表示;构造方法在 Java 中的作用就是方便对成员变量初始化;在创建对象时自动调用相关的构造方法。所以本题答案为 A 选项。

3. 下列关于面向对象的论述中,正确的是(　　)。

A. 面向对象仅适用于程序设计阶段

B. 面向对象是指以功能为中心,分析、设计、实现应用程序的机制

C. 面向对象是指以对象为中心,分析、设计、实现应用程序的机制

D. 面向对象是一种程序设计语言

【解析】 所谓面向对象就是以对象为中心,分析、设计和实现应用程序的机制。本题答案为 C 选项。

4. 下列程序的运行结果是(　　)。

```
1    public class Test{
2        String s = "One World One Dream";
3        public static void main(String []args){
4            System.out.println(s);
5        }
6    }
```

A. args

B. One World One Dream

C. s

D. 编译时出错

【解析】 s 不属于静态变量,不能在静态方法 main() 中直接调用,需要先生成对象,然后通过对象引用数据成员。所以本题答案为 D 选项。

3.3 包

3.3.1 包的声明

定义一个类时,可以使用关键字 package 声明类属于哪个包。包就是文件夹,声明包的语法形式如下:

视频 3-7 理论精讲:包

```
package <包名 1>.[<包名 2>.[<包名 3>...]]
```

语法解析：
(1) 声明包的语句必须位于类源文件的第一句，除了注释外不能有其他语句。
(2) 在同一个包空间里不能定义两个同名类。
(3) 如果没有声明包，表示此类位于默认包下。

3.3.2 包的命名

包的命名规则如下。
(1) 包名属于标识符，因此包名的命名必须符合标识符的语法规则。
(2) Java 代码规范要求包名需要使用小写。
(3) 包名必须唯一。

3.3.3 JDK 常用包

JDK 常用的包及包的功能如表 3-1 所示。

表 3-1 JDK 常用的包及包的功能

包名及包路径	描述
java.lang 包	Java 的核心类库，默认导入的包就是 java.lang 包
java.io 包	Java 语言的标准输入/输出库
java.util 包	在这个包中，Java 提供了一些实用的方法和数据集合类
java.awt 包	是 Java 的一个抽象窗口工具包，提供了很多图形界面组件类
java.awt.image 包	提供创建和修改图像的各种类
java.net 包	实现网络功能的类库
java.lang.reflect 包	提供用于反射对象的工具
java.sql 包	实现 JDBC 的类库

3.3.4 包的导入

在一个类中如果要访问其他包中的类，就必须要进行包的导入，或者使用全类名访问其他包里的类。导入包的关键字是 import，导包的语法形式如下：

```
import <包名>.<类名>;
import <包名>.*;
```

语法解析： 导入包的语句必须位于包声明语句与类声明之间。一个类中可以有多个 import 语句。eclipse 编译器实现快速导入包的快捷键为 Ctrl+Shift+O。

3.3.5 实践演练

实例 3-3 将 Car 类及其实现类放到不同的包中,完成程序的执行。观察工程目录的变化。

视频 3-8 实践演练:包的定义和使用

(1) Car.java

```
1   package unit3_3.pac1;
2   public class Car {
3       public String brank;
4       public double displacement;
5       public String color;
6       public String modelnumber;
7       public void accelerate() {
8           System.out.println("加速……");
9       }
10      public void brake() {
11          System.out.println("刹车……");
12      }
13      public void back() {
14          System.out.println("倒车……");
15      }
16      public Car() {
17      }
18      public Car(String brank, double displacement, String color, String
19          modelnumber) {
20          super();
21          this.brank = brank;
22          this.displacement = displacement;
23          this.color = color;
24          this.modelnumber = modelnumber;
25      }
26  }
```

(2) TestCarDemo.java

```
1   package unit3_3.pac2;
2   import unit3_3.pac1.Car;
3   public class TestCarDemo {
4       public static void main(String[] args) {
5           Car car = new Car();
6           System.out.println("车的排量是:"+car.displacement);
7           car.displacement=2.0;
8           System.out.println("车的排量是:"+car.displacement);
9           car.accelerate();
10          car.brake();
11          car.back();
12          car = new Car("雪佛兰", 1.6L, "红色", "自动挡");
13          System.out.println(car.color+car.brank+car.displacement+car.modelnumber);
```

```
14        }
15    }
```

运行结果如下（eclipse 编译器的运行结果）：

```
车的排量是:0.0
车的排量是:2.0
加速……
刹车……
倒车……
红色雪佛兰 1.6L 自动挡
```

程序解析：该实践演练环节是在实例 3-2 的基础上，将 Car 类和主调测试类 TestCarDemo 拆分到两个包中。Car 类在 unit3_3.pac1 包，TestCarDemo 类在 unit3_3.pac2 包，通过"import unit3_3.pac1.Car;"将 Car 类导入主调测试类 TestCarDemo 中，运行结果保持不变。

3.3.6 考题精讲

Java 程序默认引用的包是（　　）。
A．java.text　　　　　　B．java.awt
C．java.lang　　　　　　D．java.util

视频 3-9　考题精讲：包

【解析】　java.lang 包提供了 Java 编程语言进行程序设计的基础类。java.lang 包是编译器自动导入的，因此本题答案为 C 选项。

3.4　继　　承

3.4.1　继承的概念

视频 3-10　理论精解：继承

继承是面向对象程序设计方法中的一种重要手段。通过继承，可以让子类拥有父类的非私有成员和方法。继承可以更有效地组织程序结构，明确类之间的关系。通过继承不仅可以实现代码重用，完成更复杂的设计、开发，还能体现面向对象程序设计的另一个主要特征——多态。

3.4.2　如何定义子类

Java 中的继承通过 extends 关键字实现，其一般格式如下：

```
class 子类名 extends 父类名{
    子类体
}
```

语法解析：Java 中不支持多重继承，仅支持单重继承，即一个类只能有一个父类，一个父类可以有多个子类。子类可以继承父类中访问权限设置为 public、protected 的成员变量和方法,不能继承访问权限为 private 的成员变量和方法。此时应注意,严格意义上讲,私有数据成员和私有方法也可以继承,但是子类无法访问父类的私有数据成员和方法,这也就意味着无法继承。默认 extends 子句时,该类默认继承自 Object 类。更为详细的语法解析请看 3.4.3~3.4.5 小节。

3.4.3 成员变量的继承

子类可以继承父类的所有非私有成员,即可以直接访问非私有成员。对于父类的私有成员而言,子类无法直接访问。

3.4.4 方法的继承与覆盖

子类可以继承父类的所有非私有方法。

方法的覆盖是指:子类定义了与父类同名的方法。此时父类的方法将在子类中不复存在。子类中的覆盖方法不能比父类中被覆盖的方法有更严格的访问权限,即子类在覆盖父类的方法时,该方法的访问权限要大于或等于父类同名方法的访问权限。

同名方法的判定:返回值、方法名、形参均保持一致。

子类要想访问父类中被覆盖的同名变量或方法,需要用 super 关键字。

super.成员变量名;
super.成员方法名([参数列表]);
super.([参数列表]);

语法解析:

(1) "super.成员变量名;"用来访问父类被隐藏的成员变量;"super.成员方法名([参数列表]);"用来访问父类被隐藏的成员方法;"super.([参数列表]);"用来访问父类被隐藏的构造函数。

(2) 在调用父类构造方法时,只能出现在子类构造方法的第一句。

3.4.5 构造方法的继承

子类继承父类构造方法的原则如下。

(1) 子类默认无条件继承父类的无参构造方法。

(2) 如果子类没有定义构造方法,则它将继承父类的无参构造方法作为自己的构造方法。

(3) 如果子类定义了构造方法,则在创建新对象时,将先执行父类的无参构造方法,然后执行自己的构造方法。

(4) 对于父类的带参构造方法,子类可以通过在自己的构造方法中使用 super 关键字来调用它,但这个调用语句必须写在子类构造方法的第一句。

3.4.6 实践演练

实例 3-4 实现如下功能，测试类的继承。

（1）测试 Person 类和 Student 类的继承关系。调用子类和父类的成员变量和方法。

（2）测试方法的覆盖。

（3）测试子类和父类的构造方法。

视频 3-11 实践演练：类的继承

```
1    package unit3_4;
2    class Person{
3        private String name;
4        private int age;
5        public String getName() {
6            return name;
7        }
8        public void setName(String name) {
9            this.name = name;
10       }
11       public int getAge() {
12           return age;
13       }
14       public void setAge(int age) {
15           this.age = age;
16       }
17       public void move() {
18           System.out.println("Person move...");
19       }
20       public void eat() {
21           System.out.println("Person eat...");
22       }
23       public Person() {
24           System.out.println("Person Constructor...");
25       }
26       public Person(String name, int age) {
27           super();
28           this.name = name;
29           this.age = age;
30           System.out.println("姓名:"+this.name+"  年龄:"+this.age);
31       }
32   }
33   class Student extends Person{
34       private float weight;
35       public float getWeight() {
36           return weight;
37       }
38       public void setWeight(float weight) {
39           this.weight = weight;
40       }
```

```
41         @Override
42         public void move() {
43             super.move();
44             System.out.println("Student move...");
45         }
46         public Student() {
47             super("李四",20);
48             System.out.println("Student Constructor...");
49         }
50     }
51     public class InheritDemo {
52         public static void main(String[] args) {
53             Student stu = new Student();
54             stu.setAge(18);
55             stu.setName("张三");
56             stu.setWeight(85);
57             System.out.println(stu.getName()+"是"+stu.getAge()+"岁"+",
               体重:"+stu.getWeight()+"千克!");
58             stu.move();
59         }
60     }
```

运行结果如下(eclipse 编译器的运行结果)：

```
姓名:李四   年龄:20
Student Constructor...
张三是18岁,体重:85.0千克!
Person move...
Student move...
```

程序解析：Person 类有两个属性且均为私有属性，分别为 name 和 age。私有属性归 Person 类所有，出了 Person 类就无法访问私有数据成员。Student 类是 Person 的子类，该类的 weight 属性也是私有的，但是 Student 类无法直接访问 Person 类的私有数据成员和私有方法，此时需要实现数据注入(目的是为属性赋值，包括私有属性)。数据注入有两种方式：第一种是构建 set()和 get()方法，第二种是构建构造方法。这两种方式都可以使用 eclipse 编译器来自动创建。

Person 类中有 move()方法，子类 Student 中也有 move()方法，子类中具有与父类同名的方法，则称为方法的覆盖(也称为方法重写)。想在子类中调用父类的同名方法可以使用 super 关键字，如第 43 行代码所示。第 58 行代码使用 stu 对象调用 move()方法，此时程序转去执行第 42 行代码；接着执行第 43 行代码，调用父类的同名方法 move()，转去执行第 18 行代码，打印"Person move..."信息；然后回到被调用处，执行第 44 行代码，打印"Student move..."的信息。

主调测试类为 InheritDemo，该类有 main()方法。第 53 行代码定义了 Student 的对象 stu,通过无参构造方法创建。在创建该对象时，执行第 46 行代码，顺次执行第 47 行代码，使用 super 关键字调用父类 Person 的有参构造方法。执行第 26~29 行代码，使用构造方法注入值的方式给 name 和 age 赋值。顺次执行第 30 行代码，打印数据信息"姓名：李四年龄：20"。返回方法调用处，执行第 48 行代码，打印信息"Student Constructor..."。

第 55 行和第 56 行代码分别使用了 set 值注入的方法对私有属性进行赋值。第 55 行代码调用了父类的 setName()方法，为父类的 name 属性赋值。第 56 行代码调用了子类的 setWeight()方法，为 weight 属性赋值。第 57 行代码打印出所有属性的信息，由于子类无法直接访问父类的私有数据成员，所以需要使用 get()方法获取私有属性的值，因此所有的 set()、get()方法都是 public 类型，从而实现值的注入和获取。

3.4.7 考题精讲

1. 子类继承父类的方法和状态，在子类中可以进行的操作是(　　)。
   A. 更换父类方法　　　　　　　　B. 减少父类方法
   C. 减少父类变量　　　　　　　　D. 增添方法

【解析】　在 Java 中，子类继承父类时，可以在父类的基础上增加自己的属性和方法，也可以重写父类中的方法，但无法更换和减少父类的方法和属性。故本题答案为 D 选项。

2. 用于在子类中调用被重写的父类方法的关键字是(　　)。
   A. this　　　　　B. super　　　　　C. This　　　　　D. Super

【解析】　super 关键字实现父类变量和父类方法的调用。对当前对象自身的引用使用 this 关键字，不存在 Super 和 This 关键字。故本题答案为 B 选项。

3. 下列可加入类 Child 中的方法是(　　)。

```
1    public class Parent{
2        protected int change(){...}
3    }
4    class Child extends Parent{
5    }
```

   A. public int change(){...}　　　　　B. int change(){...}
   C. private int change(){...}　　　　D. abstract int change(){...}

【解析】　本题考查类的继承。子类继承父类的方法，该方法在子类中访问权限需大于或等于父类方法，故 B、C 选项错误。abstract 为抽象类和抽象方法的关键字，抽象方法只能存在于抽象类中，所以 D 选项错误。本题答案为 A 选项。

4. 下列叙述中正确的是(　　)。
   A. 子类构造方法必须通过 super 关键字调用父类的构造方法
   B. 如果子类没有定义构造方法，则子类无构造方法
   C. 子类必须通过 this 关键字调用父类的构造方法
   D. 子类无法调用父类的构造方法

【解析】　子类调用父类定义的构造方法的方式是使用 super 关键字。在实例化一个子类对象时，如果不写 super 关键字，那么 JVM 会自动调用父类的无参构造方法。如果需要调用父类的有参构造方法，就必须使用 super 关键字来传递参数。如果一个类没有构造方式，系统将自动为其创建默认的无参构造方法。所以答案为 A 选项。

5. 下列程序的执行结果是(　　)。

```
1    class A{
2        int x = 10;
3        int getVal(){return x;}
4    }
5    public class B extends A{
6        public static void main(String[] args){
7            A a = new A();
8            B b = new B();
9            System.out.println(a.getVal()+ "  " +b.getVal());
10           b.x = 100;
11           System.out.println(a.getVal()+ "  " +b.getVal());
12       }
13   }
```

A. 10 10　　　　　B. 10 10　　　　　C. 10 10　　　　　D. 10 10
   10 100   100 100   100 10   10 10

【解析】 B 是 A 的子类,第 7 行代码生成父类 A 的对象 a,a 中包含的属性 x 值为 10, 还有 getVal()方法。第 8 行代码生成子类 B 的对象 b,由于 B 是 A 的子类,所以 b 中包含 父类的所有非私有属性和方法,因此 b 中包含父类属性 x 的值为 10,还有父类的方法 getVal()。第 9 行代码执行 a.getVal()方法,调用第 3 行代码,返回 x 的值 10;执行 b.getVal()方法,调用第 3 行代码,返回 x 的值 10。执行第 10 行代码,此时 b 的 x 属性就是 100 了;再次调用 a 对象中的 getVal()方法,由于 a 对象中的 x 值为 10,所以打印 10。而调 用 a 对象中的 getVal()方法,由于 b 对象中的 x 值为 100,所以打印 100。故答案为 A 选项。

6. 下列代码中,将引起错误的是第(　　)行。

```
1    class Parent{
2        private String name;
3        public Parent(){}
4    }
5    public class Child extends Parent{
6        private String department;
7        public Child(){}
8        public String getVal() {return name;}
9        public static void main(String[] args) {
10           Parent p = new Parent();
11       }
12   }
```

A. 3　　　　　B. 6　　　　　C. 7　　　　　D. 8

【解析】 由于私有数据成员只有本类可以访问,子类只能继承父类的非私有属性和方 法。所以无法访问父类的私有数据成员。父类 name 为私有数据成员,因此第 8 行代码的 子类无法直接访问父类的数据成员,此处有错。为了能够访问父类的私有数据成员,需要对 父类的私有数据成员构建一整套的 set()、get()方法,以便实现值的注入和获取。

7. Object 类中有 public int hashCode()方法,在其子类中覆盖该方法时,其方法修饰符可以是(　　)。
　　A. protected　　　B. public　　　　C. private　　　　D. default

【解析】 子类覆盖父类的方法时,重写方法时不能比被重写的方法有更严格的访问级别。父类的修饰符为 public,子类重写此方法时,修饰符也为 public。所以本题答案为 B 选项。

3.5　多　　态

视频 3-13　理论精解:多态

3.5.1　多态的概念

多态性是指同名的不同方法在程序中共存,运行时根据不同的情况执行不同的方法。调用者只需要使用同一个方法名,系统会根据不同情况,调用相应的方法,从而实现不同的功能。多态有两种实现方式,分别为覆盖和重载。

3.5.2　覆盖实现多态性

子类对其父类方法的重新定义,称为方法的覆盖,也称为方法的重写。方法的覆盖存在于父类与子类之间。

注意:

(1) 在子类中重定义父类的方法时,要求与父类方法的原型(包含参数个数、参数类型、参数顺序、访问权限等)必须完全相同。

(2) 由于这些方法存在于不同的类中,在调用方法时需要指明调用的是哪个类的方法。

3.5.3　重载实现多态性

方法重载是在同一个类中定义多个同名方法。编译器区分同名方法的办法:参数个数、参数顺序、参数类型只要有一个不同,就是不同的方法。

3.5.4　构造方法的重载

构造方法的重载是指同一个类中定义不同参数的多个构造方法,用来完成不同情况下对象的初始化。

例如,Point 类可以定义不同的构造方法。

```
1    Point();
2    Point(int x);
3    Point(float x, float y);
```

3.5.5 实践演练

视频 3-14 实践演练：类的多态

实例 3-5 实现如下功能，测试类的多态。

（1）测试父类 Person 和子类 Student 之间的方法覆盖。
（2）测试 Student 类的方法重载。
（3）测试 Person、Student 类的构造方法重载。

```
1   package unit3_5;
2   class Person{
3       private String name;
4       private int age;
5       public String getName() {
6           return name;
7       }
8       public void setName(String name) {
9           this.name = name;
10      }
11      public int getAge() {
12          return age;
13      }
14      public void setAge(int age) {
15          this.age = age;
16      }
17      public void move() {
18          System.out.println("Person move...");
19      }
20      public void eat() {
21          System.out.println("Person eat...");
22      }
23      public Person() {
24          System.out.println("Person Constructor...");
25      }
26      public Person(String name, int age) {
27          super();
28          this.name = name;
29          this.age = age;
30          System.out.println("姓名:"+this.name+"  年龄:"+this.age);
31      }
32  }
33  class Student extends Person{
34      private float weight;
35      public float getWeight() {
36          return weight;
37      }
38      public void setWeight(float weight) {
39          this.weight = weight;
40      }
41      @Override
```

```
42        public void move() {
43            super.move();
44            System.out.println("Student move...");
45        }
46        public Student() {
47            super("李四",20);
48            System.out.println("Student Constructor...");
49        }
50        public void sing() {
51            System.out.println("Student sing songs...");
52        }
53    }
54    public class InheritDemo {
55        public static void main(String[] args) {
56            Person p1 = new Student();
57            p1.move();
58            System.out.println(p1.getName());
59        }
60    }
```

运行结果如下(eclipse 编译器的运行结果):

```
姓名:李四  年龄:20
Student Constructor...
Person move...
Student move...
李四
```

程序解析：通过与实例 3-4 对比，可知该实践演练的 Person 类保持不变。Student 类是 Person 的子类，本实例相较于实例 3-4 而言多了 sing()方法。在 Student 类中，重写了其父类 Person 类中的 move()方法。

InheritDemo 类为主调测试类，第 56 行代码使用 Person 的子类 Student 类构建 Person 类的对象 p1，所以 p1 具有 Person 类的全部特性，以及 Student 类中所有覆盖了父类的方法特性，但是 p1 不具有 Student 类中自身特有的属性和方法，比如 weight 属性和 sing()方法。"Person p1 = new Student();"使用 Student 类的无参构造方法创建对象 p1 时，执行第 46 行代码。第 47 行代码"super("李四",20);"调用父类的构造方法，给父类的 name 属性赋值为"李四"，age 属性赋值为"20"，并通过第 30 行代码打印"姓名：李四 年龄：20"，然后返回子类构造方法执行第 48 行代码，打印"Student Constructor..."。第 57 行代码"p1.move();"此时调用的 move()方法就是 Student 类中覆盖了父类的同名方法 move()，转去执行第 42 行代码，首先调用父类的 move()方法，执行第 18 行的代码，打印"Person move..."，再执行第 44 行代码，打印"Student move..."。第 58 行代码"p1.getName()"用于获取 name 属性的值，然后打印出来，即"李四"。

该实践演练环节重点考查了方法的重写、构造方法的重载，通过方法的重写和重载在主调测试类中实现了多态，即父类对象既可以通过父类构造方法创建出来，也可以使用子类构造方法创建出来，当调用同名方法时其具有多种形态。在当前的实例中，p1 对象无法获取子类 Student 的 weight 属性，同时也无法调用子类 Student 的 sing()方法。

思考：子类的对象是否可以通过父类的构造方法创建出来呢？这样做是否有意义？详细解释请看视频讲解。

3.5.6 考题精讲

视频 3-15 考题精讲：多态

1. 在一个类中可以定义多个名称相同但参数不同的方法。下列关于这种机制的名称正确的是(　　)。

  A. 重载   B. 覆盖

  C. 改写   D. 继承

【解析】 Java 规定方法名同名，参数列表和类型不同的方法为方法的重载，而子类与父类之间的同名方法为方法覆盖。所以本题答案为 A 选项。

2. 下列方法中，可以正确加入 SubX 类中且父类的方法不会被覆盖的是(　　)。

```
1   public class X {
2       public int F(int a,int b){
3           int s;
4           s=a+b;
5           return s;
6       }
7   }
8   class SubX extends X{
9   }
```

  A. int F(int a, int b){}

  B. public void F(){}

  C. public int F(int a, int b) throws MyException{}

  D. public float F(int a, int b, float b=1.0){}

【解析】 父类的 F() 方法的权限是 public 具有最高权限，而选项 A 的权限小于父类，所以 A 选项错误；由于 SubX 是 X 类的子类，所以 SubX 中有父类的方法 F()，此时 B 选项是方法重载，因为此时方法的名字相同，但是参数类型、参数个数和参数顺序不同，所以父类同名方法不会被覆盖，相当于被重载了，所以 B 选项是正确的；C 选项的 F() 方法抛异常了，所以类推其对应的父类同名方法 F() 也要抛异常，但是父类的同名方法 F() 没有抛异常，所以 C 选项错误；D 选项是错误的，因为 Java 不允许传参数时赋默认值。

3. 下列程序的运行结果是(　　)。

```
1   class Animal {
2       public Animal(){
3           System.out.print(" animal ");
4       }
5       public Animal(int n){
6           this();
7           System.out.print(" "+n);
8       }
9   }
```

```
10    class Dog extends Animal{
11        public Dog() {
12            super(12);
13            System.out.println(" dog ");
14        }
15    }
16    public class Test{
17        public static void main(String[] args) {
18            Animal animal = new Dog();
19        }
20    }
```

  A. animal 12 dog B. animal dog C. dog animal 12 D. dog anim

【解析】 Animal 类为父类，里面包含了两个构造方法，实现了构造方法的重载；Dog 类是 Animal 类的子类，Dog 类中有一个构造方法；Test 类为主调测试类。第 18 行代码"Animal animal ＝ new Dog();"使用子类构造父类对象，所以此时需要调用子类构造方法，执行 11 行代码，顺次执行第 12 行代码；使用 super 关键字调用父类构造方法，执行第 5 行代码，顺次执行第 6 行代码；使用 this 关键字执行 Animal 本类的无参构造方法，执行第 2 行代码，顺次执行第 3 行代码，打印"animal"，返回执行第 7 行代码，打印数字"12"；返回执行第 13 行代码，打印"dog"。因此最后打印的整体结果为"animal 12 dog"，A 选项正确。

3.6 抽　　象

3.6.1 抽象类的概念

视频 3-16　理论精解：抽象

  定义抽象类的目的是建立抽象模型，为所有的子类定义一个统一的接口，此时的接口并不是 3.7 节要讲述的接口，而是提供给其所有子类一个统一的调用模式。在 Java 中用修饰符 abstract 将一个类说明为抽象类。

  抽象类中可以包含一个或多个只有方法声明而没有代码实现的方法，这些方法就是抽象方法。如果一个类中存在某个或者某些方法，但没有方法体，只有方法头，也没有方法的实现代码，此时该类必须被定义为抽象类。

3.6.2 抽象类的定义

  定义抽象类的语法形式如下：

```
[访问限定符] abstract class 类名{
    //属性说明
    //抽象方法声明
    //非抽象方法声明
}
```

3.6.3 抽象类的说明

抽象类的具体说明如下。

（1）抽象类可以定义属性和方法。仅存在抽象类和抽象方法的概念，不存在抽象属性的概念，即 abstract 关键字仅能修饰类和方法，不能修饰属性。抽象类中既可以包含抽象方法，也可以包含非抽象方法。

（2）抽象方法是指类中仅仅声明了方法头，没有方法的实现代码。方法的具体实现交给各个派生子类完成，不同的子类可以根据自身的情况以不同的代码来实现。

（3）抽象方法只能存在于抽象类中。一个类中只要有一个抽象方法，那么该类就必须是抽象类。

（4）一个抽象类中可以有一个或多个抽象方法，也可以没有抽象方法。

（5）抽象类是等待被继承的，所以抽象类自身不能被实例化，也就是说不能直接创建抽象类自身的对象，抽象类的实例化必须通过其实现类创建出来。

3.6.4 实践演练

实例 3-6 实现如下功能，测试抽象类和抽象方法。

（1）建立抽象类 Person 和实现类 Student。

（2）建立抽象方法，并在实现类中完成抽象方法的具体实现。

视频 3-17 实践演练：
抽象类和抽象方法

（3）借助实现类完成抽象类的实例化。

```
1    package unit3_6;
2    abstract class Person{
3        private String name;
4        public String getName() {
5            return name;
6        }
7        public void setName(String name) {
8            this.name = name;
9        }
10       abstract void study();
11   }
12   class Student extends Person{
13       private int age;
14       public int getAge() {
15           return age;
16       }
17       public void setAge(int age) {
18           this.age = age;
19       }
20       @Override
21       void study() {
```

```
22              // 自动生成方法存根
23              System.out.println("Student Study...");
24          }
25      }
26      class Teacher extends Person{
27          @Override
28          void study() {
29              // 自动生成方法存根
30              System.out.println("Teacher Study...");
31          }
32      }
33      public class AbstractDemo {
34          public static void main(String[] args) {
35              // 自动生成方法存根
36              Person person = new Student();
37              person.study();
38              person = new Teacher();
39              person.study();
40          }
41      }
```

运行结果如下（eclipse 编译器的运行结果）：

```
Student Study...
Teacher Study...
```

程序解析：Person 类为抽象类，因为 class 关键字的前面带有 abstract 关键字，抽象类中既可以包含抽象方法，也可以包含非抽象方法。但是抽象方法必须存在于抽象类中，所以 Person 类里面有抽象方法 study() 和非抽象方法 getName()、setName()。抽象方法只有方法头而没有方法体，所以在 Person 类中抽象方法 study() 没有具体的实现。Student 类继承自 Person 类，是 Person 类的子类，因此 Student 类就要实现抽象类 Person 类中的抽象方法 study()。Student 类中还有自有属性 age，并有该属性的一整套 get()、set() 方法，方便实现值的获取和注入。Teacher 类继承自 Person 类，是 Person 类的子类，因此 Teacher 类就要实现抽象类 Person 类中的抽象方法 study()。AbstractDemo 类为主调测试类，Person 类为抽象类，所以该类不能创建出来，需要通过其具体的实现类创建出来，因此，第 36 行代码通过 Person 类的实现类 Student 创建对象 person。第 37 行代码通过 person 对象调用 study() 方法，此时打印"Student Study..."，这是调用了 Student 子类中的 study() 方法实现的。第 38 行代码通过 Person 类的实现类 Teacher 再次创建对象 person。第 39 行代码通过 person 对象调用 study() 方法，此时打印"Teacher Study..."，这是调用了 Teacher 子类中的 study() 方法实现的。

3.6.5 考题精讲

1. 下列代码能够通过编译的是（   ）。
    A. public abstract class Animal{

视频 3-18 考题精讲：抽象

```
        public void speak();
    }
B. public abstract class Animal{
        public void speak(){}
    }
C. public class Animal{
        public abstract void speak();
    }
D. public abstract class Animal{
        public abstract void speak(){};
    }
```

【解析】 在 A 选项中存在抽象类的非抽象方法，非抽象方法需要有具体的实现，所以 A 选项错误；B 选项是正确的，因为抽象类中可以有非抽象方法；由于抽象方法只能存在于抽象类中，而 Animal 是非抽象类，所以 C 选项错误；抽象方法不能有具体的实现体，所以 D 选项错误。

2. 为使下列代码正常运行，应该在下画线处填入的选项是(　　)。

```
abstract class Person {
    public Person(String n) {
        name = n;
    }
    public _____ String getDescription();
    public String getName(){
        return name;
    }
    private String name;
}
```

  A. static   B. private   C. abstract   D. final

【解析】 带有 abstract 关键字，说明该类为抽象类，抽象类中不带方法实现体的方法必须说明为抽象方法，因此填写 abstract。

3. 下列叙述中，错误的是(　　)。

  A. 方法的重载是指多个方法共享一个名字
  B. 用 abstract 修饰的类称为抽象类，它不能实例化
  C. 接口中不包含方法的实现
  D. 构造方法可以有返回值

【解析】 构造方法无返回值类型，也不需要 void。所以本题答案为 D 选项。其余的选项叙述都是正确的。

4. 下列叙述中错误的是(　　)。

  A. final 类不仅可以用来派生子类，也可以用来创建 final 类的对象
  B. abstract 类只能用来派生子类，不能用来创建 abstract 类的对象
  C. abstract 不能与 final 同时修饰一个类

D. abstract 方法必须在 abstract 类中声明,但 abstract 类的定义中可以没有 abstract 方法

【解析】 final 类为最终类,不能被继承,不能有子类,因此 A 选项错误。B 选项是对抽象类特点的描述,抽象类中可以有或者没有抽象方法,但是抽象方法必须存在于抽象类中。由于 abstract 类是等待被继承,而 final 是不能被继承,所以 abstract 和 final 不能同时修饰同一个类。如果一个变量被修饰为 final,则该变量就是常量,必须显式赋初值,且只能被赋值一次。所以本题答案为 A 选项。

3.7 接　　口

3.7.1 为什么要有接口

视频 3-19　理论精解：接口

Java 不支持多重继承的概念,一个类只能由唯一的一个类继承而来。
那么 Java 是如何实现多重继承的呢?此时就要引入接口的概念。
接口是一种特殊的抽象类,它只包含常量和抽象方法,而没有变量和方法的实现。

3.7.2 接口的定义

接口定义的一般形式为：

[访问控制符] interface <接口名> [extends 父接口名列表]{
　　类型标识符 final 符号常量名 n = 常数;
　　返回值类型　方法名([参数列表]);
　　...
}

知识小贴士 3-1
透过现象看本质汇总并解决Java 面向对象知识难点

语法解析：
(1) 接口的访问权限只有 public 和默认。
(2) interface 是声明接口的关键字,与 class 类似。
(3) 接口的命名必须符合标识符的命名规则,且接口名必须与文件同名。
(4) 允许接口的多重继承,通过"extends 父接口名列表",可以继承多个接口。
(5) 对接口体中定义的常量,系统默认为是用 static final 修饰,不需要显式指定。
(6) 对接口体中声明的方法,系统默认是用 abstract 修饰,也不需要显式指定。
因此接口就是特殊的抽象类。

3.7.3 接口的实现

定义接口实现类的语法形式如下：

[访问限定符][修饰符] class 类名[extends　父类名] implements 接口 1[,接口名 2...,接口名 n]{

//实现了该接口,就要实现该接口的所有方法
　}

　　一个类可以实现多个接口,可以在 implements 关键字的后面列出要实现的多个接口的名字,所有接口名用逗号分隔。

　　(1) 在类声明部分用 implements 关键字声明该类要实现的接口。

　　(2) 类在实现抽象方法时必须要用 public 修饰符。

　　(3) 除抽象类外,一个类实现了接口,就要实现该接口中所有的方法,且方法首部应该与接口中的定义完全一致。

视频 3-20　实践演练:幸福是什么

3.7.4　实践演练

　　实例 3-7　幸福是什么?类的关联关系图如图 3-1 所示,展示了猫吃鱼、狗吃肉、奥特曼爱打小怪兽的幸福。定义抽象类 Mammal(哺乳动物)、Alien(外星人),定义 Mammal 类的实现类是 Cat(猫)和 Dog(狗),定义 Alien 的实现类是 Ultraman(奥特曼)。Happy 是接口。

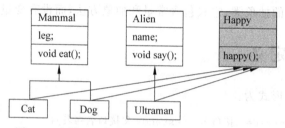

图 3-1　实例 3-7 中类的关联关系图(幸福是什么?)

相关实现代码如下。

(1) Mammal.java

```
1    public abstract class Mammal {
2        int leg;
3        abstract void eat();
4    }
```

(2) Alien.java

```
1    public abstract class Alien {
2        String name;
3        abstract void say();
4    }
```

(3) Happy.java

```
1    public interface Happy {
2        public void happy();
3    }
```

(4) Cat.java

```
1   public class Cat extends Mammal implements Happy {
2       @Override
3       public void happy() {
4           //自动生成方法存根
5           System.out.println("Cat eat fish...");
6       }
7       @Override
8       void eat() {
9           //自动生成方法存根
10          System.out.println("Eat fish...");
11      }
12  }
```

(5) Dog.java

```
1   public class Dog extends Mammal implements Happy {
2       @Override
3       public void happy() {
4           //自动生成方法存根
5           System.out.println("Dog eat meat!");
6       }
7       @Override
8       void eat() {
9           //自动生成方法存根
10          System.out.println("Dog eat meat!");
11      }
12  }
```

(6) Ultraman.java

```
1   public class Ultraman extends Alien implements Happy {
2       @Override
3       public void happy() {
4           //自动生成方法存根
5           System.out.println("Ultraman hit monster!");
6       }
7       @Override
8       void say() {
9           //自动生成方法存根
10          System.out.println("Ultraman say I like hitting monster!");
11      }
12  }
```

(7) Client.java

```
1   public class Client {
2       public static void main(String[] args) {
3           //自动生成方法存根
4           Cat cat = new Cat();
5           cat.happy();
6           Dog dog = new Dog();
```

```
7           dog.happy();
8           Ultraman um = new Ultraman();
9           um.happy();
10      }
11  }
```

运行结果如下(eclipse 编译器的运行结果)：

```
Cat eat fish...
Dog eat meat!
Ultraman hit monster!
```

责任·担当 3-1 幸福都是奋斗出来的

程序解析：定义抽象类 Mammal(哺乳动物)里面有属性 leg 和抽象方法 eat()，抽象类 Alien(外星人)里面有属性 name 和方法 say()，类 Cat 和 Dog 是 Mammal 的实现类，所以 Cat 和 Dog 类要实现抽象类 Mammal 中的抽象方法 eat()。Ultraman(奥特曼)是抽象类 Alien 的实现类，所以 Ultraman 类要实现 Alien 类中的抽象方法 say()。因为一个类只能有一个唯一的父类，但是猫(Cat)和狗(Dog)还有奥特曼(Ultraman)都有自己的快乐，就是"猫吃鱼、狗吃肉、奥特曼爱打小怪兽！"，于是将 Happy 提取出来作为接口存在，实现多重继承。Happy 就是一个接口，该接口中有一个方法为 happy()，Cat 类、Dog 类、Ultraman 类实现了 Happy 接口，所以就要实现 Happy 接口中的 happy() 方法。在具体的实现类中体现不同事物特有的快乐。

Client 类为主调测试类，该类中的第 4 行代码构建了 Cat 类的对象 cat，第 5 行代码调用了 happy() 方法，此时将调用 Cat 类中的 happy() 方法，即打印猫的快乐"Cat eat fish..."；第 6 行代码构建了 Dog 类的对象 dog，第 7 行代码调用了 happy() 方法，此时将调用 Dog 类中的 happy() 方法，即打印狗的快乐"Dog eat meat!"；第 8 行代码构建了 Ultraman 类的对象 um，第 9 行代码调用了 happy() 方法，此时将调用 Ultraman 类中的 happy() 方法，即打印奥特曼的快乐"Ultraman hit monster!"。

思考：3.2 节中提到，类是现实世界中事物的抽象，那接口又是什么呢？接口是以什么样的形式存在呢？如果接口也是现实世界中事物的抽象，那么接口与类的区别是什么呢？接口往往作为现实世界的事物所共同的行为而存在，不同的类可以具有共同的动作，比如人和动物都会吃(eat)，吃就是动作，是行为，所以接口就是动作、是行为。接口就是为了解决所有抽象事物所共有的行为而存在的。所以类的名称往往是名词，接口的名称往往是动词，接口中提供的就是方法、行为的统一端口。所以实现了接口的类必然要实现接口中定义的方法，也就是行为。

每个人都有每个人的幸福，无论是顺境还是逆境，只要我们面朝太阳，用坦荡的胸襟和无限的斗志不停止奋斗，那么什么风都不是逆风，任何时候都可以感受扑面而来的幸福。

实例 3-8 依据如图 3-2 所示的类的结构图，实现士兵三毛(Solider)使用手枪(HandGun)打敌人(killEnemy)的事件。

相关代码如下。

(1) IGun.java

```
1   public interface IGun {
```

视频 3-21 实践演练：三毛用手枪打敌人

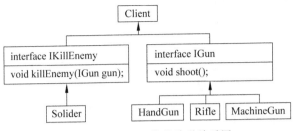

图 3-2 实例 3-8 类的关联关系图

```
2      public void shoot();
3    }
```

(2) HandGun.java

```
1   public class HandGun implements IGun {
2       @Override
3       public void shoot() {
4           //自动生成方法存根
5           System.out.println("HandGun KillEnemy!");
6       }
7   }
```

(3) Rifle.java

```
1   public class Rifle implements IGun {
2       @Override
3       public void shoot() {
4           //自动生成方法存根
5           System.out.println("Rifle Kill Enemy!");
6       }
7   }
```

(4) Machine.java

```
1   public class MachineGun implements IGun {
2       @Override
3       public void shoot() {
4           //自动生成方法存根
5           System.out.println("MachineGun Kill Enemy!");
6       }
7   }
```

(5) IKillEnemy.java

```
1   public interface IKillEnemy {
2       public void killEnemy(IGun gun);
3   }
```

(6) Soldier.java

```
1   public class Soldier implements IKillEnemy {
2       private String name;
3       public Soldier (String name) {
```

```
4               //自动生成方法存根
5               this.name = name;
6           }
7           @Override
8           public void killEnemy(IGun gun) {
9               //自动生成方法存根
10              System.out.print(name +" "+"use ");
11              gun.shoot();
12          }
13      }
```

(7) Client.java

```
1   public class Client {
2       public static void main(String[] args) {
3           //自动生成方法存根
4           Soldier sanmao = new Soldier("SanMao");
5           sanmao.killEnemy(new MachineGun());
6           IGun gun=new HandGun();
7           sanmao.killEnemy(gun);
8       }
9   }
```

运行结果如下（eclipse 编译器的运行结果）：

```
SanMao use MachineGun Kill Enemy!
SanMao use HandGun Kill Enemy!
```

程序解析：IkillEnemy 是接口，其包含一个方法，即"public void killEnemy(IGun gun);"，该方法的形参是 IGun 接口的对象 gun。IGun 也是一个接口，该接口有一个方法为 shoot()，因此实现了 IGun 的类就要实现 shoot()方法。HandGun（手枪）实现了 IGun 接口，就要实现 shoot()方法，打印"HandGun Kill Enemy!"；Rifle（来复枪）实现了 IGun 接口，就要实现 shoot()方法，打印"Rifle Kill Enemy!"；MachineGun（机枪）实现了 IGun 接口，就要实现 shoot()方法，打印"MachineGun Kill Enemy!"。Soldier 类实现了 IkillEnemy 接口，就要实现其 killEnemy()方法，Soldier 类有私有属性 name 以及构造方法 Soldier，其构造方法可以完成对私有属性的值注入。

Client 类为主调测试类，第 4 行代码构建了 Soldier 类的对象 sanmao（三毛），通过构造方法 Soldier 创建了名为 SanMao 的对象 sanmao。第 5 行代码中的对象 sanmao 调用 killEnemy()方法，对该方法传参时通过"new MachineGun()"即创建了 MachineGun 的对象，此时用创建的 MachineGun 的对象来给 IGun 的接口对象 gun 赋值，因为接口本身是不能创建出来的，要通过其具体的实现类创建出来，而 MachineGun 正是 IGun 接口的实现类。从而在 Soldier 类的 killEnemy()方法中，调用第 10 行代码打印了"SanMao use"的信息。然后执行第 11 行代码"gun.shoot();"，此时的 gun 对象是通过 MachineGun 类生成的，于是要调用 MachineGun 类的 shoot()方法，接着打印"MachineGun Kill Enemy!"，所以整体输出效果为"SanMao use MachineGun Kill Enemy!"（三毛使用机枪射击敌人!）。

Client 类第 6 行代码"IGun gun=new HandGun();"用 HandGun 类构建了接口 IGun

的对象gun,所以gun就是手枪。第7行代码对象sanmao调用killEnemy()方法,对该方法传参时直接传递gun,但是gun具有HandGun类的特性,此时相当于传递了HandGun类的对象。从而在Soldier类的killEnemy()方法中,调用第10行代码打印了"SanMao use"的信息。然后执行第11行代码"gun.shoot();",此时的gun是通过HandGun类生成的,于是要调用HandGun类的shoot()方法,接着打印"HandGun Kill Enemy!"。所以整体输出效果为"SanMao use HandGun Kill Enemy!"(三毛使用手枪射击敌人!)。

该实例是一种标准的设计模式,即给三毛什么样的枪,三毛就用什么样的枪来射击敌人。该案例改编自Java著名的设计模式之一"里氏替换原则",有兴趣的同学可以查阅Java设计模式的相关资料。

提示:本章出现了很多关键字,如class、interface、abstract、final、extends、implements,这些关键字使用时其位置和用法不易记忆,此处给出"一语道破天机"法,方便读者一次性记住。

(1) class、interface关键字:class的英文意思为"类",为名词,定义类的时候使用,用来说明其后面的标识符为"类"。同样的道理,interface的英文意思为"接口",为名词,定义接口的时候使用,用来说明其后面的标识符为"接口"。

(2) abstract、final关键字:这两个关键词都是名词。其中,abstract的英文意思为"抽象","抽象即虚构的,无法实际存在,所以等待被继承。final的英文意思为"最终",最终即无后,对应现实世界中无后代的事物,所以无法被继承。故abstract、final关键字就是一对矛盾体,无法同时存在。

(3) extends、implements关键字:extends和implements为动词,英文意思为"继承"和"实现"。在代码中,放到了类名或接口名的后面。由于类名和接口名为第三人称单数,所以这两个动词都要加"s"。

本 章 小 结

本章小结

本章小结内容以思维导图的形式呈现,请扫描二维码打开思维导图学习。

习 题

一、选择题

1. 在Java中,若要使用一个包中的类,首先要对该包进行引入,引入的关键字是(　　)。
   A. import　　　　B. package　　　　C. include　　　　D. packet
2. 对象的特性在类中被表示为变量,称为类的(　　)。
   A. 对象　　　　　B. 属性　　　　　　C. 方法　　　　　D. 数据类型

3. 下列叙述中正确的是( )。

　　A. 子类构造方法必须通过 super 关键字调用父类的构造方法
　　B. 如果子类没有定义构造方法，则子类无构造方法
　　C. 子类必须通过 this 关键字调用父类的构造方法
　　D. 子类无法调用父类的构造方法

4. 下列叙述中错误的是( )。

　　A. final 类不但可以用来派生子类，也可以用来创建 final 类的对象
　　B. abstract 类只能用来派生子类，不能用来创建 abstract 类的对象
　　C. abstract 不能与 final 同时修饰一个类
　　D. abstract 方法必须在 abstract 类中声明，但 abstract 类定义中可以没有 abstract 方法

5. 下列程序运行后的结果是( )。

```
class A1{
    static int x = 10;
    public void show(){
        System.out.print(x+" ");
    }
}
public class B1 extends A1{
    public void show(){
        x=20;
        System.out.print(x+" ");
    }
    public static void main(String [ ]args) {
        B1 b1=new B1();
        b1.show();
        A1 a1=new A1();
        a1.show();
    }
}
```

　　A. 编译错误　　　　B. 20 10　　　　C. 10 10　　　　D. 20 20

二、填空题

1. 关键字_____修饰的方法是仅有方法头，没有具体方法体和操作实现的方法。该方法必须在抽象类中定义。

2. 用关键字_____修饰的方法是不能被当前类的子类重新定义的。

3. Java 中所有的类都是_____类的子类。

4. Java 程序的基本组成单位是_____。

三、程序填空题

1. 本程序的功能是定义类中带有参数的构造方法 test() 和普通方法 printInfo()，并定义类的对象 obj，程序中将字符串"Tom"和整数 20 在定义对象时作为构造方法的参数传递

给类,然后调用方法 printInfo() 打印传递的变量(如 Tom 已经 20 岁了),请将程序中空缺部分填写适当内容,使程序能正确运行。

```
public class Test{
    String name;
    int age;
    public Test(_____){
        this.name=name;
        this.age=age;
    }
    _____ printInfo(){
        System.out.print(name+"已经有"+age+"岁了。");
    }
    public static void main(String args[]){
        _____=new Test("Tom",20);
        obj.printInfo();
    }
}
```

2. 下列程序的功能是计算半径为 3.6 的圆的面积。

```
public class Test{
    public static void main (String args[ ]){
        double r=3.6;
        _____;
        area=getArea(r);
        System.out.print("圆面积为"+area);
    }
    public _____ getArea(double x){
        double area;
        area=Math.PI * x * x;
        _____ ;
    }
}
```

本章习题答案

第 4 章　Java 的数组和字符串

计算机就是为了处理现实世界的问题而存在的工具,而程序设计语言就是人与计算机沟通的方式。在实际生活中,人们往往需要处理具有相同数据类型的批量数据,比如学生的成绩、员工的工资等。此时,仅依靠基本数据类型就很难进行处理,而数组就是具有同种数据类型、批量数据的集合,正好应对同种类型批量数据的存储问题。对于批量处理的字符数据往往要作为字符串来处理,而 Java 语言将字符串独立出来,提供了 String 和 StringBuffer 类,并给出了丰富的字符串处理方法,帮助程序员完成字符串的操作。接下来就让我们共同学习本章内容,来领略一下数组和字符串的魅力吧!

本章主要内容:
- 掌握数组的定义、初始化及使用方法。
- 掌握数组的遍历方法。
- 理解字符串的创建和处理方法。

本章教学目标

4.1　一　维　数　组

4.1.1　一维数组的声明

在 Java 语言中,数组是一组具有相同数据类型、有序数据的集合。数组中各数据呈现线性结构。依据数组下标,可以很方便地存取数据。

数组下标代表数据在数组中的序号,Java 语言规定,数组下标从 0 开始。假定该数组为 a,用数组名和下标能唯一确定数组中的元素。比如,给整型数组 a,下标为 2 的元素赋值为 3,如图 4-1 所示。因此,数组可以有效解决同种类型批量数据的存储问题。

视频 4-1　理论精解:一维数组

		3							
a[0]	a[1]	a[2]	a[3]	a[4]	a[5]	a[6]	a[7]	a[8]	a[9]

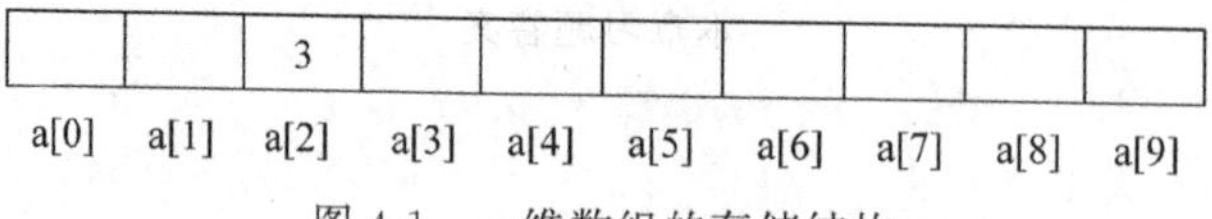

图 4-1　一维数组的存储结构

在使用数组之前,需要先声明一个引用数组的变量。一维数组声明的一般形式有以下两种。

数据类型 [] 数组名
数据类型 数组名 []

4.1.2 一维数组的创建

声明数组只是创建了数组的数组名,该名字是数组的引用,但数组的存储空间并没有被创建,所以不能给数组元素赋值。需要使用 new 关键字为数组开辟存储空间,将该空间赋给已经声明过的引用变量。

数组名 = new 数组类型[数组长度];

在声明数组的同时创建数组的方法,就是将两者合并,格式如下:

数据类型[] 数组名 = new 数组类型[数组长度];

4.1.3 数组的长度和默认值

数组一旦创建,它的长度就会被固定下来。获取数组长度的语法形式如下:

数组名.length

数组被创建后,它的每个元素会被赋一个初始值,数值型的基本类型默认为 0,char 的默认值为'\0',boolean 型数据的默认值为 false。

4.1.4 访问数组的元素

数组的元素是有序的,每个元素都有唯一的索引编号,这个编号称为数组的下标。数组的下标从 0 开始,一共有 length 个元素。

假定数组为 a,可通过 a[index]形式访问数组里的元素,每个元素都可以看成一个变量,可以单独赋值,参与表达式运算。访问数组元素时,由于数组下标从 0 开始,所以下标值不能超过 length-1,否则会报溢出错误。

4.1.5 数组的初始化

在数组定义时,可以对数组赋初值,称为数组的初始化:

数据类型[] 数组名 = {值 1, 值 2, ..., 值 *n*-1};

例如:

int[] arrayInt = {1, 2, ..., *n*-1};

4.1.6 数组的遍历

可以通过 for 循环来遍历数组元素。遍历数组元素的代码段如下:

int[] arrayInt = {1,2,3,4,5,6,7,8,9,10};

```
for (int i = 0; i < arrayInt.length; i++) {
    System.out.println("arrayInt["+i+"] = "+arrayInt[i]);
}
```

4.1.7 对象数组

数组既可以存储基本数据类型,也可以存储对象(引用类型值),存储对象的数组称为对象数组。

一次性创建 10 个 String 类型的对象数组。

```
String [] str = new String[10];
```

对象数组元素的默认值为 null。对象数组也可以在创建的同时进行初始化。例如:

```
String [] str = {"China", "English", "America", "Japan",new String()};
```

数组 str 在完成初始化之后,访问 str 数组中的所有元素的代码如下:

```
String [] str = {"China", "English", "America", "Japan",new String()};
for (int i = 0; i < str.length; i++) {
    if(!str[i].equals("")){
        System.out.println(str[i]);
    }else{
        System.out.println("null");
    }
}
```

4.1.8 实践演练

实例 4-1 重点考查一维数组的使用,其具体要求如下。
(1) 建立长度为 10 的一维整型数组。
(2) 为该数组赋值 1~100 的随机数。
(3) 实现数组元素的升序排列。

视频 4-2 实践演练:一维数组的定义和使用

```
1   public class ArrayTest {
2       public static void main(String[] args) {
3           int []arrayInt = new int[10];
4           for (int i = 0; i < arrayInt.length; i++) {
5               arrayInt[i] = (int)((100 * Math.random())%100+1);
6           }
7           System.out.println("排序前:");
8           for (int i = 0; i < arrayInt.length; i++) {
9               System.out.print(arrayInt[i]+"   ");
10          }
11          System.out.println();
12          for(int i = 0; i < arrayInt.length-1; i++){
13              for (int j = i; j < arrayInt.length; j++) {
14                  if(arrayInt[i]>arrayInt[j]){
```

```
15                      int temp = arrayInt[i];
16                      arrayInt[i] = arrayInt[j];
17                      arrayInt[j] = temp;
18                  }
19              }
20          }
21          System.out.println("排序后:");
22          for (int i = 0; i < arrayInt.length; i++) {
23              System.out.print(arrayInt[i]+"  ");
24          }
25      }
26  }
```

运行结果如下（eclipse 编译器的运行结果）：

```
排序前:
89  73  80  96  3  64  76  72  2  61
排序后:
2  3  61  64  72  73  76  80  89  96
```

程序解析：第 3 行代码定义了整型数组 arrayInt，使用 new 关键字为该数组开辟了 10 个整型数据的存储空间，所以数组 arrayInt 中最多存放 10 个整型数据。第 4～6 行代码通过循环，遍历了数组 arrayInt 中的每个元素，使用表达式"(int)((100 * Math.random())% 100+1)"并给每个元素赋值，其中 Math.random()用于生成一个[0,1)的小数随机数，然后乘以 100，再对 100 求余数，得到了 0～99 的随机小数，然后加 1，得到 1～100 的随机小数，经过强制类型转换后得到 1～100 的随机整数。将得到的随机整数给 arrayInt[i]赋值，所以数组 arrayInt 里面的 10 个元素都是 1～100 的随机整数。

第 8～10 行代码通过 for 循环完成数组的遍历，打印数组中的每个元素，即排序前数组中的数据。

第 12～20 行代码用双重 for 循环实现数据排序，内重循环 j 从 i 开始，一直到 length－1，遍历数组的第 i 一直到 length－1 个元素。if 语句判断 arrayInt[i]是否大于 arrayInt[j]，如果为真，就交换 arrayInt[i]和 arrayInt[j]的数据；当内重循环执行完，arrayInt[i]中存放的就是数组第 i 位一直到第 length－1 位之间的最小值。外重循环 i 从 0 开始一直到 length－1，则外重循环将顺次确定数组中每个位置上的数据，即第 i 位上的数据便是从 i 开始一直到数组末尾的所有元素的最小值，从而实现数组元素的升序排列。

第 22～24 行代码通过 for 循环完成数组的遍历，打印数组中的每个元素，即排序后数组中的数据。

本实践演练环节，重点考查一维数组的定义、一维数组的使用、一维数组的遍历、排序算法的应用，帮助大家加深对理论知识的理解和认识。

4.1.9 考题精讲

1. 为使下列代码正常运行，应该在下画线处填入的选项是（　　）。

```
1   public class Test {
```

视频 4-3　考题精讲：一维数组

```
2    public static void main(String[] args) {
3        int[] numbers = new int[100];
4        for (int i = 0; i < numbers._____; i++) {
5            numbers[i] = i+1;
6        }
7    }
8 }
```

A. size   B. length   C. dimension   D. measurement

【解析】 在 Java 中,获取数组长度的属性为 length。本题答案为 B 选项。

2. 下列代码的运行结果是(   )。

```
1  public class MyVal {
2      public void aMethod(){
3          boolean[]b= new Boolean [5];
4          System.out.println(b[0]);
5      }
6      public static void main(String[] args) {
7          //自动生成方法存根
8          MyVal m = new MyVal();
9          m.aMethod();
10     }
11 }
```

A. 1   B. null   C. 0   D. 编译错误

【解析】 第 3 行代码在 aMethod 方法中用"boolean[]b= new Boolean [5];"定义数组时,因为两边数据类型不一致,编译会出错。

3. 阅读下列代码,为了保证程序正确执行,下画线处应填入的是(   )。

```
1  public class Jixiangwu {
2      public static void main(String[] args) {
3          String[] stars = {"贝贝","晶晶","欢欢","迎迎","妮妮"};
4          System.out.println("你抽取的奥运吉祥物是"+"\"" +
5              stars[(int)(stars._____ * Math.random())]+"\""+"!");
6      }
7  }
```

A. long   B. width   C. wide   D. length

【解析】 Math.random()产生 0~1 的随机小数,此时在中括号里面要找的是数组下标。数组下标从 0 开始,最多不为 length-1,所以此时填 length,保证数组长度与一个小于 1 的正随机小数相乘,再取整后,得到一个随机的数组下标。例如,在某次运行后打印:你抽取的奥运吉祥物是"贝贝"!

4. 阅读下面求质数的程序,在下划线处应填入的选项是(   )。

```
1  public class MorePrimesTest {
2      public static void main(String[] args) {
3          long[] primes = new long[20]; primes[0] = 2L;   primes[1] = 3L;
4          long number = 5L;
5          outer: for (int count = 2; count < primes.length; number+=2L) {
6              long limit = (long)Math.ceil(Math.sqrt((double)number));
```

```
7              for (int i = 1; i < count && primes[i]<=limit; i++) {
8                  if(number_____primes[i]==0L){
9                      continue outer;
10                 }
11             }
12             primes[count++] = number;
13         }
14         for(int j=0;j<primes.length;j++)
15         { System.out.print(primes[j]+"   ");  }
16     }
17 }
```

  A.   B. *   C. /   D. %

【解析】 本题解析分为以下 5 个步骤讲述。

(1) 第 3 行代码进行数据定义。primes 是一个长度为 20 的长整型数组,其第 0 个元素为 2,第 2 个元素为 3,定义了长整型变量 number,初始值为 5,因为下一个质数就是 5。

(2) 第 4 行代码是 for 循环,count 为循环变量,初始值为 2,因为 primes 的第 0 个和第 1 个数已经知道了,即前两个质数分别为 2、3,所以只要从数组下标 2 开始即可。count 小于 primes.length,因为数组数最多为 length 个。number 每次加 2 是因为质数一定没有偶数,所以每次加 2 可提高算法的执行效率。第 5 行代码计算其质因子最大可能是多少,由于一个数 number 的因子一定是一个较小(假定为 x1)、一个较大(假定为 x2),则 $x1<\sqrt{number}<x2$,所以 limit 的值只要获取 number 开方并向上取整的数据即可,其中 ceil()方法实现了向上取整。

(3) 第 7~11 行代码用内重循环寻找 number 有无质因子,用循环遍历 number 是不是能够被 primes[i]整除(所以答案为 D 选项),一旦能够被整除,则说明 number 就有因子,则 number 就不是质数,所以 number 就不能写入 primes 数组中,此时要执行第 9 行代码,跳出内重循环到达外重,执行下一轮的外重循环。如果条件为假,则说明没找到 number 的因子,则继续执行内重循环。如果内重循环全部执行完都没找到 number 的质因子,说明 number 是一个质数,此时要执行第 12 行代码。

(4) 第 12 行代码表示没有找到质因子,就将 number 放入 primes 数组中。

(5) 第 14、15 行代码表示将 primes 数组中的质数打印出来。

所以本题答案为 D 选项。

5. 下列代码段执行后的结果是(　　)。

```
1  int k=0;
2  int[] a={2,9,8,9,4};
3  for (int i = 0; i < 5; i++) {
4      if(a[i]>=a[k]){
5          k = i;
6      }
7  }
8  System.out.println(""+k);
```

  A. 0   B. 1   C. 2   D. 3

【解析】 找寻 a 数组中最后一个最大值的下标,如果有相等的最大值,则得到的 k 是后一个最大值的下标。因此答案为 D 选项。

6.下列代码段执行后,a[3]的值为(　　)。

```
1   public class Test {
2       public static void main(String[] args) {
3           int[] a = {1, 2, 3, 4, 5, 6, 7, 8, 9, 10};
4           for (int j = 0; j < 5; j++) {
5               a[j]+=a[9-j];
6           }
7           System.out.println(a[3]);
8       }
9   }
```

A. 3　　　　　　B. 4　　　　　　C. 6　　　　　　D. 11

【解析】 第 5 行代码以数组中间值为基准,实现对应位相加,循环结束后,数组 a 里面的值为{11,11,11,11,11,6,7,8,9,10},所以 a[3]的值为 11,故本题答案为 D 选项。

7.下列代码段执行后的结果是(　　)。

```
1   public class Test {
2       public static void main(String[] args) {
3           int[] a={1,2,3,4,5,6,7,8};
4           for (int i = 0; i < a.length; i+=2) {
5               a[i]=a[i+1] * 2;
6           }
7           System.out.println(a[3]+a[4]);
8       }
9   }
```

A. 19　　　　　B. 9　　　　　　C. 14　　　　　D. 16

【解析】 第 5 行代码表示数组中偶数位的数据是其后一个数的两倍。for 循环执行完毕后,结果数组 a 里面的值为{4,2,8,4,12,6,16,8},a[3]+a[4]的值是 4+12,因此答案为 D 选项。

4.2　二维数组

4.2.1　二维数组的声明

二维数组的声明有如下 3 种形式。
(1) 数据类型 [][] 数组名。
(2) 数据类型 数组名 [][]。
(3) 数据类型 [] 数组名 []。
举例如下:

int [][] arr1;
int arr2 [][];
int [] arr3 [];

视频 4-4　理论
精解:二维数组

4.2.2 二维数组的创建

二维数组的创建与一维数组的创建类似,可以直接使用 new 关键字为每一维都分配存储空间。给二维数组开辟空间的方法如下:

数据类型 [][] 数组名 = new 数据类型[一维长度][二维长度];

可以先定义二维数组,然后开辟空间。

int [][] arr1;
arr1 = new int[4][5];

也可以在定义二维数组的同时开辟存储空间。

int arr2[][] = new int[2][3];

可以通过行和列的下标访问数组元素,例如:

arr1[2][3] = 9;

多维数组创建时,可以从高维起(且必须从高维起),分别为每一维分配存储空间。每一维的数据个数可以不同,形成不等长矩阵。

int [][] arr1 = new int[2][];
arr1[0] = new int[3];
arr1[1] = new int[2];

此时,arr1 一共是两维,第 0 维可以存储 3 个元素,第 1 维存储 2 个元素。

创建二维数组的常见错误用例如下:

int arr1[2][3];   //错误,需要用 new 关键字创建
int arr1[][] = new int[][3];   //错误,从高维创建
int arr1[][4] = new int[2][3];   //错误,等号左边中括号里不能指定数组长度

以上三种给二维数组开辟空间的方式都是错误的。"int arr1[2][3];"是错误的,创建数组时无须指定数组各维数据的长度,只能在使用 new 关键字创建数组时才能指定数组长度。"int arr1[][] = new int[][3];"是错误的,使用 new 关键字创建数组时,必须从高维开始创建。"int arr1[][4] = new int[2][3];"也是错误的,因为创建数组时,等号左边的中括号里面是不能指定数组长度的,即等号的左边中括号中不能有数字。

4.2.3 二维数组的初始化

二维数组的初始化可以和一维数组一样,可以在数组定义的同时给数组赋初值,从而实现二维数组的初始化。

int [][] arr = {{1,2},{3,4},{5,6}};   //arr 为 3 行 2 列的矩阵

4.2.4 二维数组的长度

二维数组的长度是包含一维数组的个数,也就是这个二维数组的行数。例如:

```
int[][] arr = new int[3][4];
```

二维数组 arr 中包含 3 个一维数组,arr[0]、arr[1]、arr[2],每个一维数组包含 4 个元素。此时,二维数组的长度 arr.length 为 3;一维数组 arr[0]、arr[1]、arr[2] 的长度(arr[0].length、arr[1].length、arr[2].length)都是 4。

4.2.5 二维数组的遍历

通过双重循环可以遍历访问二维数组中的每个元素。例如,下列代码定义的 arr 是二维数组,通过初始化来给该数组开辟空间并存储数据,arr 是 4 行 4 列的二维数组。通过双重循环遍历该二维数组 arr 中每行、每列的元素,其中 i 用来控制行,j 用来控制列,而 arr[i][j] 就是第 i 行第 j 列元素的值。

```
int[][]arr = {{23,1,22,11},{1,32,2,4},{11,2,6,25},{1,13,4,6}};
for (int i= 0; i < arr.length; i++) {
    for (int j = 0; j < arr[i].length; j++) {
        System.out.print(arr[i][j]+"\t");
    }
    System.out.println();
}
```

4.2.6 实践演练

实例 4-2 重点考查二维数组的使用,其具体要求如下:
(1) 建立二维整型数组,存储 10 行数据。
(2) 第 i 行空间能够存储 i+1 个元素。
(3) 随机生成 0~100 的数据给数组各元素赋值。再将数组打印出来。

视频 4-5 实践演练:
二维数组的使用

```
1   public class ArrayTwoTest {
2       public static void main(String[] args) {
3           int arrayTwo[][] = new int [10][];
4           for (int i = 0; i < arrayTwo.length; i++) {
5               arrayTwo[i] = new int [i+1];
6               for (int j = 0; j < arrayTwo[i].length; j++) {
7                   arrayTwo[i][j]=(int)((Math.random() * 100)%100);
8               }
9           }
10          for (int i = 0; i < arrayTwo.length; i++) {
11              for (int j = 0; j < arrayTwo[i].length; j++) {
12                  System.out.print(arrayTwo[i][j]+"\t");
13              }
14              System.out.println();
15          }
16      }
17  }
```

运行结果如下(eclipse 编译器的运行结果)：

```
19
32 84
16 96 87
13 42 40 92
75 46 21  9 24
47 15 38 88 93 13
68 28 86 19 21 26 52
47 21 18 26 31 22 67 75
25 41 72 85 25 49 10 62 73
80  4 26  7 53 62 17  7 97 45
```

程序解析：第 3 行代码定义了一个名为 arrayTwo 的二维整型数组，使用 new 关键字定义了该二维数组一共有 10 行。第 4～9 行代码通过双重 for 循环为二维数组赋值，所以第 4 行代码外重循环 i 控制行，i 小于 arrayTwo.length，而 arrayTwo.length 为数组的行数。第 5 行代码使用 new 关键字给第 i 行空间开辟存储空间，即第 i 行空间可以存储 i+1 个数据。第 6～8 行代码使用 for 循环给第 i 行空间的每个元素赋值，所赋值的数据为一个 0～99 的随机整数。第 10～15 行代码使用双重 for 循环打印二维数组 arrayTwo 每行上所有元素的数据，每打印一行即实现换行。

本实践演练环节，重点考查了二维数组的定义、二维数组的创建、二维数组的赋值和遍历，此时创建的二维数组为可变长度的。

4.2.7 考题精讲

视频 4-6 考题精讲：二维数组

1. girl[9][5]描述的是( )。
   A. 九维数组	B. 五维数组
   C. 二维数组	D. 一维数组

【解析】 数组是几维数组与数组中元素的个数没有关系，只与定义数组时有几组方括号有关。本题中有两组方括号，所以是二维数组。所以本题答案为 C 选项。

2. 下列能正确定义二维双精度数组的是( )。
   A. double [][]d = new double[5,5];
   B. double d[5][5] = new double[][];
   C. double [][]d = new double[5][5];
   D. double d[5,5] = new double[][];

【解析】 Java 中有三种定义多维数组的方法，例如：

int arr2[][] = new int[2][3];
int [][] arr1 = new int[2][];
int [][] arr = {{1,2},{3,4},{5,6}};

所以本题答案为 C 选项。

3. 下列能正确定义二维整型数组的是( )。
   A. int i[][] = new int[6,6];

B. int i[6][6] = new int[][];
C. int i[][] = new int[6][6];
D. int i[6,6] = new int[][];

【解析】 Java 中有三种定义多维数组的方法,例如:

int arr2[][] = new int[2][3];
int [][] arr1 = new int[2][];
int [][] arr = {{1,2},{3,4},{5,6}};

所以本题答案为 C 选项。

4. 下列代码段执行后的结果是(   )。

```
1    public class Test {
2        public static void main(String[] args) {
3            int arr[][] = new int [4][4];
4            for (int i = 0; i < 4; i++) {
5                for (int j = 0; j < 4; j++) {
6                    if(i<2) arr[i][j] = i * 4+j+1;
7                    else arr[i][3-j] = i * 4+j+1;
8                }
9            }
10           int sum = 0;
11           for (int i = 0; i < 4; i++) sum+=arr[i][(i+2)%4];
12           System.out.println(sum);
13       }
14   }
```

A. 34   B. 11   C. 30   D. 38

【解析】 第 4~9 行代码实现了对 4×4 的二维数组的赋值,赋值完毕后,该二维数组的值如下所示。

1   2   3   4
5   6   7   8
12 11 10 9
16 15 14 13

第 11 行代码实现求和,sum 分别要累加上以下四个值:arr[0][(0+2)%4],即 arr[0][2]的值为 3;arr[1][(1+2)%4],即 arr[1][3]的值为 8;arr[2][(2+2)%4],即 arr[2][0]的值为 12;arr[3][(3+2)%4],即 arr[3][1]的值为 15。所以,sum=3+8+12+15,即 38,所以本题答案为 D 选项。

5. 下列代码段执行后的结果是(   )。

```
1    public class Test {
2        public static void main(String[] args) {
3            int arr[][] = new int [4][4];
4            for (int i = 0; i < 4; i++) {
5                for (int j = 0; j < 4; j++) {
6                    if(i<2)    arr[i][j] = i * 4+j+1;
7                    else       arr[i][3-j] = i * 4+j+1;
8                }
9            }
```

```
10              int sum = 0;
11              for (int i = 0; i < 4; i++)   if(arr[i][(i+2)%4]%3==0) sum++;
12              System.out.println(sum);
13          }
14      }
```
  A. 2   B. 3   C. 0   D. 4

【解析】 第4~9行代码实现了对4×4的二维数组的赋值,赋值完毕后,该二维数组如下所示。

  1 2 3 4
  5 6 7 8
  12 11 10 9
  16 15 14 13

第11行代码实现计数,if的判断条件中,顺次取出的是以下四个值：arr[0][(0+2)%4],即arr[0][2]的值为3；arr[1][(1+2)%4],即arr[1][3]的值为8；arr[2][(2+2)%4],即arr[2][0]的值为12；arr[3][(3+2)%4],即arr[3][1]的值为15。这4个数据中仅有3个可以被3整除,即3、12、15,所以,sum初始值为0,共计执行了3次"++"操作,所以sum值为3,所以本题答案为B选项。

4.3 字 符 串

与其他的编程语言不同,Java将字符串作为一个对象来进行处理,在java.lang包中提供了String类和StringBuffer类来处理字符串,其中String类用来处理不可变字符串,一旦创建,就确定下来,并提供了大量的方法来处理字符串的信息；而StringBuffer类用来处理可变字符串。本小节重点讲述String类,而StringBuffer类将通过考题精讲进行补充讲解。

视频4-7 理论精解：字符串

4.3.1 字符串的创建

字符串包含字符串常量、空串以及字符串对象,下面将分别介绍。

(1) 字符串常量。字符串常量是用双引号包含的一组字符序列。如"123"、"www.baidu.com"、"name"。

(2) 空串。当字符串常量值不包含任何字符,即双引号内没有任何其他字符,这样的串为空串。例如：

```
String str = " ";
```

空串与null不同,null值表示引用的变量没有任何字符串对象,空串表示这个字符串对象是存在的,只是其字符数为0。

(3) 通过字符串构造方法创建字符串对象。String类的3个常用构造方法和列举的例子如下。

① String()方法创建一个空对象。例如:

```
String str = new String();
```

② String(String s)方法,通过一个字符串创建一个新串。例如:

```
String str = new String("name");
```

③ String(char a[])方法,通过一个字符数组创建一个字符串对象。例如:

```
char [] a = {'a', 'b', 'c', 'd', 'e'};
String str = new String(a);
```

4.3.2 字符串长度的获取

字符串类有一个 length()方法,它的返回值是当前字符串对象包含的有效字符的个数,也就是字符串的长度。例如:

```
String str = "Welcome you to China!";
System.out.println(str.length());
```

上述代码段中,字符串"Welcome you to China!"中包含空格和标点共有 21 个有效字符,因此打印结果为 21。

4.3.3 字符串的连接

连接字符串是字符串操作的一种,可以对多个字符串进行连接,也可以使字符串与其他数据类型进行连接。

(1) 使用 concat()方法连接字符串。可以使用 String 类的 concat()方法将当前字符串与另一个字符串连接成一个新的字符串。例如:

```
String s1 = "Hello";
String s2 = "World";
String s3 = s1.concat(s2);      //连接后 s3 中存储"HelloWorld",但 s1 和 s2 的内容不变
```

(2) 使用加号(+)连接字符串。例如:

```
String s1 = "Hello";
String s2 = "World";
String s3 = s1+s2;              //s3 存储"HelloWorld"
String s4 = "hi" + 123;         //等价于"String s4 = "hi" + "123";"
```

4.3.4 字符串大小写的转换

toLowCase()方法将字符串中所有的字母转换为小写,返回一个新字符串,原有字符串中的内容保持不变;toUpperCase()方法将字符串中所有的字母转换为大写,返回一个新字符串,原有字符串中的内容保持不变。例如:

```
String str ="HelloWorld";
System.out.println(str.toLowerCase());           //输出 helloworld
System.out.println(str.toUpperCase());           //输出 HELLOWORLD
```

4.3.5 字符串的查找

在字符串中查找字符、查找子串、确定字符或者子串的位置均是字符串的查找。在 String 类中关于字符串查找的方法较多,现重点介绍如下两种。

(1) 获取字符串中指定位置的字符。格式如下:

```
char charAt(int index)
```

charAt()方法返回当前字符串指定位置的字符。index 是指返回的字符在当前字符串中的索引位置,其取值范围为 0~length−1。字符串中字符索引从 0 开始。例如:

```
String s ="HelloWorld";
System.out.println(str.charAt(4)+ "");           //输出字符 o
```

(2) 查找子字符串。格式如下:

```
int indexOf(String s)
```

indexOf()方法返回子串 s 在主串中第一次出现的位置的下标,如果没找到则返回−1。例如:

```
String s = "Welcome to China!";
System.out.println(str.indexOf("China"));        //输出 11
```

str.indexOf("China")得到的是 China 在"Welcome to China!"中第一次出现的位置,字符串索引从 0 开始,所以 China 第一次出现在第 11 位,所以输出 11。

4.3.6 字符串的截取

字符串截取是从当前字符串中截取一段子串,返回的是一个新字符串。格式有以下两种。

- String substring(beginIndex):该方法截取从下标位置 beginIndex 到字符串结束的子字符串。
- String substring(beginIndex,endIndex):该方法截取从下标位置 beginIndex 到 endIndex 的子字符串,不包含 endIndex 位置的字符。

例如:

```
String str = "Welcome to China!";
System.out.println(str.substring(5));
System.out.println(str.substring(0, 11));
```

4.3.7 实践演练

实例 4-3 重点判断字符串是否相等,其具体要求如下。

(1) 建立字符串变量 str1、str2、str3、str4、str5。

视频 4-8 实践演练:
判断字符串是否相等

(2) 分别使用"=="、equals()方法、equalsIgnoreCase()方法,比较各字符串的大小。

```
1   public class StringTest {
2       public static void main(String[] args) {
3           String s1 = "This is the first String";
4           String s2 = "This is the first String";
5           String s3 = new String("This is the first String");
6           String s4 = new String(s1);
7           String s5 = s1;
8           System.out.println("s1.equals(s2): "+s1.equals(s2));
9           System.out.println("s1==s2: "+(s1==s2));
10          System.out.println("s1.equals(s3): "+s1.equals(s3));
11          System.out.println("s1==s3: "+(s1==s3));
12          System.out.println("s1.equals(s4): "+s1.equals(s4));
13          System.out.println("s1==s4: "+(s1==s4));
14          System.out.println("s1.equals(s5): "+s1.equals(s5));
15          System.out.println("s1==s5: "+(s1==s5));
16      }
17  }
```

运行结果如下(eclipse 编译器的运行结果):

```
s1.equals(s2):true
s1==s2:true
s1.equals(s3):true
s1==s3:false
s1.equals(s4):true
s1==s4:false
s1.equals(s5):true
s1==s5:true
```

程序解析:第 3 行代码表示字符串 s1 直接赋值了一个字符串常量"This is the first String"。第 4 行代码表示字符串 s1 直接赋值了一个字符串常量"This is the first String"。第 8 行代码 s1.equals(s2)是通过 equals()方法比较了 s1 和 s2 的内容,由于两个字符串的内容都是字符串常量"This is the first String"的内容且相同,因此第 8 行代码输出 true。第 9 行代码中的"(s1==s2)"表达式通过"=="(双等号)比较 s1 和 s2 两个字符串变量指向内存的地址以及内容是否相同,所以就不是仅仅比较内容是否相同了,还要比较地址是否相同。此时要注意,s1 和 s2 两个字符串同样指向了内容相同的字符串常量,而字符串常量在内存的常量区中,相同的字符串常量仅存放一次,因为常量是不可改变的量,无须多次重复存储。因此 s1 和 s2 不仅仅指向的字符串常量的内容相同,而且地址也是相同的,所以"(s1==s2)"表达式的值为真。

第 5 行代码表示字符串 s3 使用 new 关键字,用 String 类的带参构造方法开辟存储空间。构造方法在开辟空间时,为该空间中存储了数据,所以 s3 所在的存储空间中存储的字符串为"This is the first String"。第 10 行代码 s1.equals(s3)是通过 equals()方法比较了 s1 和 s3 的内容,由于两个字符串的内容都是字符串常量"This is the first String",因此第 10 行代码输出 true。第 11 行代码中的"(s1==s3)"表达式通过"=="(双等号)比较 s1 和 s3 两个字符串变量指向内存的地址以及内容是否相同,所以就不是仅仅比较内容是否相同了,还要比较地址。此时要注意,s1 指向一个字符串常量,所有的常量都在内存的常量区,

s3 使用 new 关键字重新创建了存储空间,因此两个字符串变量指向的地址不同,尽管内容相同,但是"(s1==s3)"表达式的值为假。

第 6 行代码表示字符串 s4 使用 new 关键字,用 String 类的带参构造方法开辟存储空间,构造方法在开辟空间时传参内容为 s1,即拿着 s1 的内容"This is the first String"字符串为 s4 新开辟的存储空间填充数据。第 12 行代码 s1.equals(s4)是通过 equals()方法比较了 s1 和 s4 的内容,由于两个字符串的内容都是字符串"This is the first String",因此第 12 行代码输出 true。第 13 行代码中的"(s1==s4)"表达式通过"=="(双等号)比较 s1 和 s4 两个字符串变量指向内存的地址以及内容是否相同,所以就不是仅仅比较内容是否相同了,还要比较地址。此时要注意,s1 指向一个字符串常量,所有的常量都在内存的常量区,s4 使用 new 关键字重新创建的存储空间,因此两个字符串变量指向的地址不同,尽管内容相同,但是"(s1==s4)"表达式的值为假。

第 7 行代码"String s5 = s1;"要求字符串变量 s5 指向字符串变量 s1,所以 s5 与 s1 都指向了常量存储区中的字符串常量"This is the first String"。第 14 行代码 s1.equals(s5)是通过 equals()方法比较了 s1 和 s5 的内容,由于 s1 和 s5 都指向字符串常量"This is the first String",即内容也相同,因此第 14 行代码输出 true。第 15 行代码中的"(s1==s5)"表达式通过"=="(双等号)比较 s1 和 s5 两个字符串变量指向内存的地址以及内容是否相同,此时 s1 和 s5 都指向同一个字符串常量,所以地址相同内容也相同,"(s1==s5)"表达式的值为真。

思考:equalsIgnoreCase()方法实现区分大小写比较字符串的大小,请读者自己研究如何使用 equalsIgnoreCase()方法比较字符串的大小。

4.3.8 考题精讲

1. 下列方法中,不属于 String 类的方法是( )。
   A. toLowCase()   B. valueOf()
   C. charAt()   D. append()

【解析】 以上方法中只有 D 选项中的 append()方法不属于 String 类,是 StringBuffer 类的方法。StringBuffer 类是处理变长字符串的类,append()方法实现向原有字符串末尾追加一个字符串的功能。toLowCase()是将字符串转换为小写,valueOf()将基本数据类型转换为字符串类型。charAt()获取字符串中指定位置的字符。StringBuffer 类对象分配内存时,除去字符所占有的空间外,另外再多加 16 个字符大小的缓冲区。对于 StringBuffer 类对象,用 length()方法获得字符串的长度,另外还有 capacity()方法返回缓冲区容量的大小。一般而言,StringBuffer 类的长度指存储在其中的字符个数,容量是指缓冲所能容纳的最大字符数。

2. 下列程序的运行结果是( )。

```
1    public class Test {
2        public static void main(String[] args) {
3            int x = 3;
4            char y = 'g';
5            String s = "abc";
```

```
6        System.out.println(s+x+y);
7    }
8 }
```

  A. abcg   B. abcabcabcg   C. abc3g   D. 3g

【解析】 表达式 s＋x＋y 是将 s、x、y 的值作为字符串连接在一起,所以最后输出的是 abc3g,答案选择 C 选项。

3. 下列能表示字符串 s1 长度的是( )。

  A. s1.length   B. s1.length()   C. s1.size   D. s1.size()

【解析】 Java 中表示字符串长度的方法是 length(),所以本题答案为 B 选项。

4. 下列程序的运行结果是( )。

```
1 public class Test {
2     public static void main(String[] args) {
3         String str1 = "abc";
4         String str2 = "ABC";
5         String str3 = str1.concat(str2);
6         System.out.println(str3);
7     }
8 }
```

  A. abc   B. ABC   C. abcABC   D. ABCabc

【解析】 第 3 行代码定义 str1 字符串变量,其值为"abc";第 4 行代码定义了 str2 字符串变量,其值为"ABC";str3 的值是表达式 str1.concat(str2)的结果,该表达式将返回 str2 连接到 str1 的末尾后的长串,即 abcABC,所以答案为 C 选项。

5. 给下列字符串二维数组进行赋值的语句中,错误的是( )。

  A. String s[][]={{"One","Two"},{"Three","Four"}};
  B. String s[2][2]={{"One","Two"},{"Three","Four"}};
  C. String s[][]=new String[][]{{"One","Two"},{"Three","Four"}};
  D. String s[][]=new String[][]{{"zero"},{"One","Two","Three","Four"}};

【解析】 定义二维数组,给二维数组开辟存储空间,或给二维数组赋值时,等号左边的[]内不能有数字,所以本题答案为 B 选项。

6. 下列代码段执行后的结果是( )。

```
StringBuffer sb = new StringBuffer();
sb.append("RioOlympicGames 里约奥运会");
System.out.println(sb.length()+" "+sb.indexOf("里约", 3));
```

  A. 20 －1   B. 12.5 7.5   C. 20 15   D. 20 12

【解析】 append()方法的功能是将指定的字符串追加到 sb 字符序列的末尾,因此 sb 的长度为 20。1 个汉字代表 1 个字符,因为 Java 本身为 Unicode 编码,每个字符为 16 位即 1 个字长,因此 1 个字符可以存储 1 个汉字。indexOf(String str, int fromIndex)方法的功能是从指定的索引 fromIndex 处开始计算,返回第一次出现指定子串的索引位置,所以为 15。因此本题答案为 C 选项。

7. 给下列字符串二维数组进行赋值的语句中,错误的是( )。

```
String str1 = "abcabc";
String str2 = str1.replaceAll("c", "ba");
String str3 = str2.substring(3, 8);
System.out.println(str3.indexOf("aa")+" "+str3.lastIndexOf("bb"));
```

  A. -1 -1

  B. 产生 StringIndexOutOfBoundsException 异常

  C. 2 4

  D. 0 2

【解析】 str2 为"abbaabba"。str3 是从 str2 中截取得到,从第 3 个字符截取到第 8 个字符前的一个位置,所以 str3 为"aabba"。aa 第一次出现在 str3 中的位置索引为 0,bb 最后一次出现在 str3 中的位置索引为 2,因此本题答案为 D 选项。

8. 下列代码段执行后的结果是( )。

```
StringBuffer sb = new StringBuffer("2016年");
sb.append("里约奥运会");
char []chrs = {'A','B','C','D','E','F','G','H'};
sb.getChars(2, 7, chrs, 1);
System.out.println(sb.length()+" "+new String(chrs));
```

  A. 16 A16年里约GH   B. 10 A16年里约GH

  C. 10 16年里约   D. 16 16年里约

【解析】 sb.append("里约奥运会")表达式实现了将"里约奥运会"追加到 sb 末尾的功能,所以 sb 变为"2016年里约奥运会"。getchars()方法的功能是将字符从字符串复制到目标字符数组。共有 4 个参数,参数 1 表示要复制的第一个字符的索引,参数 2 表示要复制的最后一个字符的索引,参数 3 表示目标数组,参数 4 表示目标数组中的偏移量。因此执行完"sb.getChars(2, 7, chrs, 1);"后,char 中的内容变为"{'A','1','6','年','里','约','G','H'}"。sb 的长度为 10,new String(chrs)表示使用数组创建字符串,所以打印的内容为 B 选项。

9. 下列代码段执行后的结果是( )。

```
String str1 = "abc";
String str2 = str1.concat("aabbcc");
String str3 = str2.substring(1, 8);
System.out.println(str3.lastIndexOf("cc")+" "+str3.charAt(4));
```

  A. -1 a   B. 6 b   C. -1 b   D. 6 a

【解析】 str1 为"abc"。str2 是 str1 和新串的连接,得到"abcaabbcc"。str3 是从 str2 中截取得到,从第 1 个字符截取到第 8 个字符的前一个位置,所以 str3 为 bcaabbc。cc 第一次出现在 str3 中的位置索引为-1,因此不存在,str3 的第 4 个字符为 b,故答案为 C 选项。

10. 下列代码是统计字符串中 array 的个数,下画线处填写的内容为( )。

```
1    public class Test {
2        public static void main(String[] args) {
3            String text = "An array is a data structure that stores a collection
4            of values of the same type. You access each individual value through an integer
5            index.For example, if a is an array of integers, then a[i] is th ith integer
6            in the array.";
```

```
7           int arrayCount = 0;   int index = -1;
8           String arrayStr = "array";
9           index = text.indexOf(arrayStr);
10          while(index _____ 0){
11              ++arrayCount;
12              index+=arrayStr.length();
13              index = text.indexOf(arrayStr, index);
14          }
15          System.out.println("The text contains "+arrayCount+" arrays.");
16      }
17  }
```

A. <　　　　　B. =　　　　　C. >=　　　　　D. <=

【解析】 第 6 行代码的 arrayCount 是计数器，index 是子串"array"在主串中出现的索引位置。第 8 行代码，获取"array"子串在 text 长串中第一次出现的位置。第 9～13 行代码表示如果仍然有子串在剩余的长串中出现，index 就大于或等于 0，计数器加 1；index 要加上子串的长度，为了快速定位并方便找到下次搜索的起始位置，所以答案应该填写">="，说明计算出的 index 在长串中。如果 index 是−1，说明已经不存在一个"array"子串在后续的长串中了。所以答案为 C 选项。

11. 下列代码段执行后的结果是(　　)。

```
1   public class Test {
2       public static void main(String[] args) {
3           int []a = new int [5];
4           for (int i = 0; i < a.length; i++) {a[i] = 10+i;}
5           for (int i = 0; i < a.length; i++) {System.out.print(a[i]+" ");}
6           String []s = {"Frank","Bob","Jim"};
7           for (int i = 0; i < s.length; i++) {System.out.print(s[i]+" ");}
8           s[2] = "Mike";
9           System.out.println(s[2]);
10      }
11  }
```

A. 10 11 12 13 14 Mike Bob Frank Jim

B. 11 12 13 14 15 Frank Bob Mike Jim

C. 10 11 12 13 14 Frank Bob Jim Mike

D. 11 12 13 14 15 Mike Jim Bob Frank

【解析】 第 4 行代码给 a 数组赋值，执行完毕后，a 数组中的数据为"10、11、12、13、14"。第 5 行代码将 a 数组中的数据打印出来，因此顺次输出"10 11 12 13 14"。第 6 行代码的字符串数组 s 里面存储了三个字符串。第 7 行代码将字符串数组中存放的三个字符串的打印出来，即"Frank Bob Jim"。第 8 行代码将 s[2]的值变为"Mike"，所以就覆盖掉了原有的"Jim"，最后再打印 s[2]就是"Mike"。综上所述，本题答案为 C 选项。

本章小结

本章小结内容以思维导图的形式呈现，请读者扫描二维码打开思维导图学习。

习 题

一、选择题

1. 下列语句执行后,a 的值为(   )。

```
String str="Programming";
Char a=str.charAt(4);
```

  A. G   B. r   C. 空格   D. null

2. 语句"String[][]s＝new String[4][]";定义了(   )。

  A. 一维数组   B. 一个串   C. 十六个串   D. 二维数组

3. 下列代码段执行后,k 的值为(   )。

```
int []a = {3,2,6,8,4,5,7};
int k = 0;
for(int i=0;i<a.length;i+=2)
    if(a[k]< a[i])
        k=i;
```

  A. 3   B. 6   C. 4   D. 7

4. 下列代码段执行后的结果是(   )。

```
StringBuffer sb =new StringBuffer();
sb.append("RioOlympicGames 里约奥运会");
System.out.println(sb.length()+" "+sb.indexOf("里约",3));
```

  A. 20 −1   B. 12.5 7.5   C. 20 15   D. 20 12

5. 下列代码段执行后的结果是(   )。

```
String str1 ="abcabc";
String str2 = str1.replace("c","ba");
String str3 = str2.substring(3,8);
System.out.println(str3.indexOf("aa") + " " + str3.lastIndexOf("bb"));
```

  A. −1 −1   B. 2 4   C. 0 2   D. 产生异常

6. 下列代码段执行后的结果是(   )。

```
int []a = {1,2,3,4,5,6,7,8};
for(int i=0;i<a.length;i+=2)
    a[i] = a[i+1] * 2;
System.out.println(a[3]+a[4]);
```

  A. 19   B. 9   C. 14   D. 16

7. 下列代码段执行后的结果是(   )。

```
String str1 = "abc";
String str2 = str1.concat("aabbcc");
String str3 = str2.substring(1,8);
```

System.out.println(str3.lastIndexOf("cc") + " " + str3.charAt(4));

  A. —1 a   B. 6 b   C. —1 b   D. 6 a

二、填空题

1. Java 语言将字符串作为_____来处理。

2. Java 中所有的数组都有一个_____属性,存储了该数组的元素个数。

三、程序填空题

1. 本程序的功能是获得字符串"chinese"的长度和最后一个字符,并将这些信息显示出来。

```
public class Test {
    public static void main(String args[]){
        _____;
        s="chinese";
        int n=0;
        _____;
        char c;
        _____;
        System.out .println("字符串中共有"+n+"个字符,最后一个字符是"+c);
    }
}
```

2. 本程序的功能是统计字符串"Tom comes from China"中字母 m 出现的次数。

```
public class Test{
    public static void main(String args[]){
        _____;
        str="Tom comes from China";
        _____;
        c='m';
        int i=0,sum=0;
        for(;i<str.length(); i++ ){
            temp=str.charAt(i);
            if (c==temp)
                _____;
        }
        System.out .println(str+"中"+c+"出现了"+sum+"次");
    }
}
```

四、看程序并写结果

1. 下列程序段的运行结果是(　　)。

```
int[][] a = {{1, 4, 3, 2}, {8, 6, 5, 7}, {3, 7, 2, 5}, {4, 8, 6, 1}};
int i, j, k, t;
for (i= 0;i< 4;i++) {
    for (j = 0;j < 3;j++){
```

```
            for(k=j+1;k<4;k++)
                if (a[j][i] > a[k][i]) {
                    t = a[j][i];
                    a[j][i] = a[k][i];
                    a[k][i]=t;
                }
        }
    }
}
for (i = 0;i < 4;i++)
    System.out.print(a[i][i] + " ");
```

2. 下列代码段运行的结果是(　　)。

```
int arr[][] = new int[4][4];
for(int i=0; i<4; i++)
    for(int j=0; j<4;j++)
        if(i<2)
            arr[i][j] = i*4+j+1;
        else
            arr[i][3-j]=i*4+j+1;
int sum=0;
for(int i=0;i<4; i++)
    if(arr[i][(i+2)%4]%3==0)
        sum++;
System.out.println(sum);
```

3. 下列代码段执行后的结果是(　　)。

```
int arr[][] = new int[4][4];
for(int i=0;i<4;i++)
    for(int j=0; j<4;j++)
        if(i<2)
            arr[i][j]=i*4+j+1;
        else
            arr[i][3-j]=i*4+j+1;
int sum=0;
for(int i=0; i<4; i++)
    sum+=arr[i][(i+2)%4];
System.out.println(sum);
```

五、编程题

编写一个程序,打印输出二维数组 arr[ ][ ]={{4,7,2,9},{8,5,1,0},{1,8,2,6},{6,5,4,2}}中每一列的最小值。

本章习题答案

第 5 章　Java 的异常处理

在程序执行的过程中,往往会有想不到的情况或事件发生,这就是异常。异常一旦出现,就会中断正常程序的执行。比如要打开的文件不存在、内存溢出、Wi-Fi 或蓝牙没有连接成功、被除数为 0 等。有的异常出自代码中的错误,此时只要修改代码就可以让程序顺利执行;有的异常不是代码本身的错误造成的,这就需要程序员及时进行异常处理,保证程序可以顺利执行。在处理异常时,既要关注 Java 类库中已存在的异常,也要注意在特定条件下需要有意识地让异常发生。异常的处理主要考虑的问题在于:何时产生异常?如何处理异常?由谁来处理异常?如何实施异常恢复操作?接下来就让我们一起了解"Java 的异常处理"。

本章主要内容:
- 掌握 Java 异常的层次结构,能够区别 Error 类和 Exception 类。
- 理解 Java 的异常处理机制。
- 掌握 try...catch...finally 语句处理异常的方法。
- 掌握异常声明和抛出异常的方法。
- 掌握自定义异常的方法。

本章教学目标

5.1　异 常 概 述

Java 语言的所有异常包括错误类和异常类,Error 类是所有错误类的父类,Exception 类是所有异常类的父类,这两个类的父类都是 Throwable。Throwable 类无须使用 import 子句导入就可以使用。

5.1.1　异常类型

视频 5-1　理论精解:异常的类型

异常分为三种,分别为错误(Error)、运行时异常(RuntimeException)和受检异常(CheckedException),仅有受检异常需要进行处理,错误和运行时异常均不需要处理。

(1) 错误。Error 类为错误类,包括内存溢出、栈溢出等。这类错误一般由系统进行处理,程序本身无须捕获和处理。例如,运行没有 main() 方法的程序将产生 NoClassdefFoundError 错误。

(2) 运行时异常。RuntimeException 为运行时异常类,包括数组越界(ArrayIndexOutOfBounds)、被除数为 0(ArithmeticException)等,这类异常应通过程序调试可尽量避免,可以不用捕获处理,但是也可以添加异常处理代码进行处理。RuntimeException 类是 Exception 类的子类。

(3) 受检异常。受检异常是程序运行期间发生的需要程序员处理的事件,例如,用户提供的文件名或者文件路径错误,导致文件找不到异常(FileNotFoundException);又如程序需要连接数据库时,出现了数据库网络通信异常(SQLException)。为了保证程序的健壮性,Java 要求必须对出现这些异常的代码进行异常捕获,否则编译无法通过。所有受检异常均是 Exception 类的子类。常见的受检异常有 ClassNotFoundException(类找不到异常)、FileNotFoundException(文件找不到异常)、IOException(输入/输出异常)、NoSuchMethodException(找不到特定方法异常)、WriteAbortedException(终止写入异常)等。

5.1.2 异常类的层次关系

Java 定义了完整的异常体系,Java 异常体系结构图如图 5-1 所示。其中 java.lang.Throwable 是所有异常类的父类;java.lang.RuntimeException 是所有运行时异常的父类;java.lang.Error 是所有系统错误类的父类;其他异常类为受检异常。

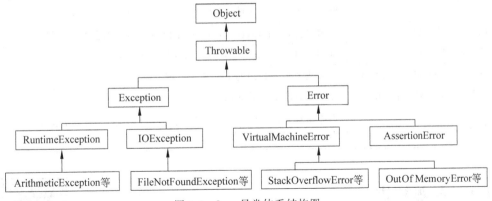

图 5-1 Java 异常体系结构图

Object 类是所有类的父类;Throwable 是 Object 类的子类;Exception 是所有异常类的父类,Error 是错误类的父类,这两个类又同时是 Throwable 类的子类。虽然异常属于不同的类,不过所有这些类都是标准类 Throwable 的后代,Throwable 在 Java 类库中不需要 import 语句导入就能使用。

RuntimeException 和 IOException 都是 Exception 的后代,其中 RuntimeException 为运行时异常类,不需要进行异常检查,也就是无须捕获处理。其代表异常包括 ArithmeticException(被除数为 0 的异常)、ArrayIndexOutOfBounds(数组下标越界异常)、NullPointerException(空指针异常)等。这些异常只需要修改程序就能解决,因此无须捕获处理。

在 Exception 类中,除了 RuntimeException 异常类为运行时异常不需要进行处理之外,其余的所有类都是受检异常,需要进行处理,例如 IOException,即输入/输出异常,常见的有 FileNotFoundException(文件找不到异常)。由于 I/O 异常在 io 包中，需要通过 import 语句导入 IOException。

Error 类下面的所有异常都是错误异常，无须处理。比如 VirtualMachineError(虚拟机异常)和 AssertionError(断言异常)，它们都是 Error 类的子类。比如用来处理递归程序运行时产生的栈溢出错误 StackOverflowError 和内存溢出错误 OutOfMemoryError，都是虚拟机异常，它们都是 VirtualMachineError 的子类。

5.1.3 常见系统异常类

Java 语言内部预定义了很多系统异常类型，常见的系统异常类如表 5-1 所示。

表 5-1 常见的系统异常类

方法	描述
VirtualMachineError	Java 虚拟机崩溃，或者运行所必需的资源已经耗尽
ClassNotFoundException	无法找到指定类的异常，是指试图使用一个类而虚拟机在类的路径范围内搜索不到这个类，就会抛出这个异常
IOException	I/O 流异常，在进行输入/输出操作时可能会报这个异常。比如试图读取一个不存在的文件。FileNotFoundException 为 IOException 的子类
ArithmetricException	算术异常，一个整数除以 0。但是浮点数运算不会抛出该异常
NullPointerException	试图通过一个 NULL 值的引用变量去访问对象
IndexOutOfBoundsException	数组或者列表容器的下标超出范围
IllegalArgumentException	传递给方法的参数非法或者不合适
NumberFormatException	当应用程序试图将字符串转换成一种数值类型，但该字符串不换为适当格式时，抛出该异常

5.1.4 考题精讲

1. 自定义异常类的父类可以是(　　)。

A. Error B. VirtualMachineError
C. Exception D. Thread

视频 5-2 考题精讲：异常的类型

【解析】 在 Java 中，所有需要处理的异常都继承自异常类 Exception 类，自定义异常类自然是需要处理的，因此自定义异常必然继承自 Exception 类。所以本题答案为 C 选项。

2. 不必被捕获或声明抛出的异常是(　　)。

A. RuntimeException B. ArithmeticException
C. FileNotFoundException D. NullPointException

【解析】 RuntimeException 为运行时异常，需要在写程序时尽可能避免。除了 RuntimeException 之外的任何其他异常都是需要捕获、检查、处理的。所以本题答案为 A 选项。B 和 D 选项提到的 ArithmeticException、NullPointException 都是 RuntimeException

的子类,所以 A 更全面。C 选项是需要被检查的,在 io 包中,需要用 import 将该类包含进来。

5.2　try…catch…finally

5.2.1　捕获异常

当异常抛出时,需要通过 try…catch…finally 语句来捕获抛出的异常。try…catch…finally 的语法形式如下:

```
try{
    //受检查语句块
}catch(Exception e1){
    //处理异常 1
}
...
catch(Exception eN){
    //处理异常 N
}finally{
    //语句
}
```

视频 5-3　理论精解:
用 try…catch…finally
捕获异常

5.2.2　try…catch 语句的几点说明

try…catch 语句的具体说明如下。
(1) 如果 try 语句块没有出现异常,虚拟机将跳过 catch 语句,接着执行后面的语句。
(2) 如果 try 语句块中的某条语句抛出异常,虚拟机会跳过该语句后面的语句,去执行相匹配的 catch 子句,catch 执行完,接着执行 try…catch 后面的语句。
(3) 匹配异常时,虚拟机按照 catch 子句出现的顺序自上向下匹配,如果匹配成功就执行,不成功就向下继续匹配。
(4) catch 子句的顺序很重要,如果捕获父类型异常的 catch 子句排在子类型 catch 子句之前,就会导致编译错误。

5.2.3　finally 子句

有时会存在无论有没有异常都需要执行代码,这些代码就要放到 finally 子句中。
try…catch…finally 语句的执行顺序是:
(1) 先执行 try,一旦遇到异常,将会抛出异常执行第二步。没有遇到异常则执行 try…catch…finally 语句后面的语句。
(2) 顺序对应查找每一个 catch,看用哪个 catch 来处理,一旦找到了就处理对应的 catch 子句。该 catch 子句后面所有 catch 子句将不会被执行,所以 catch 的排列按照从小到大的顺序逐级排列,先子类异常再父类异常,要将多个具体异常放到其祖先异常类的前面。

(3) 无论是否抛出异常,finally 子句都要最后执行,并且必须要执行。

5.2.4 实践演练

视频 5-4 实践演练:try...catch...finally 的使用

实例 5-1 重点考查 try...catch...finally 的使用方法,其具体要求如下。

(1) 测试数组下标越界异常的处理 ArrayIndexOutOfBoundsException。

(2) 测试完整的 try...catch...finally 语句的使用方法。

```
1    public class ExceptionTest {
2        public static void main(String[] args) {
3            int [] a = new int[10];
4            for (int i = 0; i < a.length; i++) {
5                a[i]=i;
6            }
7            for (int i = 0; i < a.length; i++) {
8                try {
9                    a[i]=a[i+1]/a[i];
10               }catch (ArrayIndexOutOfBoundsException e) {
11                   System.out.println("数组下标越界!");
12               }catch (ArithmeticException e) {
13                   System.out.println("除数为 0!");
14               }catch (Exception e) {
15                   System.out.println(e.toString());
16               }finally{
17                   System.out.println("有无异常都要执行!");
18               }
19           }
20       }
21   }
```

运行结果如下(eclipse 编译器的运行结果):

```
除数为 0!
有无异常都要执行!
有无异常都要执行!
有无异常都要执行!
有无异常都要执行!
有无异常都要执行!
有无异常都要执行!
有无异常都要执行!
有无异常都要执行!
数组下标越界!
有无异常都要执行!
```

程序解析:第 4~6 行代码通过 for 循环给 a 数组中的每个元素赋值,其中 a[i]的值为

i，所以 a[0]的值为 0。

第 7 行代码通过 for 循环遍历 a 数组中的每个元素，第 9 行代码"a[i]＝a[i＋1]/a[i];"子句在 try…catch…finally 语句中。此时当 i 为 0 时，a[0]的值为 0。第 9 行代码将产生除数为零的异常（ArithmeticException），被第 12 行的 catch 子句捕获，打印信息"除数为 0!"。但是无论有没有异常，每执行一轮 for 循环，都要执行 try…catch…finally 语句中的 finally 子句，所以要继续执行第 17 行，打印信息"有无异常都要执行!"。

第 9 行代码当 i 为 9 时，a[9]的值为 9，此时无法获取 a[i＋1]即 a[10]的数据。第 9 行代码将产生数组下标越界的异常（ArrayIndexOutOfBoundsException），被第 10 行的 catch 子句捕获，打印信息"数组下标越界!"。同时无论有没有异常，都要执行 try…catch…finally 语句中的 finally 子句，所以要继续执行第 17 行代码，打印信息"有无异常都要执行!"。

当 i 为 1～8 时，第 9 行代码不会产生异常，但是要执行 finally 子句，执行第 17 行代码，打印信息"有无异常都要执行!"。

该实践演练环节重点考查 try…catch…finally 语句的执行，强调 finally 子句的使用。

读者可以自行调整代码，将第 14～16 行涉及的 catch 子句部分移到其他 catch 子句的前面，此时会产生语法错误。这就印证了 5.2.2 小节中总结的 catch 子句顺序的重要性，捕获异常的类要按从小到大的顺序排列，否则会导致编译错误。

5.2.5 考题精讲

1. 下列程序的运行结果是（　　）。

```
1   public class Test {
2       public static void main(String[] args) {
3           int [] x={0,1,2,3};
4           for (int i = 0; i < 3; i=i+2) {
5               try {
6                   System.out.println(x[i+2]/x[i]+x[i+1]);
7               } catch (ArithmeticException e){
8                   System.out.println("error1");
9               } catch (Exception e) {System.out.println("error2");}
10          }
11      }
12  }
```

视频 5-5　考题精讲：
用 try…catch…finally
捕获异常

A. error1　　　　B. error2　　　　C. error1　　　　D. 2
　　　　　　　　　　　　　　　　　　error2　　　　　error2

【解析】第 6 行代码中 i 为 0 时，x[0]为 0，所以除数为 0，此时会抛出 ArithmeticException 异常，被第 7 行代码的 catch 捕获，打印"error1"；i 为 2 时，x[4]下标越界，要抛出 ArrayIndexOutOfBoundsException 异常，但是代码中没有该异常的捕获子句，因此只能被第 9 行代码的 catch 捕获，由更高级的 Exception 异常进行处理，打印"error2"。所以本题答案为 C 选项。

2. 下列程序的运行结果是（　　）。

```
1    public class Test {
2        public static void main(String[] args) {
3            int[]array={2,4,6,8,10};    int size = 6;    int result = -1;
4            try {
5                for (int i = 0; i<size && result==-1; i++) {if(array[i]==20)
6                result=i;}
7            } catch (ArithmeticException e) {
8                System.out.println("Catch---1");
9            } catch (ArrayIndexOutOfBoundsException e) {
10               System.out.println("Catch---2");
11           }catch (Exception e) { System.out.println("Catch---3"); }
12       }
13   }
```

  A. Catch---1   B. Catch---2
  C. Catch---3   D. 什么都不显示

【解析】 第5行代码中i为5时,由于size为6,所以for循环要继续执行,此时要取到array[5],但是array下标最多取到4,故数组下标越界,将产生ArrayIndexOutOfBoundsException异常,被第9行catch子句捕获,打印"Catch---2",故答案为B选项。

3. 下列程序的运行结果是(   )。

```
1    public class Test {
2        public static void main(String[] args) {
3            int[]a=new int[10];
4            int s = 0;
5            for (int i = 0; i < 10; i++) { a[i]=i; }
6            try {
7                for (int i = 0; i < 10; i++) { s = s+a[i+1]/a[i]; }
8                System.out.println("No exception");
9            }catch (ArrayIndexOutOfBoundsException e){
10               System.out.println("Exception2");
11           }catch (Exception e) { System.out.println("Exception1"); }
12       }
13   }
```

  A. Exception1   B. Exception2
  C. Exception2 No exception   D. Exception1 No exception

【解析】 第5行代码中i为0时,给a[0]赋值为0;第7行代码中当a[0]为0时,除数为0,产生ArithmeticException异常,由于catch中没有捕获ArithmeticException异常的子句,因此要使用更高级别的Exception来捕获,所以执行第11行代码,打印"Exception1",故答案为A选项。

4. 下列程序的运行结果是(   )。

```
1    public class Test {
2        private String[] data = {"10","10.5"};
3        public void fun() {
4            double s = 0;
5            for (int i = 0; i < 3; i++) {
```

```
6          try {
7              s += Integer.parseInt(data[i]);
8          } catch (Exception e)
9          { System.out.print("error1:"+data[i]); }
10         }
11     }
12     public static void main(String[] args) {
13         try {
14             Test d = new Test(); d.fun();
15         }catch (Exception e) { System.out.println(" error2"); }
16     }
17 }
```

  A. error1:10.5
  B. error
  C. error1:10.5 error2
  D. error1：error2

【解析】 第 5 行代码中当 i 为 1 时,正常执行 for 语句,顺序执行到第 7 行代码,将字符串"10.5"用 Integer.parseInt( )方法转换为 int 数据时,由于类型不一致,触发 NumberFormatException 异常,被第 8 行的 Exception 异常处理子句捕获,打印"error1:10.5";第 5 行代码执行到 i 为 2 时,顺序执行第 7 行,产生数组下标越界异常,第 8 行的 catch 子句依然捕获异常,但是由于要打印 data[i]的值,而无法获取该数据,所以无法打印,此时就要将该异常向更高级别上报,上报给主调方法,用 main()方法来处理。此时第 14 行代码接收到的异常被 Exception 捕获,打印 error2。因此本题答案选 C 选项。

5. 假设 sayHello()方法可以正常运行,则下列程序的运行结果是( )。

```
1  public class Test {
2      public static void main(String[] args) {
3          try {
4              sayHello();
5              System.out.println("Hello");
6          }catch (ArrayIndexOutOfBoundsException e) {
7              System.out.println("ArrayIndexOutOfBoundsException");
8          }catch (Exception e) {
9              System.out.println("Exception");
10         }finally {
11             System.out.println("finally");
12         }
13     }
14 }
```

  A. Hello
   Finally
  B. Exception
   finally
  C. ArrayIndexOutOfBoundsException
  D. Hello

【解析】 由于 sayHello()方法可以正常运行,第 5 行代码打印"Hello",整个程序没有异常,所有 catch 子句都无法捕获到异常,但是 finally 子句无论有没有异常都要正常执行,因此要打印第 11 行的信息"finally"。故本题答案为 A 选项。

5.3 用 throws、throw 抛出异常

5.3.1 声明异常

声明异常的目的是告诉方法调用者,该方法在执行的过程中可能会抛出什么样的异常,以便方法调用者做出相应的处理。

声明异常的关键字为 throws,声明异常的语法格式如下:

```
public void methodName() throws Exception1,...,Exception2{
    //方法体
}
```

通过关键字 throws 声明当前方法可以抛出的异常。如果要声明多个异常类型,异常类型名称之间用逗号隔开。

视频 5-6 理论精解:用 throw、throws 抛出异常

5.3.2 抛出异常

程序执行过程中如果遇到异常情况,可以创建一个合适异常类的对象抛出该异常。抛出异常类型的关键字为 throw。抛出异常的语法形式如下:

```
throw new ExceptionName;
```

5.3.3 实践演练

实例 5-2 重点考查如何自定义异常类以及如何使用自定义异常类解决实际问题,其具体要求如下。

(1) 自定义一个异常类 MyException,该类继承自 Exception 类。
(2) 在测试类中,实现抛出并捕获自定义异常的效果。
程序如下。

(1) MyException.java

视频 5-7 实践演练:自定义异常类及其使用

```
1   public class MyException extends Exception {
2       private static final long serialVersionUID = 1L;
3       private int num;
4       public MyException(int a) {
5           num = a;
6       }
7       @Override
8       public String toString() {
9           //自动生成方法存根
10          return "MyException["+num+"]";
11      }
12  }
```

(2) ExceptionDemo.java

```
1    public class ExceptionDemo {
2        static void test(int i) throws MyException{
3            System.out.println("调用 test["+i+"]");
4            if(i>10){
5                throw new MyException(i);
6            }
7            System.out.println("正常退出!");
8        }
9
10       public static void main(String[] args) {
11           try {
12               ExceptionDemo.test(10);
13               ExceptionDemo.test(15);
14           } catch (MyException e) {
15               System.out.println("捕获"+e.toString());
16           }
17       }
18   }
```

运行结果如下（eclipse 编译器）：

```
调用 test[10]
正常退出!
调用 test[15]
捕获 MyException[15]
```

程序解析：MyException 类是 Exception 类的子类，因此该类为一个自定义异常类。第 3 行代码定义了私有数据成员，即整型数据 num。第 4~6 行代码是该类的构造方法，完成对私有数据成员 num 的赋值。toString()是方法重写，实现了对其父类方法的覆盖，打印 num 的信息。

ExceptionDemo 类是主调测试类，test()是静态方法，可以通过"类名.方法名"调用。首先执行 main()方法，进入 main()方法后就要执行 try…catch 语句，先执行 try 子句。第 12 行代码通过"类名.方法名"调用 test()方法，传递的参数值为 10。转去执行第 3 行代码，打印"调用 test[10]"。第 4 行代码进行判断，由于 i 为 10，不大于 10，所以判断结果为假。接着执行第 7 行代码，打印"正常退出!"。

第 13 行代码通过"类名.方法名"调用 test()方法，传递的参数值为 15。转去执行第 3 行代码，打印"调用 test[15]"。第 4 行代码进行判断，由于 i 为 15，大于 10，所以判断结果为真，执行第 5 行代码"throw new MyException(i);"，抛出一个用户自定义异常对象，该对象使用 MyException 类的构造方法创建，因此执行 MyException 类的第 4~6 行，该类的私有数据成员获得赋值 15。此时异常对象生成，即 test()方法有异常产生。test()方法带有 throws 关键字，将把 throw 关键字抛出的异常对象向上抛给 test()方法调用处，所以 main()方法就会捕获到异常。第 14 行的 catch 子句接收到了 MyException 异常，执行第 15 行代码，打印"捕获："信息后，调用异常对象 e 的 toString()方法，因此转去执行 MyException 类的 toString()方法的第 10 行，打印"MyException[15]"。

提示：throws 和 throw 关键字难以区分且不易记忆，此处给出"一语道破天机"法，方便读者一次性记住。

（1）throws 关键字：位于方法名的后面，由于方法是第三人称单数，所以动词 throw 需要加"s"形成 throws。

（2）throw 关键字：位于方法的内部，本身是动词，位于代码行的开头，形成祈使句，所以无须加"s"。

知识小贴士 5-1
跨学科学习促进
知识整合和创新

该实践演练环节，重点考查用户自定义类及其使用，throws 和 throw 关键字相互配合完成异常对象的生成和向上抛出。

在实际编程中，往往会遵循"热土豆法则"，即我能处理的我便处理（用 try…catch…finally），我不能处理的要及时抛出并由调用者处理（用 throws、throw）。

5.3.4　异常的使用原则

异常使用的原则有以下 4 点。

（1）在捕获或声明异常时，应注意异常类的选择，要选择适当的点来进行异常的处理。

（2）把异常处理的点和正常的代码分开，精简程序，增加程序的可读性。当不知道异常在何时何地发生时，也不知道异常如何处理的时候，可以交给虚拟机处理。

（3）利用 finally 子句作为异常处理的统一接口。

（4）自定义异常类都是 Throwable 的子类，除了在运行时产生不易预测的异常外，都定义为非运行时异常。

5.3.5　考题精讲

1. 抛出异常应使用的子句是（　　）。
  A. catch　　　　　　　　　　B. throw
  C. try　　　　　　　　　　　D. finally

视频 5-8　考题精讲：
用 throw、throws
抛出异常

【解析】　Java 中抛出异常的关键字为 throw，语法格式为"throw new 异常名"。所以本题答案为 B 选项。

2. 一个方法声明抛出异常时使用的关键字是（　　）。
  A. finally　　　B. throw　　　C. throws　　　D. catch

【解析】　一个方法要声明异常用 throws 关键字，一个方法内部要抛出异常用 throw 关键字。如何记忆呢？因为通过方法头声明要抛出异常，此时可以一次性声明抛出多个异常，所以要用 throws。方法内一次只能抛出一个异常，所以是 throw。故本题答案为 C 选项。

本 章 小 结

本章小结内容以思维导图的形式呈现，请读者扫描二维码打开思维导图学习。

本章小结

习 题

一、选择题

1. 如果要处理捕获的异常,应该采用的子句是( )。
   A. catch B. throw C. try D. finally
2. 不必被捕获或声明抛出的异常是( )。
   A. RuntimeException B. ArithmeticException
   C. FileNotFoundException D. NullPointerExcepiton
3. 一个方法声明抛出异常时使用的关键字是( )。
   A. finally B. throw C. throws D. catch
4. 如果要在方法中抛出异常,使用的关键字是( )。
   A. throw B. throws C. finally D. catch
5. 自定义异常类的父类可以是( )。
   A. Error B. VirtualMachineError
   C. Exception D. Thread

二、填空题

1. 对于以下程序,执行命令行 java Example 1 2 3 的结果将产生_____异常。

```
class Example{
    public static void main(String[] args) {
        System.out.println(args[4]);
    }
}
```

2. 下列程序段执行时会产生_____异常。

```
int[]iArray=new int[5];
iArray[5]=3;
```

3. 下列代码段运行的结果将产生的输出结果为_____。

```
String str1="abc";
String str2=str1.replace("c","ababab");
System.out.println(str2.charAt(8));
```

三、看程序写结果

下列代码运行出来的结果是( )。

```
public class Test{
    public static void main(String[ ] args){
        int[ ]x={0,1,2,3};
        for(int i=0;i<3;i+=2){
```

```
            try{
                System.out.println(x[i+2]/x[i]+x[i+1]);
            }catch(ArithmeticException e){
                System.out.print("error1");
            }catch(Exception e){
                System.out.print("error2");
            }
        }
    }
}
```

本章习题答案

第 3 篇

Java 高级编程技术

第 6 章　Java 的数据流
第 7 章　Java 的线程
第 8 章　Java 的集合

第 6 章 Java 的数据流

程序设计的本质就是信息的处理，计算机中的信息从何而来？又要向何处去呢？常见的信息来自键盘的录入，经过程序分析、加工、处理后由屏幕输出，但是这就要求用户每次使用该程序时都要录入信息，一经屏幕展示后便消失得无影无踪。此时键盘是数据的起点，屏幕为数据的终点，形成了从起点到终点的流向。在 Java 中，不同类型的输入/输出源均抽象为流(stream)，其输入/输出的数据为数据流(data stream)。在处理数据流的过程中，如何让数据长期保存下来呢？只有将输入/输出的数据信息放入文件，便可实现在磁盘上的长期保存，解决数据信息的长期存储问题。

本章主要内容：
- 熟悉 io 包中各个类的层次关系。
- 掌握 File 类和 RandomAccessFile 类的使用方法。
- 掌握字节流和字符流在文件读/写中的应用。
- 掌握过滤流在文件读/写中的应用。

6.1 File 类

6.1.1 File 类介绍

Java 的文件类以抽象的方式记录文件名和目录路径名。该类主要用于文件和目录的创建、文件的查找和文件的删除等。File 对象代表磁盘中实际存在的文件和目录。通过以下构造方法创建一个 File 对象。

视频 6-1 理论
精解：File 类

（1）通过给定的父抽象路径名和子路径名字符串创建一个新的 File 实例。

`File(File parent, String child)`

其中，parent 表示父路径对象(D:/java)；child 表示子路径字符串(Hello.class)。

（2）通过将给定路径名字符串转换成抽象路径名来创建一个新的 File 实例。

`File(String pathname)`

其中，pathname 表示路径名称，包含文件名(D:/java/Hello.class)。

（3）根据 parent 路径名字符串和包含了文件名的 child 路径名称字符串创建一个新的 File 实例。

```
File(String parent, String pathname)
```

其中，parent 表示父路径字符串(D:/java)。

(4) 通过将给定的 URL 转换成一个抽象路径名来创建一个新的 File 实例。

```
File(URL uri)
```

6.1.2　File 类的方法

File 类常用的方法如表 6-1 所示。

表 6-1　File 类常用的方法

方　　法	描　　述
public String getName()	返回不包含路径的文件名称
public String getParent()	返回文件上一级目录名
public File getParentFile()	返回父路径文件对象
public String getPath()	返回路径名称字符串
public boolean exists()	判断文件或目录是否存在
public boolean isDirectory()	判断是否是一个目录
public boolean isFile()	判断是否是一个标准文件
public String[] list()	返回此路径名下的文件和子目录名称组成的字符串数组

6.1.3　实践演练

视频 6-2　实践演练：
搜索指定文件夹下
的全部路径文件

实例 6-1　搜索指定文件夹下的全路径文件。

(1) 选定自己磁盘上的一个目录。
(2) 打印该磁盘路径下的所有文件及子文件夹。
(3) 如果子文件夹里依然有文件或文件夹，也要继续打印。

```
1    import java.io.File;
2    public class DirFilesList {
3        public static void searchDirFiles(String dirname, int n) {
4            File f1 = new File(dirname);
5            if(f1.isDirectory()){
6                String s[] = f1.list();
7                for (int i = 0; i < s.length; i++) {
8                    String dirnameChild = dirname+"/"+s[i];
9                    File f = new File(dirnameChild);
10                   for(int j=0;j<n;j++){
11                       System.out.print("|--");
12                   }
13                   System.out.println(s[i]);
14                   if(f.isDirectory()){
15                       searchDirFiles(dirnameChild,n+1);
```

```
16                  }
17              }
18          }else{
19              System.out.println("dirname");
20          }
21      }
22      public static void main(String[] args) {
23          String dirname = "D:/7_零基础闯关Java挑战二级/0_零基础闯关Java挑战
24          二级_课程资源";
25          System.out.println(dirname);
26          searchDirFiles(dirname,1);
27      }
28  }
```

运行结果如下(eclipse编译器的运行结果):

```
D:/7_零基础闯关Java挑战二级/0_零基础闯关Java挑战二级_课程资源
|--第0周_考试大纲及考试环境解读
|--|--PPT0-1 上机考试指南.pptx
|--|--PPT0-2 二级Java程序设计考试大纲.pptx
|--|--PPT0-3 考试环境介绍.pptx
|--|--PPT0-4 考试流程介绍.pptx
|--|--PPT0-5 考试编译器的基本操作.pptx
|--|--视频0-1 上机考试指南.mp4
|--|--视频0-2 二级Java程序设计考试大纲.mp4
|--|--视频0-3 考试环境介绍.mp4
|--|--视频0-4 考试流程介绍.mp4
|--|--视频0-5 考试编译器的基本操作.mp4
|--第1周_Java语言的特点和实现机制
|--|--PPT1-1 Java语言的特点.pptx
|--|--PPT1-2 Java语言的实现机制.pptx
|--|--视频1-1 Java语言的特点.mp4
|--|--视频1-2 Java语言的实现机制.mp4
|--第2周_Java的基础特性
|--|--PPT2-1 Java的8种基本数据类型和8种包装类型.pptx
|--|--PPT2-2 Java的运算符和表达式.pptx
|--|--PPT2-3 Java的流程控制.pptx
|--|--视频2-1 Java的8种基本数据类型和8种包装类型.mp4
|--|--视频2-2 Java的运算符和表达式.mp4
|--|--视频2-3 Java的流程控制.mp4
|--第3周_Java的面向对象特性
|--|--PPT3-1 类.pptx
|--|--PPT3-2 对象.pptx
|--|--PPT3-3 包.pptx
|--|--PPT3-4 继承.pptx
|--|--PPT3-5 多态.pptx
|--|--PPT3-6 抽象.pptx
|--|--PPT3-7 接口.pptx
```

```
|--|--视频3-1 类.mp4
|--|--视频3-2 对象.mp4
|--|--视频3-3 包.mp4
|--|--视频3-4 继承.mp4
|--|--视频3-5 多态.mp4
|--|--视频3-6 抽象.mp4
|--|--视频3-7 接口.mp4
|--第4周_Java的数组和字符串
|--|--PPT4-1 一维数组.pptx
|--|--PPT4-2 二维数组.pptx
|--|--PPT4-3 字符串.pptx
|--|--视频4-1 一维数组.mp4
|--|--视频4-2 二维数组.mp4
|--|--视频4-3 字符串.mp4
|--第5周_Java的异常处理
|--|--PPT5-1 异常的类型.pptx
|--|--PPT5-2 try...catch...finally捕获异常.pptx
|--|--PPT5-3 throw、throws抛出异常.pptx
|--|--视频5-1 异常的类型.mp4
|--|--视频5-2 try...catch...finally捕获异常.mp4
|--|--视频5-3 throw、throws抛出异常.mp4
```

程序解析：DirFilesList 类中包含了两个 static 方法：一个是 main() 方法，另一个就是用来实现磁盘文件搜索和打印功能的 searchDirFiles() 方法。由于 searchDirFiles() 为静态方法，所以在 main() 方法中可以通过"类名.方法名"的形式调用。

searchDirFiles() 方法的一个参数为字符串类型，其存储了要检索的磁盘路径。程序的第 23 行定义了 String 类型的 dirname 变量，给磁盘路径赋值时，由于"\"为保留字符，所以路径中的反斜杠"\"要使用斜杠"/"替换，或者用转义字符"\\"替换。searchDirFiles() 方法另外的参数为整型数据，该数据记录了当前递归调用的层级，为后续打印目录的缩进格式做准备。

第 4 行代码根据给定的文件路径创建 File 对象 f1。第 5 行代码判断 f1 所在的路径是否是文件夹，如果是文件夹执行第 6~17 行代码；否则执行第 19 行代码，打印当前的路径名 dirname。

第 6 行代码创建字符串数组 s，用来接收 f1 路径下所有文件及文件夹列表，其中 list() 方法可以返回当前路径下所有的文件及文件夹的名称。

第 7 行代码的 for 循环遍历 s 数组中每一项。第 8 行代码通过 dirname 绘制出当前项的文件名或文件夹名，并存储在 dirnameChild 中。第 9 行代码根据 dirnameChild 的内容构建 File 对象 f。第 10~12 行代码通过 for 循环，根据 n 的值打印缩进格式。n 为当前文件或文件夹相对于 main() 方法中给定的路径的子级别，如果 main() 方法中为一级目录时 n 为 1；二级目录时 n 为 2，依次类推。第 13 行代码打印当前文件或文件夹的名称。

第 14~16 行代码是递归条件，如果 f 为文件夹，说明该文件夹中还可能有文件，所以要递归调用 searchDirFiles() 方法，此时传递两个参数：第一个为当前文件夹的路径，第二个是当前文件夹的级别。由于当前的级别为 n，那么进入子文件夹后就是 n+1 级别，从而控制文件及文件夹打印的缩进格式,使打印更加有序且一目了然。

第 25 行代码表示打印磁盘路径。第 26 行代码表示实现 searchDirFiles()方法的调用,由于是首次调用,递归级别为 1,第二个整型实参为 1。

本实践演练环节重点考查了 File 类、File 对象的创建,File 类的构造方法及其用法。该案例重点讲述了递归算法,通过递归调用打印了给定路径下所有的文件和文件夹,以及子文件夹中所有文件的信息,并呈现了对输出格式的控制。

6.1.4 考题精讲

视频 6-3 考题精讲:File 类

1. 要得到某目录下的所有文件名,在下列代码的下画线处(两个下画线的填写内容相同)应填入的内容是(　　)。

```
_____ pathname = new _____(args[0]);
String[] filename = pathname.list();
```

　　A. FileInputStream　　　　　　　B. FileOutputStream
　　C. File　　　　　　　　　　　　D. RandomAccessFile

【解析】 Java 中文件类以抽象的方式代表文件名和目录路径名。该类主要用于文件和目录的创建、文件的查找和文件的删除等。第 2 行中的 list()方法是获取此路径名下的文件和子目录名称组成的字符串数组。FileInputStream 类、FileOutputStream 类和 RandomAccessFile 类是对其内容进行读/写,所以 A、B、D 选项是错误的,仅有 C 选项正确。

2. 判断一个文件是否可写的方法是(　　)。

　　A. getWrite()　　B. Write()　　C. canWrite()　　D. testWrite()

【解析】 java.io.File.canWrite()方法验证应用程序是否可以写入抽象路径名表示的文件。因此本题答案为 C 选项。File 类中有很多方法,除了之前讲述的方法以外,还包含多个方法,其中 canRead()方法用于测试应用程序是否可以读取此抽象路径名表示的文件;delete()方法用于删除此抽象路径名表示的文件或目录;isFile()方法用于测试此抽象路径名表示的文件是否是一个标准文件。还有很多其他的方法,想要具体了解,需要学会查阅 Java 帮助文档。

6.2 RandomAccessFile 类

6.2.1 RandomAccessFile 类介绍

RandomAccessFile 类支持"随机访问"方式,可以跳转到文件的任意位置读/写数据。RandomAccessFile 类的对象有一个位置指示器,指向当前读/写的位置,刚开始打开文件时,文件指示器指向文件的开始处。当读/写 n 字节后,文件指示器将指向这 n 字节后的下一字节处。如果想从其他位置开始读/写文件,可以移动文件指示器到新的位置。

视频 6-4 理论精解:RandomAccessFile 类

6.2.2 随机文件的建立

使用 RandomAccessFile 的构造方法可以建立随机文件。

```
RandomAccessFile(String name, String mode)
RandomAccessFile(File file, String mode)
```

两个构造方法的用法非常相似，name、file 都是用于指定要打开的文件路径和文件名称，mode 则是指定打开文件的方式，常用的参数有 r 和 rw，就是只读和读/写方式。

6.2.3 RandomAccessFile 类的常用方法

RandomAccessFile 类常用的方法如表 6-2 所示。

表 6-2 RandomAccessFile 类常用的方法

方　法	描　述
public long length() throws IOException	求文件字节长度
public void seek(long pos) throws IOException	随机文件记录的查找
public void close() throws IOException	随机文件资源的关闭
public final double readDouble() throws IOException	浮点数的读取
public final int readInt() throws IOException	整数的读取
public final char readChar() throws IOException	字符数据的读取
public final int skipBytes() throws IOException	随机文件访问跳过的字节数
public final void writeChars(String s) throws IOException	将一个字符串写入文件

6.2.4 实践演练

视频 6-5 实践演练：
随机访问文件

实例 6-2 随机访问文件的方法和具体实现。
(1) 打开指定位置的指定文件。
(2) 向该文件末尾追加信息。
(3) 关闭文件后，再打开，将文件中的信息读取出来。

```
1    import java.io.File;
2    import java.io.FileNotFoundException;
3    import java.io.IOException;
4    import java.io.RandomAccessFile;
5    import java.io.UnsupportedEncodingException;
6    public class RandomAccessFileTest {
7        public static void main(String[] args) {
8            try {
9                RandomAccessFile raf = new RandomAccessFile(new
10                   File("read.txt"),"rw");
```

```
11              raf.seek(raf.length());
12              //raf.write(123);
13              //raf.write("你好".getBytes("UTF-8"));
14              raf.writeUTF("hello123456");
15              raf.writeInt(123);
16              raf.seek(0);
17              //System.out.println(raf.read());
18              //System.out.println(new String(raf.readLine().getBytes
19                  ("ISO-8859-1"),"UTF-8"));
20              System.out.println(raf.readUTF());
21              System.out.println(raf.readInt());
22              raf.close();
23          } catch (FileNotFoundException e) {
24              e.printStackTrace();
25          } catch (UnsupportedEncodingException e) {
26              e.printStackTrace();
27          } catch (IOException e) {
28              e.printStackTrace();
29          }
30      }
31  }
```

运行结果如下（eclipse 编译器的运行结果）：

```
hello123456
123
```

程序解析：main()方法的第 9 行代码使用 RandomAccessFile 类创建对象 raf，以读/写的方式打开 read.txt 文件。第 11 行代码使用 seek()方法实现跳转，其跳转长度为 raf 对象指向文件的总长度，即直接指向文件的末尾。

第 12、13 行代码与第 17、18 行代码匹配。第 12 行代码写入数字 123。第 13 行代码首先将汉字"你好"转换为 UTF-8 的编码格式，然后写入文件。第 16 行代码将文件读取指针回归到文件开始位置。第 17 行代码使用 read()方法从文件中读取一个整数，于是打印 123。第 18 行代码使用 readLine()方法从文件中读取一行数据，此时为字符串，然后调用 getBytes()方法将得到的字符串转换为 ISO-8859-1 的格式，再把字符串转换为 UTF-8 的格式。做数据编码格式转换的原因是 eclipse 编译器默认的工程文件编码格式为 GBK，而 read.txt 的默认存储方式为 UTF-8 的格式，而第 13 行代码向文件存储的文字信息也是 UTF-8 格式，为了保证得到的文字信息不出现乱码，所以要进行复杂的编码格式转换，此时得到的输出信息为"你好"。

第 14、15 行代码与第 19、20 行代码匹配。第 14 行代码使用 writeUTF()方法写入字符串"hello123456"，此时写入的字符编码就是 UTF-8 编码。第 15 行代码使用 writeInt()方法写入整型数字 123。第 20 行代码使用 readUTF()方法读取数据，该方法与 writeUTF()方法匹配，读取字符串"hello123456"。第 21 行代码使用 readInt()方法读取整数 123。此时必须注意读/写的方法以及顺序必须对应。

本实践演练环节重点考查了文件的随机读取，同时强调了写入数据和读取数据的对应关系和格式的转换。

6.2.5 考题精讲

1. RandomAccessFile 是 java.io 包中的一个兼有输入/输出功能的类。由于它是随机访问，所以文件读/写一个记录的位置是（　　）。

视频 6-6 考题精讲：RandomAccessFile 类

  A. 固定   B. 任意
  C. 终止   D. 起始

【解析】 RandomAccessFile 对象类有个位置指示器，指向当前读/写处的位置，当前读/写 n 字节后，文件指示器将指向这 n 字节后面的下一字节处。刚打开文件时，文件指示器指向文件开头，可以移动文件指示器到新位置，随后的读/写操作将从新的位置开始。故本题答案为 B 选项。

2. 下列关于 RandomAccessFile 类的描述中，错误的是（　　）。

  A. RandomAccessFile 类有 RandomAccessReader 和 RandomAccessWriter 两个子类实现输入和输出
  B. RandomAccessFile 类提供了随机访问文件的功能
  C. RandomAccessFile 类直接继承 java.lang.Object 类
  D. RandomAccessFile 类同时实现了 DataInput 和 DataOutput 接口

【解析】 RandomAccessFile 类实现了对同一个文件既可以从该流中读取文件的数据，也可以通过这个流写入数据到文件。RandomAccessFile 流对文件的读/写较为灵活，有多种方法可以实现从文件中读取数据或向文件写入数据。read() 方法以及其扩展方法可以实现读操作，write() 方法及其扩展方法实现写操作，所以 A 选项中提到的两个子类不存在。

6.3 InputStream 与 OutputStream 类

6.3.1 I/O 流

在 Java 开发环境中，主要有 java.io 包提供一系列的类和接口来实现输入/输出处理。所有的 I/O 操作都在 java.io 包中进行。有输入/输出操作形成了数据的读/写，从而形成 I/O 流。I/O 流都是相对于 CPU 而言的，进入 CPU 为读，从 CPU 里出来为写。I/O 流分为字节流和字符流两种。字节流对应二进制文件的操作，如 word 文档、音频、视频文件等。InputStream 和 OutputStream 类适用于处理字节流的抽象类。字符流就是纯文本文件，比如 Windows 中的记事本文件的后缀为 txt，这些文件可以直接进行编辑。Writer 和 Reader 是用来处理字符流的抽象类。I/O 流的基础分类图如图 6-1 所示。

视频 6-7 理论精解：InputStream 与 OutputStream 类

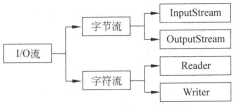

图 6-1　I/O 流的基础分类图　　　知识小贴士 6-1　饮水当思源：各种输入输出流的对比分析

6.3.2　InputStream 与 OutputStream 类简介

在 Java 语言中,字节流提供处理字节的输入/输出方法,除了纯文本之外的所有其他文件均是二进制文件,就是字节文件。处理字节流最顶层的两个抽象类是 InputStream(输入流)和 OutputStream(输出流)。这两个类都是由 Object 类扩展而来,是所有字节输入/输出流的基类。InputStream 和 OutputStream 两个类都是抽象类,抽象类无法直接创建对象,所以必须用其子类创建。InputStream 和 OutputStream 类的定义如图 6-2 所示。

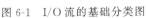

```
InputStream 类 (java.io)          OutputStream 类 (java.io)
public abstract class OutputStream    public abstract class InputStream
extends Object                         extends Object
implements Closeable, Flushable        implements Closeable
```

图 6-2　InputStream 和 OutputStream 类的定义

6.3.3　InputStream 和 OutputStream 类的常用方法

InputStream 是一个抽象类,其本身不能实例化,需要通过其子类实例化,因此实际使用的是它各个子类的对象。相对于内存而言,以 InputStream 为父类的一系列操作字节流的类,都是将流读取到内存中,所以均是输入流。InputStream 类的所有方法都会引发 IOException 异常,其常用的方法如表 6-3 所示。

表 6-3　InputStream 类常用的方法

方　　法	描　　述
public abstract int read() throws IOException	返回下一个输入字节的整型表示,返回 −1 表示文件结束
public int read(byte[] b) throws IOException	读入 b.length 字节后放到 b 中,并返回实际读取的字节数
public int read(byte[] b, int off, int len) throws IOException	把输入流中的数据读到数组 b 中,从第 off 个开始的 len 个数组元素中
public long skip(long n) throws IOException	跳过输入流上的 n 字节并返回实际跳过的字节数
public void close() throws IOException	在操作完一个流后,要使用此方法将其关闭,系统就会释放与这个流相关的资源

OutputStream 类是定义输出流的抽象类,其所有方法的返回值都是 void,其所有方法都会引发 IOException 异常。相对于内存而言,以 OutputStream 为父类的一系列操作字节流的类都是将内存中的流输出到文件,所以均为输出流,其常用的方法如表 6-4 所示。

表 6-4　OutputStream 类常用的方法

方　　法	描　　述
public abstract void write(int b) throws IOException	将一字节写到输出流,这里的参数为 int,它允许 write() 方法使用表达式而不用强制类型转换为 byte 型
public void write(byte[] b) throws IOException	将整个字节数组写到输出流中
public void write(byte[] b, int off, int len) throws IOException	将字节数组 b,从 off 开始的 len 字节写到输出流
public void flush() throws IOException	彻底完成输出,并清空缓冲区
public void close() throws IOException	关闭输出流

6.3.4　实践演练

实例 6-3　按照下列要求读/写文件。

(1) 使用 OutputStream 类的子类 FileOutputStream 构建对象,向文件写数据。

(2) 再使用 InputStream 类的子类 FileInputStream 构建对象,从文件读取数据。

视频 6-8　实践演练:文件的读/写

```
1    import java.io.FileInputStream;
2    import java.io.FileNotFoundException;
3    import java.io.FileOutputStream;
4    import java.io.IOException;
5    import java.io.InputStream;
6    import java.io.OutputStream;
7    public class IOStreamTest {
8        public static void main(String[] args) {
9            //自动生成方法存根
10           try {
11               //byte bwrite[] = {11,12,13,14,15};
12               String name = "零基础闯关 Java123 挑战二级";
13               byte bwrite[] = name.getBytes();
14               System.out.println(new String(bwrite,"GBK"));
15               OutputStream os = new FileOutputStream("test.txt");
16               for (int i = 0; i < bwrite.length; i++) {
17                   os.write(bwrite[i]);
18               }
19               os.close();
20               InputStream is = new FileInputStream("test.txt");
21               int size = is.available();
22               /* for (int i = 0; i < size; i++) {
```

```
23                    int b = is.read();
24                    System.out.print(b+" ");
25              } */
26              byte bytes[] = new byte[size];
27              is.read(bytes);
28              System.out.println(new String(bytes,"GBK"));
29              System.out.println();
30              is.close();
31          } catch (FileNotFoundException e) {
32              //自动生成 catch 代码块
33              e.printStackTrace();
34          } catch (IOException e) {
35              //自动生成 catch 代码块
36              e.printStackTrace();
37          }
38      }
39  }
```

运行结果如下（eclipse 编译器的运行结果）：

零基础闯关 Java123 挑战二级
零基础闯关 Java123 挑战二级

程序解析：main()方法中的第 11 行代码与第 22～25 行代码匹配，实现 byte 类型数组数据的存储和读取。第 12～14 行代码与第 26～28 行代码匹配，实现对携带了汉字、字母和数字构成的字符串的存储和读取。对应的代码要配套使用，启动一套代码时，另外一套代码就要注释掉，以免干扰。

第 11 行代码定义 byte 类型的数组 bwrite，存储 5 个 byte 类型的数据。第 15 行代码建立二进制输出流 os，OutputStream 是抽象类，本身不能创建出来，只能通过其子类 FileOutputStream 类创建出来。第 16～18 行代码使用了 write()方法将 byte 类型的数组 bwrite 的每个数据存储到文件中。第 19 行代码关闭文件操作。第 20 行代码建立二进制输入流 is，InputStream 是抽象类，本身不能创建出来，只能通过其子类 FileInputStream 创建出来。第 21 行代码使用 available()方法得到当前文件存储数据的长度。第 22～25 行代码使用 for 循环，用 read()方法从文件中每次取出一个整型数据并打印出来。循环结束，可以将文件中的所有 byte 类型的数据全部打印出来。

第 12 行代码创建字符串变量 name，内容为"零基础闯关 Java123 挑战二级"，第 13 行代码将 name 中存储的字符串转换为 byte 型数组并存在数组 bwrite 中，因为 FileOutputStream 和 FileInputStream 类里面的大量方法都是对 byte 型数据的操作，所以要将字符串转为 byte 类型的数组进行存储。第 14 行代码由于 eclipse 编译器工程文件的默认编码为 GBK，所以将 bwrite 数组中的内容转为 GBK 编码的字符串后输出到控制台，验证数据在存储到文件之前的信息是否有不同。第 15～18 行代码建立输出流后，将 byte 类型数组 bwrite 中的数据全部存储到文件中。第 19 行代码关闭文件。第 20 行代码建立输入流 is。第 21 行代码获取文件中数据的大小 size。第 26 行代码创建 byte 类型的一维数组 bytes，数组大小为 size，保证文件中的数据可以全部提取出来。第 27 行代码使用 read()方法一次性从文件中取出所有 byte 类型的数据并存储在 bytes 数组中。第 28 行代码将

bytes 数组中的数据转换为 GBK 编码的字符串并打印出来,打印的内容为"零基础闯关 Java123 挑战二级"。

本实践演练环节重点考查了字节流的输入/输出,并有效验证了数字、汉字、英文等混合数据的输入/输出方法,给出了能够有效解决乱码问题的方案。

6.3.5 考题精讲

1. 所有字节流输入/输出类都继承自( )。
 A. InputStream 和 OutputStream 类
 B. Reader 类和 Writer 类
 C. Object 类
 D. Serializable 接口

视频 6-9 考题精讲:
InputStream 与
OutputStream 类

【解析】 InputStream 类是所有字节输入流的抽象基类,OutputStream 类是所有字节输出流的抽象基类,因此答案为 A 选项。Reader 类和 Writer 类是所有字符输入/输出流的抽象基类,Object 类是所有类的父类。

2. Java 中的抽象类 Reader 和 Writer 所处理的流是( )。
 A. 图像流　　　　B. 对象流　　　　C. 字节流　　　　D. 字符流

【解析】 Reader/Writer 类所处理的是字符流,InputStream 和 OutputStream 类处理的是字节流,所以本题答案为 D 选项。

3. 下列关于流的叙述中,错误的是( )。
 A. 流是输入/输出设备的一种抽象表示
 B. Java 中的流类基本上分为两类:字节流和字符流
 C. 字节流和字符流各自又分为输入和输出两部分
 D. XML 流用于 XML 文档的读/写与分析,它是一种字节流

【解析】 本题考查的是 Java 中 I/O 流的知识点。XML 流是对 XML 文档的读/写与分析,是一种字符流而不是字节流,所以 D 选项叙述错误。

6.4 FileInputStream 与 FileOutputStream 类

6.4.1 类的从属关系

InputStream 和 OutputStream 这两个类都是抽象类,所以该类无法实例化,需要通过其子类实现实例化,而 FileInputStream 和 FileOutputStream 是其子类,其从属关系如图 6-3 所示。

视频 6-10 理论精解:
文件数据流和对象流

6.4.2 FileInputStream 类

FileInputStream 用来读取非文本数据的文件。对同一个磁盘文件创建 FileInputStream

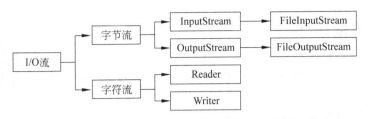

图 6-3 FileInputStream 和 FileOutputStream 的从属关系

对象一般有以下两种方式,其中用到的两个构造方法都可能引发 FileNotFoundException 异常。

(1) 先通过文件系统中的 File 类创建一个 File 对象,然后用该对象打开一个到实际文件的链接,来创建一个 FileInputStream 对象。

```
File f = new File("test.dat");
FileInputStream inflie1= new FileInputStream(f);
```

(2) 通过打开具体文件的链接来创建 FileInputStream 对象。

```
FileInputStream inflie2= new FileInputStream("test.dat");
```

6.4.3 FileOutputStream 类

在实际操作中,FileInputStream 与 FileOutputStream 类总是配套呈现,实现字节文件的读/写操作。使用 FileOutputStream 类创建实例对象时,如果文件不存在,系统会自动创建一个新文件。在读/写文件或新生成的文件发生错误时,会产生 IOException 异常,需要程序员捕获后处理。

FileOutputStream 类的构造方法如表 6-5 所示,所有方法都会抛出 FileNotFoundException 异常。

表 6-5 FileOutputStream 类的构造方法

方法	描述
public FileOutputStream(String name)	创建一个向具有指定名称的文件中写入数据的输出文件流
public FileOutputStream(String name,Boolean append)	创建一个向具有指定 name 的文件中写入数据的输出文件流。如果第二个参数为 true,则将字节写入文件末尾处,而不是写入文件开始处
public FileOutputStream(File file)	创建一个向指定 File 对象表示的文件中写入数据的文件输出流
public FileOutputStream(File file,Boolean append)	创建一个向指定 File 对象表示的文件中写入数据的文件输出流。如果第二个参数为 true,则将字节写入文件末尾处,而不是写入文件开始处

6.4.4 实践演练1

实例 6-4 字节流文件 I/O 操作的具体方法和案例实现的具体要求如下。

视频 6-11 实践演练：文件数据流的 I/O 操作

（1）使用 FileOutputStream 类创建对象打开指定位置的指定文件。

（2）向该文件末尾追加信息。

（3）关闭文件后，再用 FileInputStream 类创建对象并打开文件，读取文件中的信息。

```
1    import java.io.FileInputStream;
2    import java.io.FileNotFoundException;
3    import java.io.FileOutputStream;
4    import java.io.IOException;
5    public class TestFileIOStream {
6        public static void main(String[] args) {
7            //自动生成方法存根
8            try {
9                FileOutputStream fos = new FileOutputStream("myFile.dat");
10               fos.write("零基础闯关 Java 挑战二级".getBytes());
11               fos.write('H');
12               fos.write('e');
13               fos.write('l');
14               fos.write('l');
15               fos.write('o');
16               fos.write('!');
17               fos.close();
18               FileInputStream fis = new FileInputStream("myFile.dat");
19               byte[] bytes = new byte[fis.available()];
20               fis.read(bytes);
21               System.out.println(new String(bytes,"GBK"));
22               fis.close();
23           } catch (FileNotFoundException e) {
24               //自动生成 catch 代码块
25               e.printStackTrace();
26           } catch (IOException e) {
27               //自动生成 catch 代码块
28               e.printStackTrace();
29           }
30       }
31   }
```

运行结果如下（eclipse 编译器的运行结果）：

零基础闯关 Java 挑战二级 Hello!

程序解析：该案例与实例 6-3 类似。第 9 行代码直接使用 FileOutputStream 类的构造方法创建 FileOutputStream 对象 fos。第 10～16 行代码写字符串时需要通过 getBytes() 方法将字符串转换为 byte 类型的数组，从而实现对字符串的写入，因为 write() 方法仅能接收 byte 类型的数组或者单纯的整型数据。写入字符时,由于字符型数据存储的是其对应的 Unicode 码,可以转换为整型,因此单个字符可以直接通过 write()方法写入。第 17 行代码将输出流关闭。第 18 行代码直接使用 FileInputStream 类的构造方法创建 FileInputStream 对象 fis。第 19 行代码使用 available()方法得到文件的实际存储数据的大小,使用获得的数据为创建的 byte 类型数组 bytes 指定数组长度。第 20 行代码从文件中一次性读取全部数据,将所有信息存储到 bytes 数组中。第 21 行代码将数组 bytes 中的信息转换为 GBK 编码的字符串并在控制台中打印出来,所以打印出来的信息为"零基础闯关 Java 挑战二级 Hello!"。

6.4.5 ObjectInputStream 和 ObjectOutputStream 类

ObjectInputStream 和 ObjectOutputStream 要分别与 FileInputStream 和 FileOutputStream 类一起使用,实现应用程序对对象图形的持久存储。ObjectInputStream 类可以实现对以前使用 ObjectOutputStream 类写入的基本数据和对象进行反序列化。ObjectInputStream 和 ObjectOutputStream 类常用的方法如表 6-6 所示。

表 6-6 ObjectInputStream 和 ObjectOutputStream 类常用的方法

方 法	描 述
public final Object readObject() throws IOException, ClassNotFoundException	从 ObjectInputStream 类读取对象
public int readInt() throws IOException	读取一个 32 位的 int 值
public final void writeObject(Object obj) throws IOException	将指定的对象写入 ObjectOutputStream 类
public void writeInt(int val) throws IOException	写入一个 32 位的 int 值

6.4.6 实践演练 2

视频 6-12 实践演练:文件对象流的 I/O 处理

实例 6-5 对象输入/输出处理的方法及案例展示具体要求如下。

(1)使用 ObjectOutputStream 类创建对象,打开指定位置的指定文件。
(2)向该文件写入一个对象数据信息。
(3)关闭文件后,再用 ObjectInputStream 类创建并打开指定文件,读取文件中的对象信息。

```
1   import java.io.FileInputStream;
2   import java.io.FileNotFoundException;
3   import java.io.FileOutputStream;
4   import java.io.IOException;
5   import java.io.ObjectInputStream;
6   import java.io.ObjectOutputStream;
7   public class TestObjectIOStream {
8       public static void main(String[] args) {
```

```
9            //自动生成方法存根
10           try {
11               ObjectOutputStream oos = new ObjectOutputStream(new
12               FileOutputStream("serial.bin"));
13               java.util.Date d = new java.util.Date();
14               oos.writeObject(d);
15               oos.close();
16               ObjectInputStream ois = new ObjectInputStream(new
17               FileInputStream("serial.bin"));
18               java.util.Date restoredDate = (java.util.Date)ois.readObject();
19               System.out.println("read Object back from
20               serial.bin"+restoredDate);
21               ois.close();
22           } catch (FileNotFoundException e) {
23               //自动创建 catch 代码块
24               e.printStackTrace();
25           } catch (IOException e) {
26               //自动创建 catch 代码块
27               e.printStackTrace();
28           } catch (ClassNotFoundException e) {
29               //自动创建 catch 代码块
30               e.printStackTrace();
31           }
32       }
33   }
```

运行结果如下（eclipse 编译器的运行结果）：

```
read Object back from serial.binTue Feb 22 20:33:38 CST 2022
```

程序解析：第 11 行代码创建 ObjectOutputStream 类的对象 oos。ObjectOutputStream 类要和 FileOutputStream 类配合使用，将 FileOutputStream 对象作为 ObjectOutputStream 类构造函数的参数，从而创建对象输出流。第 13 行代码创建 Date 类的日期对象 d，此时采用了"包路径.类名"的方式完成导入。第 14 行代码将当前日期 d 写入文件。第 15 行代码关闭文件输出流。

第 16 行代码创建 ObjectInputStream 类的对象 ois，ObjectInputStream 类要和 FileInputStream 类配合使用，将 FileInputStream 对象作为 ObjectInputStream 构造方法的参数，从而创建对象输入流。第 18 行代码创建 restoredDate 类的日期对象 d，此时同样采用了"包路径.类名"的方式完成导入。该对象接收的数据通过文件输入流 ois 调用 readObject()方法，从文件中获取一个日期数据，从文件中成功获取对象数据后要强制转换为 Date 类型。第 19 行代码将从文件中获取日期并打印到控制台中。第 21 行代码关闭文件输入流。

本实践演练环节重点考查了对象输入/输出流的操作，首先实现了将当前日期作为对象存入文件，之后是从文件中将存储的日期对象取出并展示，给出了对象输入/输出流的解决方案。

6.4.7 考题精讲

1. 下列叙述中,错误的是( )。
   A. 所有的字节输入流都是从 InputStream 类继承的
   B. 所有的字节输出流都是从 OutputStream 类继承的
   C. 所有的字符输出流都是从 OutputStreamWriter 类继承的
   D. 所有的字符输入流都是从 Reader 类继承的

视频 6-13 考题精讲:文件数据流和对象流等

【解析】 本题考查 Java 中的 I/O 流。在 Java 中,处理字节流的抽象类是 InputStream 和 OutputStream;处理字符流的抽象类是 Reader 和 Writer。其中所有字节输入流都从 InputStream 类继承,所有字节输出流都从 OutputStream 类继承。所有字符输入流都从 Reader 类继承,所有字符输出流都从 Writer 类继承。而字符类输出流 OutputStreamWriter、PrintWriter、BufferedWriter 都是抽象类 Writer 的子类。因此本题答案为 C 选项。

2. 阅读下列 Java 语句:

```
ObjectOutputStream out = new ObjectOutputStream(new _____("employee.dat"));
```

在下画线处应填的正确选项是( )。
   A. FileOutputStream   B. OutputStream
   C. File   D. FileWriter

【解析】 ObjectOutputStream 类是将一个对象写入一个字节流中。其构造方法的原型为 ObjectOutputStream(OutputStream out),即参数为一个输出流,所以空白处要填写一个文件的输出流。但是 OutputStream 为抽象类,本身无法实例化,需要通过其子类实现实例化,FileOutputStream 类就是 OutputStream 类的子类。所以答案选 A 选项。employee.dat 是文件名。

3. 为了使下列代码正常运行,应该在下画线处填入的选项是( )。

```
ObjectInputStream in = new _____(new FileInputStream("employee.dat"));
Employee[] staff = (Employee[])in.readObject();
in.close()
```

   A. Reader   B. InputStream
   C. ObjectInput   D. ObjectInputStream

【解析】 ObjectInputStream 的构造方法为 ObjectInputStream(InputStream in),参数为一个输入流。通过 ObjectInputStream 类实例化对象,所以本题答案为 D 选项。

4. Java 中 ObjectOutputStream 类支持对象的写操作,这是一种字节流,它的直接父类是( )。
   A. Writer   B. DataOutput
   C. OutputStream   D. ObjectOutput

【解析】 ObjectOutputStream 是字节流,所有的字节输出流都是 OutputStream 抽象类的子类。ObjectOutputStream 类既继承了 OutputStream 抽象类,又实现了 ObjectOutput 接口,Java 使用接口技术实现了多重继承。所以本题答案为 C 选项。

5. 下列代码的功能是向文件 score.dat 中写入对象。在下画线处应填入的是(　　)。

```
1   public class TestInputStream {
2       public static void main(String[] args) {
3           try {
4               ObjectOutputStream oos = new ObjectOutputStream(new
5               FileOutputStream("serial.bin"));
6               java.util.Date d = new java.util.Date();
7               oos._____(d);
8               oos.close();
9               ObjectInputStream ois = new ObjectInputStream(new
10              FileInputStream("serial.bin"));
11              java.util.Date restoredDate = (java.util.Date) ois.readObject();
12              System.out.println("read Object back from serial.bin
13              file:"+restoredDate);
14              ois.close();
15          } catch (IOException e) {e.printStackTrace();
16          } catch (ClassNotFoundException e) {e.printStackTrace();}
17      }
18  }
```

A. WriteObject   B. write   C. BufferedWriter   D. writeObject

【解析】 第 4 行代码创建输出对象数据的字节流 oos；第 6 行代码创建日期对象 d；第 7 行代码将日期对象信息写入文件，所以此空填写 D 选项 writeObject；第 9 行代码创建输入对象数据的字节流 ois；第 11 行代码读取对象信息并生成日期对象；第 12 行代码打印从文件中获取的日期对象信息。

6.5　Reader、Writer 类及 FileReader、FileWriter 类

6.5.1　Reader 与 Writer 类

Java 的字符集为 Unicode 编码，每个字符占 16 位及一个字长。InputStream 类和 OutputStream 类均是用来处理字节的，所以一旦需要字符处理就需要进行编码转换，相当烦琐。因此 Java 语言为字符文本的输入/输出提供了一套单独的 Reader 和 Writer 类。这两个类都是抽象类，是所有字符输入/输出流的父类。

视频 6-14　理论精解：Reader 与 Writer 类

6.5.2　FileReader 类和 FileWriter 类

InputStreamReader 类继承自 Reader 类，FileReader 类继承自 InputStreamReader 类，所以 FileReader 类继承了其父类 Reader 和 InputStreamReader 的所有非私有属性和方法。

当 FileReader 类读取文件时，必须首先调用 FileReader() 构造方法产生 FileReader 对象，再利用它来调用 read() 方法。如果在创建输入流时，遇到磁盘文件不存在的情况，则会

抛出 FileNotFoundException 异常,需要程序员捕获并处理。

OutputStreamWriter 类继承自 Writer 类,FileWriter 类继承自 OutputStreamWriter 类。所以 FileWriter 类继承了其父类 Writer 类和 OutputStreamWriter 类的所有非私有属性和方法。

当 FileWriter 类读取文件时,必须首先调用 FileWriter() 构造方法产生 FileWriter 对象,再利用它来调用 write() 方法。FileWriter 对象是否能够成功创建,不依赖于文件是否存在。当文件不存在时,将会创建文件,然后打开。

FileReader 类和 FileWriter 类的从属关系如图 6-4 所示。

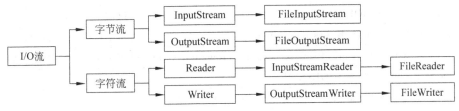

图 6-4　FileReader 类和 FileWriter 类的从属关系

InputStreamReader 类和 OutputStreamWriter 类作为 FileReader 类和 FileWriter 类的父类,起到了字节流和字符流之间中介类的作用,可以根据程序员指定的字符编码的方式来创建 InputStreamReader 类和 OutputStreamWriter 类的对象,以免引起读/写数据编码转换的错误。

6.5.3　FileReader 类和 FileWriter 类的构造方法

FileReader 类和 FileWriter 类常用的构造方法如表 6-7 所示。

表 6-7　**FileReader** 类和 **FileWriter** 类常用的构造方法

方　　法	描　　述
public FileReader(String fileName) throws FileNotFoundException	已知读取数据的文件名,创建一个新的 FileReader 对象
public FileReader(File file) throws FileNotFoundException	已知读取数据的 File 对象,创建一个新的 FileReader
public FileWriter(String fileName) throws IOException	根据给定的文件名构造一个 FileWriter 对象
public FileWriter(String fileName, Boolean append) throws IOException	根据给定的文件名构造 FileWriter 对象。第二个参数为 true 时,表示在文件末尾追加数据
public FileWriter(File file) throws IOException	根据给定的 File 对象构造一个 FileWriter 对象
public FileWriter(File file, Boolean append) throws IOException	根据给定的 File 对象构造一个 FileWriter 对象。第二个参数为 true 时,表示在文件末尾追加数据

6.5.4 FileReader 类和 FileWriter 类的常用方法

FileReader 类和 FileWriter 类本身没有方法，其常用方法均来自父类 InputStreamReader 和 OutputStreamWriter，以及父类的父类 Reader 和 Writer。FileReader 类和 FileWriter 类常用的方法如表 6-8 所示。

表 6-8 FileReader 类和 FileWriter 类常用的方法

方 法	描 述
public int read() throws IOException	读取单个字符
public int read(char[] cbuf) throws IOException	将字符读入字符数组
public int read(char[] cbuf, int offset, int length) throws IOException	将字符读入数组中的某一部分
public void write(int c) throws IOException	写入单个字符
public void write(char[] cbuf, int off, int len) throws IOException	写入字符数组的某一部分
public void write(String str, int off, int len) throws IOException	写入字符串的某一部分

6.5.5 实践演练

实例 6-6 FileReader 类和 FileWriter 类读/写数据的方法及具体案例实现。

(1) 打开指定位置的指定文件。
(2) 将一个文件中的数据读出并写入另一个文件。
(3) 读/写后关闭所有文件。

视频 6-15 实践演练：使用 FileReader 和 FileWriter 类读/写数据

```
1    import java.io.FileNotFoundException;
2    import java.io.FileReader;
3    import java.io.FileWriter;
4    import java.io.IOException;
5    public class TestFileRW {
6        public static void main(String[] args) {
7            //自动生成方法存根
8            try {
9                FileReader fr = new FileReader("old.txt");
10               FileWriter fw = new FileWriter("new.txt");
11               int b;
12               while((b=fr.read())!=-1){
13                   fw.write(b);
14               }
15               fw.close();
16               fr.close();
17           } catch (FileNotFoundException e) {
18               //自动生成 catch 代码块
19               e.printStackTrace();
20           } catch (IOException e) {
```

```
21                //自动生成 catch 代码块
22                e.printStackTrace();
23           }
24      }
25 }
```

程序解析：FileReader 类和 FileWriter 类实现了字符流。本程序第 9、10 行代码构建了字符流 fr，完成对文件 old.txt 的读操作，以及字符流 fw 将对文件 new.txt 进行写操作。第 11 行代码定义了整型变量 b，由于 FileReader 类中的 read()方法的返回值为整型数据，即每次从文件中读取的数据以整型数据的形式返回，所以 b 用来接收每次从文件中读取的数据。第 12～14 行代码每次从文件 old.txt 中读取一个整型数据放入 b 中，如果读出来的是 −1，表明文件结束，则退出 while 循环；如果读出来的不是 −1，则说明是正常数据，此时就将 b 写入 new.txt 文件中。第 15 行和第 16 行代码关闭字符流 fw 和 fr，关闭的顺序与创建的顺序相反。

提示：该题目要求首先创建 old.txt 文件，并在该文件中写入一些信息，然后执行该程序。请大家观察文件以及文件内容的变化，并思考如何实现从文件中读取一部分信息，然后放入另外一个文件中。

视频 6-16 考题精讲：Reader 和 Writer 类

6.5.6 考题精讲

1. Java 中的抽象类 Reader 和 Writer 所处理的流是(　　)。
   A. 图像流　　　B. 对象流　　　C. 字节流　　　D. 字符流

【解析】 Reader 和 Writer 类所处理的流是字符流，InputStream 和 OutputStream 类的处理对象是字节流，所以本题答案为 D 选项。

2. 抽象类 Writer 中用于清空输出流并将缓冲区的字符全部写入输出流的方法是(　　)。
   A. print　　　B. write　　　C. flush　　　D. close

【解析】 将数据项存到缓冲池中时，当数据的长度满足缓冲池中的大小后，才会将缓冲池中的数据成块发送。若数据的长度不满足缓冲池中的大小，需要继续存入，待数据满足预存大小后，再成块地发送。往往在发送文件的过程中，文件末尾的数据大小不能满足缓冲池的大小。最终导致这部分数据停留在缓冲池而无法发送，这时就需要在 write()方法后手动调用 flush()方法，强制刷出缓冲区的数据，此时即使数据长度不满足缓冲池的大小，也能保证数据的正常发送。当然，当调用 close()方法后，系统也会自动将输出缓冲区的数据刷出，同时保证流的物理资源被收回。所以本题答案为 C 选项。

6.6　过　滤　流

6.6.1　过滤流的基本原理

前面所学习的字节流和字符流都是节点流，从磁盘或一块内存区域读取数据。如果要读取整数、双精度或字符串，就需要过滤流。过滤流要使用节点流作为输入/输出源，因此创建过滤流时必须指定某个已经存在的节点流作为输入/输出的来源。过滤流可以实现不同功能的过滤，缓冲流（用 BufferedInputStream、BufferedOutputStream、BufferedReader、BufferedWriter 等类）可以利用缓冲区暂存数据，用于提高输入/输出处理的执行效率。其中 BufferedReader、BufferedWriter 类是面向字符的，而 BufferedInputStream、BufferedOutputStream 类是面向字节的。DataInputStream、DataOutputStream 类也是面向字节的，支持按照数据类型大小读/写二进制文件。实现过滤流的类的从属关系如图 6-5 所示。

视频 6-17 理论精解：缓冲区字节流

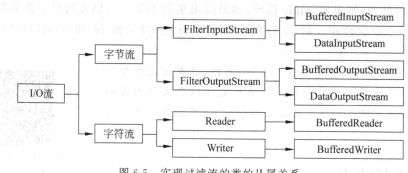

图 6-5 实现过滤流的类的从属关系

6.6.2 BufferedInputStream、BufferedOutputStream 类

BufferedInputStream 和 BufferedOutputStream 类为过滤流，需要使用已经存在的节点流来构造，提供带缓冲的读/写，因此它们都是缓冲流。缓冲流里有一个缓冲区，即字节数组。用流读取存储在硬盘上较大的文件时，频繁从硬盘中读取数据效率较低，花费时间较长。缓冲流的作用就是将数据先读取到内存里面，然后从内存里面读取数据，所以读取速度会得到很大的提升。

BufferedInputStream 类的构造方法和常用方法如表 6-9 所示。

表 6-9 BufferedInputStream 类的构造方法和常用方法

方 法	描 述
public BufferedInputStream(InputStream in)	以输入流 in 创建一个内部缓冲区数组 buf，默认为 8192 字节的字节数组
public BufferedInputStream(InputStream in, int size)	以输入流 in 创建一个长度为 size 的内部缓冲区数组 buf
public int read() throws IOException	从缓冲区读取一个字符
public int read(byte[] b, int off, int len) throws IOException	将缓冲区的数据读取到字节数组 b，从 off 位置起开始存储，长度为 len。返回读取的字节数
public long skip(long n) throws IOException	跳过指定的字节数
public void close() throws IOException	关闭输入流

BufferedOutputStream 类的构造方法和常用方法如表 6-10 所示。

表 6-10 BufferedOutputStream 类的构造方法和常用方法

方　　法	描　　述
public BufferedOutputStream(OutputStream out)	创建一个新的缓冲输出流,将数据写入指定的底层输出流
public BufferedOutputStream(OutputStream out,int size)	创建一个新的缓冲输出流,将具有指定缓冲区大小的数据写入指定的底层输出流
public void write(int b) throws IOException	将指定的字节写入此缓冲的输出流
public void write(byte[] b,int off,int len) throws IOException	将指定 byte 数组中从偏移量 off 开始的 len 字节写入此缓冲的输出流
public void flush() throws IOException	刷新此缓冲的输出流。这迫使所有缓冲的输出字节被写出到底层输出流中

6.6.3 实践演练 1

实例 6-7 缓冲区流数据的读/写案例。

(1) 建立 in.txt 文件,写入文字信息。

(2) 使用 BufferedInputStream 和 BufferedOutputStream 类将 in.txt 文件中的内容读出并展示到屏幕上,再写到 out.txt 文件中。

视频 6-18 实践演练:缓冲区字节流

```
1    import java.io.BufferedInputStream;
2    import java.io.BufferedOutputStream;
3    import java.io.FileInputStream;
4    import java.io.FileNotFoundException;
5    import java.io.FileOutputStream;
6    import java.io.IOException;
7    import java.io.UnsupportedEncodingException;
8    public class BufferedFilterTest {
9        public static void main(String[] args) {
10           //自动生成方法存根
11           try {
12               BufferedInputStream bis = new BufferedInputStream(new
13               FileInputStream("in.txt"));
14               BufferedOutputStream bos = new BufferedOutputStream(new
15               FileInputStream ("out.txt"));
16               byte in[] = new byte[64];
17               int size = 0;
18               while((size = bis.read(in))!=-1){
19                   String chunk = new String(in,"UTF-8");
20                   System.out.println(chunk);
21                   bos.write(in,0,size);
22               }
23               bos.close();
```

```
24              bis.close();
25          } catch (FileNotFoundException e) {
26              //自动生成 catch 代码块
27              e.printStackTrace();
28          } catch (UnsupportedEncodingException e) {
29              //自动生成 catch 代码块
30              e.printStackTrace();
31          } catch (IOException e) {
32              //自动生成 catch 代码块
33              e.printStackTrace();
34          }
35      }
36  }
```

运行结果如下（eclipse 编译器的运行结果）：

> 我爱 Java
> 零基础闯关 Java 挑战二级

程序解析：BufferedInputStream 和 BufferedOutputStream 类为过滤流，需要使用已经存在的节点流来构造，所以 BufferedInputStream 和 BufferedOutputStream 类的构造方法携带有 FileInputStream、FileOutputStream 对象的参数。因此第 12、14 行代码在构建过滤流对象时，需要首先使用 FileInputStream 和 FileOutputStream 类构建了输入/输出字节流对象，然后创建过滤流 bis 和 bos 对象。第 16 行代码创建 byte 类型的一维数组 in，用来接收从文件中读取的数据，因为 read()方法需要以 byte 类型的数组作为参数，其数组的长度一般为 16 的倍数，因为 Java 使用 Unicode 字符集，该字符集中的每个字符长为 16 位。第 18～22 行代码通过循环实现从 in.txt 文件中读取信息再写入 out.txt 文件中。第 18 行代码用 while 循环来判断是否能够成功读取数据信息，bis.read(in)将从输入流中一次性读取 64 字节的信息放入 byte 型数组 in 中，其返回值为一次性读取的字节数，如果读取的字节数为-1，表示没有成功获取到数据，此时要退出 while 循环。第 19 行代码将读取到的 byte 型数组 in 中的数据转换为 UTF-8 编码的字符串，存入 chunk 字符串变量中，由于 in.txt 文件的编码是 UTF-8，所以要进行编码转换才能展示正确信息。第 20 行代码将 chunk 中存储的字符串在控制台上打印，检查读取信息的有效性。第 21 行代码将 in 数组中的信息一次性地写入 bos 过滤流，存储在缓冲区中，一次性写入 size 大小，size 为每次读取的数据的长度。第 23、24 行代码逆序关闭 bos 和 bis 过滤流，此时缓冲区中没有写进文件的数据将写入文件，如果没有第 23 行和第 24 行代码，缓冲区中没有写入文件的数据将会丢失。

该题目要求首先创建 in.txt 文件，并在该文件中写入一些信息，然后再执行该程序。请大家观察文件以及文件内容的变化。

6.6.4 DataInputStream、DataOutputStream 类

DataInputStream 和 DataOutputStream 类为过滤流。需要使用已经存在的节点流来构造，提供了读/写 Java 基本数据类型的功能。

视频 6-19 理论精解：数据字节流

DataInputStream 数据输入流允许应用程序以机器无关的方式从底层输入流中读取基本 Java 类型。DataOutputStream 数据输出流允许应用程序将基本 Java 数据类型写到基础输出流中。

DataInputStream 类的构造方法和常用方法如表 6-11 所示。

表 6-11 DataInputStream 类的构造方法和常用方法

方　　法	描　　述
public DataInputStream(InputStream in)	参数为基础输入流，读取数据实际上从基础输入流 in 中读取
public final int skipBytes(int n) throws IOException	跳过 n 字节
public final boolean readBoolean() throws IOException	从数据输入流中取布尔类型的值
public final byte readByte() throws IOException	从数据输入流读取一字节数据
public final short readShort() throws IOException	从数据输入流读取一个 short 数据
public final char readChar() throws IOException	从数据输入流读取一个字符数据
public final char readInt() throws IOException	从数据输入流读取一个 int 数据
public final byte readLong() throws IOException	从数据输入流读取一个 long 数据
public final short readFloat() throws IOException	从数据输入流读取一个 float 数据
public final char readDouble() throws IOException	从数据输入流读取一个 double 数据
public final char readUTF() throws IOException	从数据输入流读取用 UTF-8 格式编码的 UniCode 字符格式的字符串

DataOutputStream 类的构造方法和常用方法如表 6-12 所示。

表 6-12 DataOutputStream 类的构造方法和常用方法

方　　法	描　　述
public DataOutputStream(OutputStream out)	参数传入的基础输出流，将数据实际写到基础输出流 out 中
public void write(int b) throws IOException	将 int 类型的 b 写到数据输出流中
public void write(byte[] b, int off, int len) throws IOException	将字节数组 b 中 off 位置开始，把 len 个长度数据写到输出流中
public void flush() throws IOException	刷新数据输出流
public final void writeBoolean(Boolean v) throws IOException	将布尔类型的数据 v 转化成一个字节，写到基础输出流中
public final void writeByte(int v) throws IOException	将一字节写到数据输出流中
public final void writeShort(int v) throws IOException	将一个 short 数据 v 转换成 2 字节，写到基础输出流中
public final void writeChar(int v) throws IOException	将一个 char 类型数据 v 转换成 2 字节，写到基础输出流中。
public final void writeInt(int v) throws IOException	将 int 数据转换为 4 字节，写到基础输出流中

续表

方 法	描 述
public final void writeLong(long v) throws IOException	将一个 long 数据转换成 8 字节,写到基础输出流中
public final void writeFloat(float v) throws IOException	将一个 float 类型的数据写到数据输出流中
public final void writeDouble(double v) throws IOException	将一个 double 类型的数据写到数据输出流中
public final void writeBytes(String s) throws IOException	将一个字符串按照字节顺序写到基础输出流
public final void writeChars(String s) throws IOException	将一个字符串按照字符顺序写到基础输出流
public final void writeUTF(String str) throws IOException	以机器无关的方式使用 UTF-8 编码将字符串写到基础输出流中

6.6.5 实践演练 2

实例 6-8 改写实例 6-7,验证数据过滤流。
(1) 使用 DataInputStream 和 DataOutputStream 类改写实例 6-7。
(2) 重写 out.txt 文件,将"北京"、2022、"奥运会欢迎您!"写入 out.txt 文件中,再读取出来。

视频 6-20 实践演练:数据字节流

```
1    import java.io.BufferedInputStream;
2    import java.io.BufferedOutputStream;
3    import java.io.DataInputStream;
4    import java.io.DataOutputStream;
5    import java.io.FileInputStream;
6    import java.io.FileNotFoundException;
7    import java.io.FileOutputStream;
8    import java.io.IOException;
9    import java.io.UnsupportedEncodingException;
10   public class DataFilterTest {
11       public static void firstProcess() {
12           //自动生成方法存根
13           try {
14               BufferedInputStream bis = new BufferedInputStream(new
15                   FileInputStream("in.txt"));
16               BufferedOutputStream bos = new BufferedOutputStream(new
17                   FileOutputStream("out.txt"));
18               byte in[] = new byte[64];
19               int size = 0;
20               while((size = bis.read(in))!=-1){
21                   String chunk = new String(in,"UTF-8");
22                   System.out.println(chunk);
23                   bos.write(in,0,size);
```

```
24                }
25                bos.close();
26                bis.close();
27          } catch (FileNotFoundException e) {
28                //自动生成 catch 代码块
29                e.printStackTrace();
30          } catch (UnsupportedEncodingException e) {
31                //自动生成 catch 代码块
32                e.printStackTrace();
33          } catch (IOException e) {
34                //自动生成 catch 代码块
35                e.printStackTrace();
36          }
37     }
38     public static void secondProcess() {
39          //自动生成方法存根
40          try {
41                DataOutputStream dos = new DataOutputStream(new
42                FileOutputStream("second.txt"));
43                dos.writeUTF("北京");
44                dos.writeInt(2022);
45                dos.writeUTF("冬奥会欢迎您!");
46                dos.close();
47                DataInputStream dis = new DataInputStream(new
48                FileInputStream("second.txt"));
49                System.out.println(dis.readUTF()+dis.readInt()+dis.readUTF());
50                dis.close();
51          } catch (FileNotFoundException e) {
52                //自动生成 catch 代码块
53                e.printStackTrace();
54          } catch (IOException e) {
55                //自动生成 catch 代码块
56                e.printStackTrace();
57          }
58     }
59     public static void main(String[] args) {
60          //自动生成方法存根
61          DataFilterTest.firstProcess();
62          DataFilterTest.secondProcess();
63     }
64  }
```

运行结果如下（eclipse 编译器的运行结果）：

```
我爱 Java
零基础闯关 Java 挑战二级
北京 2022 冬奥会欢迎您!
```

程序解析：该实例是在实例 6-7 的基础上修改得到的，并将实例 6-7 实现的功能封装到了 firstProcess() 静态方法中。本实例新实现的功能被封装在 secondProcess() 静态方法中。静态方法可以通过"类名.方法名"调用。

DataOutputStream 和 DataInputStream 类为数据过滤流,同样需要使用已经存在的节点流来构造,所以 DataOutputStream 和 DataInputStream 类的构造方法携带有 FileOutputStream、FileInputStream 对象的参数。因此第 41 行代码和第 47 行代码在构建数据过滤流对象时,需要首先使用 FileOutputStream 和 FileInputStream 类构建了输入/输出字节流对象,然后创建数据过滤流 dos 和 dis 对象。

第 43 行代码向输出缓冲区中写入 UTF 字符串数据"北京",第 44 行,向输出缓冲区中写入 int 整型数据"2022",第 45 行,向输出缓冲区中写入 UTF-8 字符串数据"冬奥会欢迎您!"。第 46 行代码关闭输出缓冲区,将缓冲区中没有写入文件的数据全部一次性写入文件。

第 49 行代码依次从文件中读取 UTF-8 字符串数据"北京"、int 整型数据 2022、UTF-8 字符串数据"冬奥会欢迎您!",并输出到控制台中,输出信息"北京 2022 冬奥会欢迎您!"。第 50 行代码关闭输入缓冲区,关闭文件。

提示:secondProcess()静态方法执行之前无须构建文件。在创建数据过滤流时,会自动创建空白的 second.txt 文件。请大家观察文件以及文件内容的变化。

视频 6-21 理论精解:缓冲区字符流

6.6.6 BufferedReader、BufferedWriter 类

BufferedReader 和 BufferedWriter 类是基本字符输入/输出流 FileReader 和 FileWriter 类的子类。首先通过基本的字符输入流将一批数据读入缓冲区,然后 BufferedReader 流将从缓冲区读取数据,而不是每次都直接从数据源读取,大大提高了读操作的效率。BufferedWriter 类先将一批数据写到缓冲区,然后基本字符输出流再不断将缓冲区中的数据写入目标文件中。BufferedWriter 类显式调用 flush()方法刷新缓冲区或调用 close()方法关闭流操作时,即使缓冲区数据未满,也会将缓冲区中的数据立即写到目标文件中。

BufferedReader 类的构造方法和常用方法如表 6-13 所示。

表 6-13 BufferedReader 类的构造方法和常用方法

方法	描述
public BufferedReader(Reader in)	创建缓冲区字符输入流
public BufferedReader(Reader in, int sz)	创建缓冲区字符输入流,并设置缓冲区大小
public String readLine() throws IOException	读取一行字符串

BufferedWriter 的构造方法和常用方法如表 6-14 所示。

表 6-14 BufferedWriter 类的构造方法和常用方法

方法	描述
public BufferedWriter(Writer out)	创建缓冲区字符输出流
public BufferedWriter(Writer out, int sz)	创建一个给定大小的输出缓冲区,作为新缓冲字符输出流

续表

方法	描述
public void write(char[] cbuf, int off, int len) throws IOException	写入一段字符数组（off 表示数组索引，len 表示读取位数）
public void write(String s, int off, int len) throws IOException	写入字符串（off 与 len 代表的意义同上）
public void newLine() throws IOException	写入换行字符
public void flush() throws IOException	刷新该流的缓冲

6.6.7 实践演练 3

实例 6-9 字符过滤流的具体案例展示。

（1）使用 BufferedWriter 类向 hello.txt 文件中写入文字信息。

（2）使用 BufferedReader 类从 hello.txt 文件中将信息读取出来。

视频 6-22 实践演练：
缓冲区字符流

```
1   import java.io.BufferedReader;
2   import java.io.BufferedWriter;
3   import java.io.FileReader;
4   import java.io.FileWriter;
5   import java.io.IOException;
6   public class BufferedRWTest {
7       public static void main(String[] args) {
8           //自动生成方法存根
9           int s;
10          try {
11              BufferedWriter bw = new BufferedWriter(new
12                  FileWriter("hello.txt"));
13              BufferedReader br = new BufferedReader(new
14                  FileReader("hello.txt"));
15              bw.write("您好");
16              bw.newLine();
17              bw.write("Java");
18              bw.close();
19              while((s = br.read())!=-1){
20                  System.out.print((char)s);
21              }
22              br.close();
23          } catch (IOException e) {
24              //自动生成 catch 代码块
25              e.printStackTrace();
26          }
27      }
28  }
```

运行结果如下（eclipse 编译器的运行结果）：

```
您好
Java
```

程序解析：构建字符缓冲区过滤流实现读/写操作时，需要首先创建字符流对象，并将其作为字符缓冲区过滤流构造方法的参数。第 11 行代码创建 BufferedWriter 类字符缓冲区过滤流写对象，其构造方法携带的参数为 FileWriter 对象，创建的 BufferedWriter 对象为 bw。第 13 行代码创建 BufferedReader 类字符缓冲区过滤流读对象，其构造方法携带的参数为 FileReader 对象，创建的 BufferedReader 对象为 br。

第 15 行代码将"您好"字符串通过 write() 方法写入缓冲区。第 16 行代码调用 newLine() 方法实现向文件中写入换行符的功能。第 17 行代码将"Java"字符串通过 write() 方法写入缓冲区。第 18 行代码关闭文件，将输出缓冲区的数据全部写入文件。

第 9 行代码定义了整型变量 s，为后面从文件中读取数据做准备。第 19~21 行代码通过循环每次从文件中读取一个整型数据存储在 s 整型变量中；如果读取的数据为 −1，表明文件读取结束，退出 while 循环。第 20 行代码将读取的 s 数据强制类型转换为 char 字符型，打印到控制台上。第 22 行代码关闭输入缓冲区，关闭输入文件。

提示：由于字符缓冲区过滤流属于字符流，因此无论是中文还是英文字符，Java 都是按照 Unicode 编码，按照 16 位存储，所以无须进行编码转换。

6.6.8 考题精讲

视频 6-23 考题
精讲：过滤流

1. Java 类库中，将数据写入内存的类是（　　）。

　　A. java.io.ByteArrayOutputStream

　　B. java.io.FileOutputStream

　　C. java.io.DataOutputStream

　　D. BufferedOutputStream

【**解析**】 java.io 提供了 ByteArrayOutputStream、ByteArrayInputStream、StringBufferInputStream 类，可直接访问内存。用 ByteArrayInputStream 类可以从字节数组中读取数据；ByteArrayOutputStream 类可以向字节数组写入数据，这两个类对于在内存中读/写数据都十分有用。问题的重点是数据写入内存的类，所以选择 A 选项。

2. 在下列程序的下画线处，应填入的正确选项是（　　）。

```
1    import java.io.*;
2    public class WriteInt {
3        public static void main(String[] args) {
4            int []myArry = {10,20,30,40};
5            try {
6                DataOutputStream dos = new DataOutputStream(new
7                FileOutputStream("ints.dat"));
8                for (int i = 0; i < myArry.length; i++)
9                { dos.writeInt(myArry[i]); }
10               dos._____;
11               System.out.println("Have written binary file ints.dat");
12           } catch (IOException e) {
```

```
13              System.out.println("IOException");
14          }
15      }
16  }
```

  A. start()   B. close()   C. read()   D. write()

【解析】 第 4 行代码创建了一维整型数组 myArray;第 6 行代码创建数据输出流对象 dos;第 8、9 行代码通过数据输出流对象将数组元素写入文件;第 10 行代码在数据信息写完后,就要及时关闭输出流对象,避免数据丢失,所以答案为 B 选项。

3. 下列代码将对象写入的设备是(   )。

```
ByteArrayOutputStream bout = new ByteArrayOutputStream();
ObjectOutputStream out = new ObjectOutputStream(bout);
```

  A. 网络   B. 屏幕   C. 硬盘   D. 内存

【解析】 本题考查的是输入/输出流及文件操作。ByteArrayOutputStream、ByteArrayInputStream 类可直接访问内存。writeObject()方法用来直接写入对象,因此写入的设备为内存。所以本题答案为 D 选项。

4. 在下列程序的下画线处应填入的正确选项是(   )。

```
1   import java.io.*;
2   public class WriteInt {
3       public static void main(String[] args) {
4           int []myArry = {10,20,30,40};
5           try {
6               DataOutputStream dos = new DataOutputStream(new ____("ints.dat"));
7               for (int i = 0; i < myArry.length; i++)
8               { dos.writeInt(myArry[i]); }
9               dos.close();
10              System.out.println("Have written binary file ints.dat");
11          } catch (IOException e) {
12              System.out.println("IOException");
13          }
14      }
15  }
```

  A. FileOutputStream   B. ByteArrayOutputStream
  C. BufferedOutputStream   D. FileWriter

【解析】 当使用 DataOutputStream 类的构造方法构建数据输出流对象时,其构造方法的参数为 OutputStream 类的对象,由于 OutputStream 为抽象类,自身无法创建出来,需要使用其实现类 FileOutputStream 来创建对象,因此第 6 行代码的空填写 FileOutputStream,答案为 A 选项。

5. 下列选项中属于 FilterInputStream 子类的是(   )。

  A. PrintWriter   B. BufferedInputStream
  C. ObjectOutputStream   D. ByteArrayInputStream

【解析】 FilterInputStream 类的作用是封装其他的输入流,并为它们提供额外的功能。它的常用子类有 BufferedInputStream 和 DataInputStream,所以本题答案为 B 选项。

6. Java 中 XML 流的相关类所在的包是（　　）。
   A. java.util.zip　　　　　　　　　　B. java.util.jar
   C. javax.xml.stream　　　　　　　　D. javax.imageio

   【解析】 A 选项的包提供压缩包解压操作的类；B 选项的包提供读/写 jar 文件的类；D 选项的包提供处理图片操作的类；C 选项的包提供读取 xml 文件的类。所以本题答案为 C 选项。

7. 在下列程序的下画线处应填入的正确语句或表达式是什么？

```
1    import java.io.*;
2    public class TestIn {
3        public static void main(String[] args) {
4            try {
5                FileReader fReader = new FileReader("score.txt");
6                _____;
7                String str;
8                while (_____) { System.out.println(str); }
9                bReader.close();
10           } catch (IOException e) { System.out.println("IOException"); }
11       }
12   }
```

   【解析】 进入 main() 方法后，就是 try…catch 语句，第 5 行代码是创建了一个 FileReader 类的对象 fReader，指定了数据来源文件为 score.txt，但是第 9 行代码使用了另外一个对象为 bReader，所以第 6 行代码就要定义这个对象，然后才能在后面使用该对象。第 6 行代码要让 fReader 对象作为一个参数来构建一个 bReader 对象，因此第 6 行代码要使用 BufferedReader 类来创建 bReader 对象，故第 6 行的空填写"BufferedReader bReader = new BufferedReader(fReader)"。第 8 行填写 while 的循环条件，此时要从文件中逐行读取数据，由于 str 为字符串，所以判定一次读取一行，因此第 8 行填写"(str = bReader.readLine())! = null"。

8. 下列选项中不属于过滤流的类是（　　）。
   A. BufferedInputStream　　　　　　B. DataInputStream
   C. RandomAccessFile　　　　　　　D. LineNumberInputStream

   【解析】 RandomAccessFile 类的唯一父类是 Object，与其他流的父类不同，是用来访问那些保存数据记录的文件的。RandomAccessFile 类不属于过滤流，所以本题答案为 C 选项。

9. 抽象类 Writer 中用于清空输出流，并将缓冲的字符全部写入输出流的方法是（　　）。
   A. print　　　　B. write　　　　C. flush　　　　D. close

   【解析】 将数据预存到缓冲池中，当数据的长度满足缓冲池中的大小时，才会将缓冲池中的数据成块地发送，若数据长度不满足缓冲池中的大小，需要继续存入，待数据满足预存大小后再成块发送。往往在发送文件的过程中，文件末尾的数据块不能满足缓冲池的大小，最终导致这部分的数据停留在缓冲池无法发送。这时就需要在 write() 方法后手动调用 flush() 方法，强制刷出缓冲池中的数据，从而保证流的物理资源被回收，因此本题答案为 C 选项。

10. 在下列程序的下画线处应填入的正确选项是( )。

```
1    import java.io.*;
2    import java.util.zip.*;
3    public class Exam {
4        public static void main(String[] args) {
5            try {
6                FileInputStream fis = new FileInputStream("1.zip");
7                ZipInputStream zis =new ZipInputStream(fis);
8                ZipEntry en;
9                while ((_____)!=null)
10               { en.getName(); zis.closeEntry(); }
11               zis.close();
12           } catch (IOException e) { System.out.println("IOException"); }
13       }
14   }
```

  A. en＝zis.getNextEntry()   B. en＝zis.getEntry()
  C. zis.getEntry()   D. zis.getNextEntry()

【解析】 进入 main()方法后,就是 try...catch 语句,其中第 6、7 行代码构建了读取 zip 文件的流 zis,第 8 行代码定义了 ZipEntry 对象 en。第 9 行代码是 while 判断,显然要判断是否可以继续向下读取,所以答案为 A 选项。

11. 不能处理 Unicode 编码的类是( )。
  A. DataInputStream   B. InputStreamReader
  C. BufferedReader   D. OutputStreamWriter

【解析】 字符流是字节流根据字节流所要求的编码集解析获得的,可以理解为:字符流＝字节流＋编码集。所以本题中和字符流有关的类都拥有操作 Unicode 编码的能力,因此 B、C、D 均可以处理。而 A 选项不是字符流,故本题答案是 A 选项。

12. Java 对输入/输出访问提供的同步处理机制是( )。
  A. 字节流 B. 字符流 C. 过滤流 D. 管道流

【解析】 过滤流是 Java 对 I/O 访问提供的同步处理机制,保证某个时刻只有一个线程访问一个 I/O 流。过滤流是 FilterInputStream 和 FilterOutputStream,故本题答案为 C 选项。

13. 建立一个压缩文件输入流,其操作的压缩文件是( )。
  A. InflaterInputStream 子类确定的对象
  B. InputStreamReader 子类确定的对象
  C. BufferedReader 子类确定的对象
  D. FileInputStream 子类确定的对象

【解析】 在 java.io 包中提供了对压缩文件进行操作的能力。它是通过压缩文件输入流与压缩文件输出流来实现的,其分别继承自 InflaterInputStream 与 DeflaterOutputStream。在创建压缩文件输入流时,其初始化参数是一个 FileInputStream 类的实例,也就是说其操作的具体对象是 FileInputStream 子类确定的对象。所以本题答案为 D 选项。

本章小结

本章小结内容以思维导图的形式呈现,请读者扫描二维码打开思维导图学习。

本章小结

习 题

一、选择题

1. 下列关于字节流的说法中,错误的是（　　）。
   A. 字节流又可以分为字节输入流和字节输出流
   B. 字节流又称为二进制流
   C. 字节流是抽象类 Reader 的子类
   D. 字节流的类存在于 java.io 包中

2. 下列选项中属于抽象类的是（　　）。
   A. InputStream　　　B. FileStream　　　C. FilterStream　　　D. FlaterStream

3. 下列叙述中正确的是（　　）。
   A. Writer 是一个写字符文件的接口
   B. Writer 是一个写字符文件的抽象类
   C. Writer 是一个写字节文件的一般类
   D. Writer 是一个写字节文件的抽象类

4. 不能处理 Unicode 编码的类是（　　）。
   A. DataInputStream　　　　　　　　B. InputStreamReader
   C. BufferedReader　　　　　　　　D. OutputStreamWriter

5. Java 对输入/输出访问提供的同步处理机制是（　　）。
   A. 字节流　　　B. 字符流　　　C. 过滤流　　　D. 管道流

6. 建立一个压缩文件输入流,其操作的压缩文件是（　　）。
   A. InflaterInputStream 子类确定的对象
   B. InputStreamReader 子类确定的对象
   C. BufferedReader 子类确定的对象
   D. FileInputStream 子类确定的对象

7. 判断一个文件是否可写的方法是（　　）。
   A. getWrite()　　　B. Write()　　　C. canWrite()　　　D. testWrite()

8. 下列关于 RandomAccessFile 类的描述中,错误的是（　　）。
   A. RandomAccessFile 类有 RandomAccessReader 和 RandomAccessWriter 两个子类实现输入和输出

B. RandomAccessFile 类提供了随机访问文件的功能

C. RandomAccessFile 类直接继承了 java.lang.Object 类

D. RandomAccessFile 类同时实现了 DataInput 和 DataOutput 接口

9. 下列类中,构造方法的参数使用了 ZipInputStream 类对象的是(　　)。

　　A. OutputStreamReader　　　　　　B. InputStreamReader

　　C. ZipOutputStream　　　　　　　　D. FileOutputStream

10. "RandomAccessFile rf=new RandomAccessFile("hello.txt","rw");"语句的功能是(　　)。

　　A. 打开当前目录下的 hello.txt 文件,既可以向文件写数据,也可以从文件读数据

　　B. 打开当前目录下的 hello.txt 文件,只可以向文件写数据,可以从文件读数据

　　C. 打开当前目录下的 hello.txt 文件,只可以从文件读数据,不可以向文件写数据

　　D. 打开当前目录下的 hello.txt 文件,既不可以向文件写数据,也不可以从文件读数据

11. 下列属于字符输入流类的是(　　)。

　　A. InputStreamReader　　　　　　　B. BufferedWriter

　　C. ObjectInputStream　　　　　　　D. FileInputStream

12. 新建一个流对象,下列代码错误的是(　　)。

　　A. new BufferedReader(new FileInputStream("abc.txt"));

　　B. new BufferedWriter(new FileWriter("abc.txt"));

　　C. new ObjectInputStream(new FileInputStream("abc.txt"));

　　D. new GZipOutputStream(new FileOutputStream("abc.txt"));

13. 下列字节流输入流中,可以使用文件名作为参数的是(　　)。

　　A. FileInputStream　　　　　　　　B. FileOutputStream

　　C. DataOutputStream　　　　　　　D. BufferedReader

二、程序填空题

1. 下列代码实现了从一个文件中读取字符并输出的功能,请将代码补充完整。

```
import java.io.*;
public class Test{
    public static void main(String[] args){
        String str = "";
        String r="";
        try{
            BufferedReader br = new BufferedReader(new _____("d:\\test.txt"));
            while((r=br.readLine())!=null){
                str +=r;
            }
            System.out.println(str);
        }catch(IOException e){
            System.out.println("文件读取错误!");
        }
```

        }
    }

2. 下列程序实现了对 ZIP 文件的读取。若程序正确运行,则在下画线上填入代码。

```
import Java.io.*;
import java.util.*;
import java.util.zip.*;
public class Exam{
    pubic static void main(String[] args) {
        try{
            FileInputStream fis = new FileInputStream("1.zip");
            ZipInputStream zis = new ZipInputStream(fis);
            ZipEntry en;
            while((_____)!=null){
                en.getName();
                zis.closeEntry();
            }
            zis.close();
        }catch(Exception e) {
            e.printStackTrace();
        }
    }
}
```

3. 下列程序的功能是将字符串"ABCDE"写进 text.txt 文件,在下画线处填入相应的语句。

```
import java.io.*;
public class Exam{
    public static void main(String[] args){
        try{
            String s="ABCDE";
            byte b[]=s.getBytes();
            FileOutputStream file = new FileOutputStream("text.txt",true);
            _____;
            file.close();
        }catch(IOException e){
            System.out.println(e.toString());
        }
    }
}
```

三、看程序并写结果

假设在当前目录下不存在 text.txt 文件,下列程序执行三次后,text.txt 文件的内容是( )。

```
import java.io.*;
public class Exam{
```

140

```
public static void main(String[ ] args){
    try{
        String s= "ABCDE";
        byte b[ ]=s.getBytes();
        FileOutputStream file= new FileOutputStream("text.txt",true);
        file.write(b);
        file.close();
    }catch(IOException e){
        System.out.println(e.toString());
    }
}
}
```

本章习题答案

第 7 章　Java 的线程

用华罗庚的统筹方法来解决生活中常见的"烧开水泡茶"问题，可巧妙利用烧开水的 15 分钟来完成洗茶壶、洗茶杯、拿茶叶的零碎工作，既节约了时间，又提升了工作效率。如果实际处理工作的人就是计算机世界中的 CPU，那么洗水壶(1 分钟)、烧开水(15 分钟)、洗茶壶(1 分钟)、洗茶杯(5 分钟)、拿茶叶(1 分钟)，就是人要处理的泡茶的各个执行流程，如果按照顺序执行需要 23 分钟。但烧开水的流程只需要人发送给终端设备煤气灶处理即可，从而腾出时间，于是可顺次完成洗茶壶、洗茶杯、拿茶叶的执行流程，达到与烧开水并行执行的目的，仅需 16 分钟就能完成任务。程序设计世界中的线程，就是将一个完整的较大的流程切割为多个较小的流程，利用统筹学的原理轮换占用 CUP，获得计算机的并行执行能力。

本章主要内容：
- 深入理解线程的概念。
- 掌握创建线程的两种方法。
- 理解线程的生命周期并能通过案例进行验证。
- 掌握线程的优先级与基本控制方法。
- 掌握线程的同步以及在实际问题中的应用。

本章教学目标

7.1　线程的两种方式

7.1.1　什么是线程

线程是指进程中的一个执行流程，一个进程可以运行多个线程。进程(process)是计算机中程序关于某数据集合上的一次运行活动，是系统进行资源分配和调度的基本单位，是操作系统结构的基础。在早期，面向进程设计的计算机结构中，进程是程序的基本执行实体；在当代面向线程设计的计算机结构中，进程就是线程的容器。比如 Process.class 进程就包含多个共享内存的线程。线程的"同时"执行是给用户的感觉，在实际上多个线程之间是轮换使用 CPU 的。

视频 7-1　理论精解：线程的两种方式——Thread 类和 Runnable 接口

7.1.2　创建线程的方法 1：继承 Thread 类

通过继承 Thread 类来创建并启动多线程的步骤如下。

（1）定义 Thread 类的子类，并重写该类的 run()方法，该方法的方法体就代表了线程需要完成的任务，因此 run()方法称为线程的执行体。

（2）创建 Thread 子类的实例，即创建了线程的对象。

（3）调用线程对象的 start()方法来创建并启动多线程。

7.1.3 实践演练 1

视频 7-2 实践演练：使用 Thread 类创建线程

实例 7-1 使用继承 Thread 类的方法创建线程。

定义两个线程类，均继承自 Thread 类，并重写 run()方法。在主调测试类（ThreadTest）中开启线程。

```
1    class ThreadOne extends Thread{
2        @Override
3        public void run() {
4            //自动生成方法存根
5            for (int i = 0; i < 10; i++) {
6                System.out.println("ThreadOne:"+i);
7            }
8        }
9    }
10   class ThreadTwo extends Thread{
11       @Override
12       public void run() {
13           //自动生成方法存根
14           for (int i = 0; i < 10; i++) {
15               System.out.println("ThreadTwo:"+i);
16           }
17       }
18   }
19   public class ThreadTest {
20       public static void main(String[] args) {
21           //自动生成方法存根
22           ThreadOne one = new ThreadOne();
23           ThreadTwo two = new ThreadTwo();
24           one.start();
25           two.start();
26       }
27   }
```

运行结果如下（通过 Eclipse 编译器的运行结果）：

```
ThreadOne:0
ThreadOne:1
ThreadTwo:0
ThreadTwo:1
ThreadTwo:2
ThreadTwo:3
ThreadTwo:4
```

```
ThreadTwo:5
ThreadTwo:6
ThreadTwo:7
ThreadTwo:8
ThreadTwo:9
ThreadOne:2
ThreadOne:3
ThreadOne:4
ThreadOne:5
ThreadOne:6
ThreadOne:7
ThreadOne:8
ThreadOne:9
```

程序解析：该实例采用了继承 Thread 类的方法创建线程。ThreadOne 类和 ThreadTwo 类均继承自 Thread 类，所以均要实现 Thread 类中的 run()方法，两个类中的 run()方法都是一样的，就是要循环 10 次，输出本次是哪个线程第几次打印的信息。ThreadTest 类是主调测试类。由于 ThreadOne 类和 ThreadTwo 类是 Thread 类的子类，因此首先创建了 ThreadOne 类和 ThreadTwo 类的对象，分别为 one 和 two。然后使用 one 和 two 这两个对象调用 start()方法，开启两个线程。此时 ThreadOne 和 ThreadTwo 两个线程谁抢占了 CPU，则谁来打印信息，结果显示了两个线程交替打印的情况。可以反复执行此程序观察结果，发现每次执行的结果都有所差别，由此可感受线程的神奇作用。尽管每次打印的结果不同，但是从整体上来看，针对每个线程而言，1~10 的递增顺序保持不变。

7.1.4 创建线程的方法2：实现 Runnable 接口

通过实现 Runnable 接口来启动多线程的步骤如下。
（1）定义类，实现 Runnable 接口。
（2）实现 Runnable 接口中的 run()方法，将线程要运行的代码放入 run()方法中。
（3）通过 Thread 类建立线程对象。此时，需要将实现了 Runnable 接口的子类对象作为实际参数传递给 Thread 类的构造方法。
（4）调用 Thread 类的 start()方法开启线程，并自动调用 Runnable 接口子类的 run()方法。

视频 7-3 实践演练：使用 Runnable 接口创建线程

7.1.5 实践演练2

实例 7-2 通过实现 Runnable 接口来创建线程。

定义两个线程类，均实现 Runnable 接口，并执行 run()方法。在主调测试类 RunnableTest 中开启线程。

```
1    class ThreadOne implements Runnable{
2        @Override
```

```
3      public void run() {
4          //自动生成方法存根
5          for (int i = 0; i < 10; i++) {
6              System.out.println("ThreadOne"+i);
7          }
8      }
9  }
10 class ThreadTwo implements Runnable{
11     @Override
12     public void run() {
13         //自动生成方法存根
14         for (int i = 0; i < 10; i++) {
15             System.out.println("ThreadTwo"+i);
16         }
17     }
18 }
19 public class RunnableTest {
20     public static void main(String[] args) {
21         //自动生成方法存根
22         Thread one = new Thread(new ThreadOne());
23         Thread two = new Thread(new ThreadTwo());
24         one.start();
25         two.start();
26     }
27 }
```

运行结果如下（通过 Eclipse 编译器的运行结果）：

```
ThreadOne0
ThreadTwo0
ThreadOne1
ThreadTwo1
ThreadTwo2
ThreadTwo3
ThreadTwo4
ThreadTwo5
ThreadTwo6
ThreadTwo7
ThreadTwo8
ThreadTwo9
ThreadOne2
ThreadOne3
ThreadOne4
ThreadOne5
ThreadOne6
ThreadOne7
ThreadOne8
ThreadOne9
```

程序解析：该实例采用了实现 Runnable 接口的方法来创建线程。ThreadOne 类和 ThreadTwo 类均实现了 Runnable 接口，因此 ThreadOne 类和 ThreadTwo 类都要实现

Runnable 接口中的 run()方法,两个类中的 run()方法都是一样的,就是要循环 10 次,输出本次是哪个线程第几次打印的。RunnableTest 类是主调测试类。由于 ThreadOne 和 ThreadTwo 类均是通过实现了 Runnable 接口构建的线程,因此要首先通过 Thread 类的构造方法创建 Thread 的对象 one 和 two。创建 one 和 two 对象时,向构造方法传递参数,此时参数分别为 ThreadOne 和 ThreadTwo 的对象,即指定通过哪个类来创建的线程。接着使用 one 和 two 线程对象调用 start()方法,开启两个线程。ThreadOne 类和 ThreadTwo 类的两个线程谁抢占了 CPU 则谁来打印,因此出现了两个线程交替打印的情况。可以反复执行此程序观察结果,发现每次执行的结果都有所差别。尽管每次打印的结果不同,但是从整体上来看,针对每个线程而言,1~10 的递增顺序保持不变。

视频 7-4 考题精解:线程的两种创建方式

7.1.6 考题精讲

1. 下列关于 Java 语言线程的叙述中,正确的是(　　)。
   A. 线程是由代码、数据、内核状态和一组寄存器组成
   B. 线程间的数据是不共享的
   C. 因多线程并发执行而引起的执行顺序的不确定性可能造成执行结果的不确定
   D. 用户只能通过创建 Thread 类的实例或定义、创建 Thread 子类的实例,建立和控制自己的线程

【解析】 一个标准的线程由线程 ID、当前指令指针(PC)、寄存器集合和堆栈组成,A 选项错误;线程间的数据可以共享,B 选项错误;多线程具有并发性,多线程同时运行,结果可能出现紊乱,因此需要使用同步和异步机制,C 选项正确;线程创建除了继承 Thread 类之外还可以实现 Runnable 接口,D 选项错误。因此本题答案为 C 选项。

2. 下列叙述中,正确的是(　　)。
   A. 线程和进程在概念上是不相关的
   B. 一个线程可包含多个进程
   C. 一个进程可包含多个线程
   D. Java 中的线程没有优先级

【解析】 进程与线程的关系:进程是程序的一次动态执行,是代码从加载到执行完毕的一个完整的过程。作为执行蓝本的同一段程序,可以被多次加载到系统的不同内存区域执行,形成不同的线程。线程是比进程更小的单位。由于每个线程都是一个独立执行的程序,因此一个包含多线程的进程也能实现多项任务的并发执行,所以说一个进程可以包含多个线程。本题答案为 C 选项。

3. 阅读下列代码,编译运行代码的结果是(　　)。

```
1    public class Test implements Runnable{
2        public static void main(String[] args) {
3            Thread tt = new Thread(new Test());
4            tt.start();
5        }
6        public void run(Thread t) {
```

```
7            System.out.println("Running.");
8        }
9    }
```

A. 抛出一个异常　　　　　　　　　　B. 没有输出并正常结束

C. 输出"Running."并正常结束　　　　D. 出现一个编译错误

【解析】 Runnable 接口中的 run()方法没有参数列表,重写时不能添加参数列表,编译出错。D 选项正确,故本题答案为 D 选项。

4. 下列程序要求打印 5 行"祝你成功!",必须改正程序中的某行代码程序才能完成。则正确的修改是(　　)。

```
1    public class Try extends Thread{
2        public static void main(String[] args) {
3            Try t = new Try();
4            t.start();
5        }
6        public void run(int j) {
7            int i = 0;
8            while(i<5){ System.out.println("祝你成功!"); i++; }
9        }
10   }
```

A. 将第 1 行的 extends 改为 implements Runnable

B. 将第 3 行的 new Try()改为 new Thread()

C. 将第 4 行的 t.start()改为 t.start(t)

D. 将第 6 行的 public void run(int j)改为 public void run()

【解析】 Try 类继承自 Thread 类,就必须实现父类的 run()抽象方法。run()方法没有参数列表,加上参数就不是方法的重写了,而线程要求必须重写 run()方法,故答案为 D 选项。

5. Java 中的线程模块由三部分组成,与线程模型组成无关的是(　　)。

A. 虚拟的 CPU　　　　　　　　　　B. 程序代码

C. 操作系统的内核状态　　　　　　D. 数据

【解析】 Java 中线程模型包含 3 部分:一个虚拟的 CPU、该 CPU 执行的代码、代码所操作的数据,因此本题答案为 C 选项。

6. 阅读下列代码,下列叙述正确的是(　　)。

```
1    public class Test implements Runnable{
2        public static void main(String[] args) {
3            Test t = new Test();
4            t.start();
5        }
6        public void run() { }
7    }
```

A. 程序不能通过编译,因为 start()方法在 Test 类中没有定义

B. 程序编译通过,但运行时出错,提示 start()方法没有定义

C. 程序不能通过编译,因为 run()方法没有定义方法体

D. 程序编译通过,且运行正常

【解析】 start()是 Thread 类的方法。Test 类实现了 Runnable 接口,Runnable 接口中只定义了一个抽象方法 run(),Test 类不能调用 start()方法。编译时会出现 start()方法未定义的错误,因此本题选择 A 选项。修改方法是将第 3 行要改为"Thread t = new Thread(new Test());"。

7. 下列有关 Java 线程的说法中,正确的是(　　)。

　　A. Java 中的线程模型包括虚拟的 CPU 和程序代码两部分

　　B. Java 中,程序的一次执行对应一个线程

　　C. 线程创建后需要通过调用 start()方法启动运行

　　D. 只有 Java 能够支持基于多线程的并发程序设计

【解析】 Java 中的线程模型包括虚拟的 CPU、程序代码以及代码操作的数据三部分,A 选项错误;Java 中可以一次执行多个线程,线程并发执行,B 选项错误;线程启动只有 start()方法,C 选项正确;不仅 Java 支持多线程,C 语言、C++ 等都支持多线程,D 选项错误。

8. 阅读下列代码,在程序下画线处填入正确的选项是(　　)。

```
1    public class Test _____{
2        public static void main(String[] args) {
3            Thread t = new Test();
4            t.start();
5        }
6        public void run() { System.out.println("How are you."); }
7    }
```

　　A. extends Thread　　　　　　　B. extends Runnable

　　C. implements Runnable　　　　D. implements Thread

【解析】 创建线程有两个方法:实现 java.lang.Runnable 接口和继承 Thread 类并重写 run()方法。本程序通过"Thread t = new Test();"可以看出是通过继承 Thread 类来创建进程。本题答案为 A 选项。如果要选择 C 选项,即通过实现 java.lang.Runnable 接口的方法来创建进程,第 3 行代码要改为"Thread t = new Thread(new Test());"。

9. 下列关于线程的说法,错误的是(　　)。

　　A. 线程是内核级实体,用户程序不能直接访问线程的数据

　　B. 线程是一个程序中的单个执行流

　　C. Java 的一个重要特性是在语言级支持多线程

　　D. Java 中的线程模型包含 CPU、代码和数据三个部分

【解析】 线程是程序中一个单一的顺序控制流程。进程内有一个相对独立的、可调度的执行单元,是系统独立调度和分派 CPU 的基本单位,是指令运行时的程序调度单位。Java 的特征之一就是包含多线程处理。Java 的线程模型由三个部分组成:CPU、代码和数据。因此,B、C、D 选项叙述正确,故 A 选项叙述错误,线程是用户级实体,驻留在用户空间中。

10. 下列关于 Java 线程的说法中,正确的是(　　)。

　　A. 线程是用户级实体,线程结构驻留在用户空间中

　　B. Thread 类属于 java.util 程序包

C. Java 中的线程模型只包含代码和数据两部分

D. Java 中的线程就是进程

【解析】 Thread 类属于 java.lang 包，B 选项错误；Java 中的线程模型包含三部分，代码、数据和一个虚拟的 CPU，C 选项错误；一个进程拥有多个线程，D 选项错误；线程是用户级实体，线程驻留在用户空间中，因此 A 选项正确。

11. 下列关于 Java 线程的说法，正确的是（　　）。

　　A. Java 中的线程由代码、虚拟的 CPU 以及代码所操作的数据构成

　　B. 线程是操作系统层的执行单元

　　C. 线程是一种特殊的进程

　　D. 线程代码是线程私有的

【解析】 有线程的操作系统，线程就是执行单位，进程就是资源拥有的单位。没有线程的操作系统，进程既是执行单位也是资源拥有单位。线程和进程是隶属关系，一个线程只能属于一个进程，而一个进程可以有多个线程。一个进程由一个或多个线程构成，各线程共享相同的代码和全局数据。本题答案为 A 选项。

7.2　线程的生命周期

7.2.1　什么是线程的生命周期

Java 的线程是通过 java.lang 包中的 Thread 类来实现的。Thread 类本身只是线程的虚拟 CPU，线程要执行的代码通过 run() 方法实现，run() 方法为线程体。当生成一个 Thread 类的实例后，就建立了一个线程。通过对该实例的操作，可实现线程的启动、终止或挂起等操作。

视频 7-5　理论精解：
线程的生命周期

线程一共有 5 种状态：新建、就绪、运行、阻塞和死亡。线程各个状态之间的转换关系如图 7-1 所示。

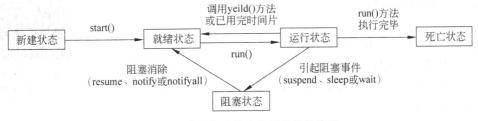

图 7-1　线程各个状态之间的转换关系

7.2.2　新建状态

在程序中用构造方法创建了一个线程对象后，新生成的线程对象便处于新建状态，此

时,该线程仅仅是一个空的线程对象,系统不为它分配相应的资源,并且还处于不可运行状态。

7.2.3 就绪状态

新建线程对象后,调用该线程的 start()方法就可以启动线程。当线程启动时,线程进入就绪状态。此时,线程将进入线程队列排队,等待 CPU 服务,这表明它已经具备了运行条件。

7.2.4 运行状态

当就绪状态的线程被调用并获得处理器资源时,线程进入运行状态。此时,自动调用该线程对象的 run()方法。run()方法中定义了该线程的操作和功能。

7.2.5 阻塞状态

一个正在执行的线程在某些特殊情况下放弃 CPU 而暂时停止运行,如果被人为挂起或需要执行费时的输入/输出操作时,将让出 CPU 并暂时终止自己的执行,进入阻塞状态。在运行状态下,如果调用 sleep()、suspend()、wait()等方法,线程将进入阻塞状态。阻塞状态中的线程,Java 虚拟机不会为其分配 CPU,直到引起阻塞的原因被消除后,线程才可以转入就绪状态,从而获得运行的机会。

7.2.6 死亡状态

线程调用 stop()方法时或 run()方法执行结束后,线程即处于死亡状态,结束了生命周期。处于死亡状态的线程不具有继续运行的能力。线程的生命周期宣告结束。

7.2.7 实践演练

实例 7-3 测试线程的生命周期。
(1) 创建两个线程。
(2) 创建构造方法,重写 start()方法和 run()方法。当满足一定条件时让线程阻塞。
(3) 模拟测试出线程的生命周期。

视频 7-6 实践演练:测试线程的生命周期

```
1    class ThreadOne extends Thread{
2        public ThreadOne() {
3            //自动生成构造器存根
4            System.out.println("new ThreadOne...");
5        }
6        @Override
```

```java
7   public synchronized void start() {
8       //自动生成方法存根
9       System.out.println("start ThreadOne");
10      super.start();
11  }
12  @Override
13  public void run() {
14      //自动生成方法存根
15      for (int i = 0; i < 5; i++) {
16          System.out.println("run ThreadOne"+i);
17          if(i%2==0){
18              try {
19                  System.out.println("sleep ThreadOne...");
20                  sleep(2000);
21              } catch (InterruptedException e) {
22                  //自动生成 catch 代码块
23                  e.printStackTrace();
24              }
25          }
26      }
27
28  }
29 }
30 class ThreadTwo extends Thread{
31     public ThreadTwo() {
32         //自动生成构造器存根
33         System.out.println("new ThreadTwo...");
34     }
35     @Override
36     public synchronized void start() {
37         //自动生成方法存根
38         System.out.println("start ThreadTwo");
39         super.start();
40     }
41     @Override
42     public void run() {
43         //自动生成方法存根
44         for (int i = 0; i < 5; i++) {
45             System.out.println("run ThreadTwo"+i);
46             if(i%2==0){
47                 try {
48                     System.out.println("sleep ThreadTwo...");
49                     sleep(2000);
50                 } catch (InterruptedException e) {
51                     //自动生成 catch 代码块
52                     e.printStackTrace();
53                 }
54             }
55         }
56
57     }
```

```
58      }
59  public class ThreadPeriodTest {
60      public static void main(String[] args) {
61          //自动生成方法存根
62          ThreadOne one = new ThreadOne();
63          ThreadTwo two = new ThreadTwo();
64          one.start();
65          two.start();
66      }
67  }
```

运行结果如下(通过 Eclipse 编译器的运行结果):

```
new ThreadOne...
new ThreadTwo...
start ThreadOne
start ThreadTwo
run ThreadOne0
sleep ThreadOne...
run ThreadTwo0
sleep ThreadTwo...
run ThreadOne1
run ThreadTwo1
run ThreadTwo2
sleep ThreadTwo...
run ThreadOne2
sleep ThreadOne...
run ThreadOne3
run ThreadOne4
sleep ThreadOne...
run ThreadTwo3
run ThreadTwo4
sleep ThreadTwo...
```

程序解析：本实例一共有两个线程类：一个为 ThreadOne，另一个为 ThreadTwo，两个线程类都是通过继承 Thread 类，形成 Thread 类的子类来构建线程类。

第 2~5 行代码和第 31~34 行代码分别为 ThreadOne 类和 ThreadTwo 类的构造方法，ThreadOne 类的构造方法打印"new ThreadOne..."，ThreadTwo 类的构造方法打印"new ThreadTwo..."，用来区分两个线程对象的创建。当创建一个线程时，该线程处于新建状态。

第 7~11 行代码和第 36~40 行代码是对 start()方法的重写，由于 ThreadOne 和 ThreadTwo 是 Thread 类的子类，Thread 类中有 start()方法，因此重写父类的 start()方法时，会默认先使用 super 关键字调用父类的 start()方法，于是就有了第 10 行代码和第 39 行代码。第 9 行代码和第 38 行代码分别打印"start ThreadOne"和"start ThreadTwo"，提示用户此时启动了子类的 start()方法，并说明当前启动的是哪个子类的 start()方法。调用 start()方法后，线程处于就绪状态。

由于线程需要运行，所以要重写 run()方法。在 run()方法中要做 for 循环，循环执行

5次,第16～25行代码和第45～54行代码为run()方法中for循环的循环体。第16行代码和第45行代码打印了当前是哪个线程运行的第几次for循环。如果第i次运行时,当i的值为2的倍数时,就需要让当前的线程停下来,休息两秒,让出CPU,让另外一个线程来执行。所以在第20行代码和第49行代码就要调用sleep()方法,在调用sleep()方法时,就是让当前线程阻塞,从运行态到达阻塞态。sleep()方法在执行的过程中可能会产生异常,于是要使用try...catch语句将其包起来,该异常为中断异常,即InterruptedException。因为调用了sleep()方法,所以线程要进入阻塞状态,此时要打印一句话,提示用户当前是哪个线程处于休息状态,所以第19行代码和第48行代码分别打印"sleep ThreadOne..."和"sleep ThreadTwo..."。

主调测试类为ThreadPeriodTest,第59～67行代码在main()方法中首先创建了ThreadOne类和ThreadTwo类的对象one和two。此时将调用ThreadOne类和ThreadTwo类的构造方法创建线程对象,执行到第4行代码,打印"new ThreadOne...";执行到33行代码,打印"new ThreadTwo..."。接下来分别调用了one对象和two对象的start()方法,于是执行到第9行代码和第38行代码分别打印start ThreadOne和start ThreadTwo。之后两个线程将自动启动run()方法,由于run()方法执行的过程中会产生停顿,让出CPU,所以两个线程会交替执行。

7.2.8 考题精讲

1. 如果线程正处于运行状态,则它可能达到的下一个状态是(　　)。
   A. 只有终止状态
   B. 只有阻塞状态和终止状态
   C. 其他所有状态
   D. 可运行状态,阻塞状态,终止状态

视频7-7 专题精
讲:线程的
生命周期

【解析】 如果线程正处于运行状态,则它可能达到的下一个状态可以是可运行状态、阻塞状态、终止状态中的任一种,故本题答案为D选项。

2. 在创建一个新的线程后,为了使线程能够运行,需要调用的方法是(　　)。
   A. init()　　　　　B. start()　　　　　C. run()　　　　　D. main()

【解析】 创建一个新的线程,为了使线程能够运行,需要调用的方法是start(),故本题答案为B选项。

3. 下列关于Java线程的说法,正确的是(　　)。
   A. 当线程运行run()方法时,线程处于运行状态
   B. 线程是java.cpu中的Thread类的实例
   C. 线程调用了sleap()方法后,将进入终止状态
   D. 线程的状态包括新建、运行、阻塞和终止

【解析】 当JVM将CPU的使用权切换给当前线程时,如果线程是Thread类的子类创建,则会立即执行该类中的run()方法,A选项正确;B选项中java.cpu的说法是错误的;线程调用sleep()方法后进入的是中断状态,C选项错误;D选项中少了就绪这一状态,线程的状态共包括新建、就绪、运行、阻塞和终止。故本题答案为A选项。

7.3 线程的优先级与基本控制

7.3.1 线程的优先级

线程的优先级是为了在多线程环境中便于系统对线程的调度,优先级越高先执行机会越大。一个线程的优先级设置遵从以下原则。

(1) 线程创建时,子线程继承父线程的优先级。

(2) 线程创建后,可通过调用 setPriority() 方法改变其优先级。

线程的优先级是 1~10 的正整数,线程优先级最高为 10,最低为 1,默认为 5。

视频 7-8 理论精解:线程的优先级与基本控制

7.3.2 线程的 sleep() 方法

sleep() 方法的作用是让当前线程休眠,即当前线程会从"运行状态"进入"休眠(阻塞)状态"。sleep() 会指定休眠的时间,线程休眠的时间会大于或等于该休眠时间;在线程重新被唤醒时,它会由"阻塞状态"变为"就绪状态",从而等待 CPU 的调度执行。

7.3.3 线程的 yield() 方法

yield() 方法为线程的让步方法。顾名思义,就是说当一个线程使用了这个方法后,它就会把自己的 CPU 执行的时间让掉,让自己或者其他同级别的线程运行,此时也包含自己本身,而不是仅仅让给其他同级别的线程,因为与自己级别相同的线程也包含它自己。yield() 的作用是让步,它能让当前线程由"运行状态"进入"就绪状态",从而让其他具有相同优先级的等待线程获取执行权。但是并不能保证当前线程调用了 yield() 方法之后,其他具有相同优先级的线程就一定获得执行权,因为也可能是当前线程自身又一次进入了"运行状态"继续运行。

7.3.4 线程的 join() 方法

join() 方法的意思是放弃当前线程的执行,并返回对应的线程。

例如,程序在主线程中调用 s 线程的 join() 方法,此时主线程将放弃 CPU 的控制权,s 线程继续执行,直到 s 线程执行完毕为止,主线程才能获得执行权。

整个过程就相当于在主线程中同步了 s 线程,s 线程执行完毕,主线程才能接着执行。

join() 的具体用例如下所示。

```
1    //主线程
2    public class Father extends Thread {
3        public void run() {
```

```
4              Son s = new Son();
5              s.start();
6              s.join();
7              ...
8          }
9      }
10     //子线程
11     public class Son extends Thread {
12         public void run() {
13             ...
14         }
15     }
```

知识小贴士 7-1
让多线程和谐共生、美美与共

上面的代码有两个类 Father（主线程类）和 Son（子线程类）。因为 Son 类是在 Father 类中创建并启动的，所以，Father 是主线程类，Son 是子线程类。在 Father 主线程中，通过 new Son() 新建 "子线程 s"。接着第 5 行代码通过 s.start() 启动子线程 s，第 6 行代码调用 s.join()。在调用 s.join() 之后，Father 主线程会一直等待，直到 "子线程 s" 运行完毕；在 "子线程 s" 运行完毕，Father 主线程才能接着运行。因此，join() 方法的作用是让主线程等待子线程结束之后才能继续运行。

7.3.5 线程的 interrupt() 方法

调用一个线程的 interrupt() 方法，会把线程的状态改为中断状态，其中又可以细分为两个方面。

（1）对于因执行了 sleep()、wait()、join() 方法而休眠的线程。调用 interrupt() 方法会使它们不再休眠，且抛出 InterruptException 异常。比如一个 A 线程正处于阻塞状态，这时另外一个程序去调用了 A 线程的 interrupt() 方法，这时会迫使 A 线程不再休眠，并同时抛出 InterruptException 异常，从而提前使线程逃离阻塞状态。

（2）对于正在运行的线程，即没有被阻塞的线程，调用 interrupt() 方法就只是把 A 线程的状态改为 interruptted，但是不会影响 A 线程继续执行。

视频 7-9 实践演练：线程优先级的基本控制

7.3.6 实践演练

实例 7-4 线程优先级基本控制的方法和实现案例。

（1）构建继承自 Thread 类的 FatherThread 类和 SonThread 类作为线程类。使用 join() 方法实现在主线程 FatherThread 中启动子线程 SonThread。

（2）构建主调测试类，完成案例的测试。

```
1   public class ThreadPriorityTest {
2       public static void main(String[] args) {
3           //自动生成方法存根
4           FatherThread father = new FatherThread("FatherThread");
5           father.start();
```

```java
6        }
7    }
8    class FatherThread extends Thread{
9        private String name;
10       public FatherThread(String name) {
11           //自动生成构造器存根
12           this.name = name;
13       }
14       @Override
15       public void run() {
16           //自动生成方法存根
17           for (int i = 0; i < 5; i++) {
18               System.out.println(name+i);
19               if(i>=2){
20                   SonThread son = new SonThread("SonThread");
21                   son.start();
22                   try {
23                       son.join();
24                   } catch (InterruptedException e) {
25                       //自动生成 catch 代码块
26                       e.printStackTrace();
27                   }
28               }
29           }
30       }
31   }
32   class SonThread extends Thread{
33       private String name;
34       public SonThread(String name) {
35           //自动生成构造器存根
36           this.name = name;
37       }
38       @Override
39       public void run() {
40           //自动生成方法存根
41           for (int i = 0; i < 5; i++) {
42               System.out.println(name+i);
43               if(i>=2){
44                   yield();
45               }
46               if(i>=3){
47                   interrupt();
48               }
49           }
50       }
51   }
```

运行结果如下(通过 Eclipse 编译器的运行结果):

```
FatherThread0
FatherThread1
FatherThread2
```

```
SonThread0
SonThread1
SonThread2
SonThread3
SonThread4
FatherThread3
SonThread0
SonThread1
SonThread2
SonThread3
SonThread4
FatherThread4
SonThread0
SonThread1
SonThread2
SonThread3
SonThread4
```

程序解析：ThreadPriorityTest 类为主调测试类，FatherThread 为主线程，SonThread 为子线程。FatherThread 和 SonThread 两个线程类均通过继承 Thread 类来构建。

在 FatherThread 类中，第 9 行代码设置了私有属性 name，代表线程的名字。第 10～13 行代码为 FatherThread 类的带参构造方法，通过构造方法实现 name 属性值的注入。第 15～30 行代码为 FatherThread 类的 run()方法。run()方法中要执行循环，累计循环 5 遍。第 18 行代码进入每次循环后，先打印出线程的名字以及是第几次循环。第 19～28 行代码当 i 大于或等于 2 时，在 FatherThread 类中创建子线程 SonThread 类的对象 son。第 20 行代码调用子线程 SonThread 的带参构造方法，为子线程的私有属性 name 赋值为 "SonThread"，于是转去执行 34～37 行代码。第 21 行代码调用子线程的 start()方法启动子线程。接下来第 23 行代码调用 son.join()中断主线程，此时 join()方法要求子线程要完全执行完毕后才能再执行主线程。join()方法有可能会产生 InterruptedException 异常，所以需要用 tyr...catch 语句包起来。

主线程的创建在主调测试类中进行，由于 FatherThread 是 Thread 类的子类，所以第 4 行代码构建 FatherThread 主线程对象 father，通过调用带参构造方法为主线程传参，私有属性接收到的 name 值为"FatherThread"。第 5 行代码调用 start()方法启动主线程。

子线程的 run()方法有另外的设置，第 41～49 行代码的 for 循环要执行 5 次，每次都要打印子线程的名字和执行的次数。如果没有第 43～48 行代码，一旦通过主线程启动了子线程，就要子线程 5 次循环全部执行完毕，主线程才能继续执行。但是第 43～45 行代码进行了判断，当循环变量 i 大于或等于 2 时，执行 yield()方法，使子线程让步于主线程，所以此时子线程可以继续执行，也可以唤醒与它同级别的线程继续执行。第 46～48 行代码判断当 i 大于或等于 3 时，中断当前子线程。但是运行结果显示，子线程执行的过程无法中断，其主要原因就是因为第 23 行代码执行了 join()方法，该方法会强制子线程完全执行完毕才能执行主线程，即便第 44 行代码执行了让步方法，第 47 行代码执行了中断方法，也无法改变主线程被阻塞掉的结果。

请各位同学调整主线程和子线程中循环的次数，观察运行结果的变化。

7.3.7 考题精讲

1. 下列方法被调用后,一定使调用线程改变当前状态的是( )。
   A. notify() B. sleep()
   C. yield() D. isAlive()

视频 7-10 考题精讲:线程的优先级与基本控制

【解析】 调用某个对象的 notify() 方法,能够唤醒一个正在等待这个对象的对象锁的线程。如果有多个线程都在等待这个对象的对象锁,则只能唤醒其中一个线程,A 选项错误。sleep() 方法使当前线程进入停滞状态,所以执行 sleep() 方法的线程在指定时间内肯定不会执行。yield() 方法应该做的是让当前运行线程回到可运行状态(就绪状态),以允许具有相同优先级的其他线程获得运行机会,但有可能没有效果,故 B 选项正确,C 选项错误。isAlive() 方法的功能是判断当前线程是否处于活动状态,D 选项错误。本题答案为 B 选项。yield() 方法让当前正在运行的线程回到可运行状态(就绪状态),让出 CPU,以允许具有相同优先级的其他线程获得运行的机会。因此,使用 yield() 方法的目的是让具有相同优先级的线程之间能够适当地轮换执行。但是,实际中无法保证使用 yield() 方法达到让步的目的,由于让步的线程和被调用线程都是同一级别的,所以让步的线程也在被调度线程的序列中,可能被再次选中。结论:大多数情况下,yield() 方法将导致线程从运行状态转到可运行状态,但有可能没有效果。

2. 如果线程正处于运行状态,可使该线程进入阻塞状态的方法是( )。
   A. yield() B. start() C. wait() D. notify()

【解析】 如果发生下面三种情况时,处于运行状态的线程就进入阻塞状态。
(1) 线程调用 sleep() 方法、join() 方法和 wait() 方法时,该线程就进入阻塞状态。
(2) 如果线程中使用 synchronized 来请求对象的锁且未获得时,也会进入阻塞状态。
(3) 如果线程中有输入/输出操作,则线程也会进入阻塞状态,待输入/输出操作结束后,线程进入可运行状态。故本题答案为 C 选项。

3. 可以使当前同优先级线程重新获得运行机会的方法是( )。
   A. yield() B. join() C. sleep() D. interrupt()

【解析】 本题考查线程的基本控制。Thread 类提供的基本线程控制方法如下。
(1) yield():使具有与当前线程相同优先级的线程(包括本线程)有运行的机会。
(2) join():在主线程中启动子线程 s,然后调用 s.join(),可以使当前主线程暂停执行,等待调用该方法的子线程 s 执行结束后,再恢复主线程的执行。
(3) sleep():可以让一个线程暂停运行一段固定的时间。
(4) interrupt():中断线程的阻塞状态,并且线程接收到 InterruptException 异常。
根据上述介绍可知,只有 yield() 方法可以使当前同级线程重新获得运行的机会,也包含本线程。因此,本题答案为 A 选项。

4. 请阅读下列程序,为使该程序正确执行,下画线处的语句应是( )。

```
1    public class ThreadTest{
2        public static void main(String[] args) throws Exception {
3            int i=0;
```

```
4        Hello t = new Hello();
5        _____
6        while(true){
7            System.out.println("Good Morning"+i++);
8            if(i==2&&t.isAlive()){
9                System.out.println("Main waiting for Hello!");
10               t.join();
11           }
12           if(i==5) break;
13       }
14    }
15 }
16 class Hello extends Thread{
17     int i;
18     public void run(){
19         while(true){
20             System.out.println("Hello"+i++);
21             if(i==5) break;
22         }
23     }
24 }
```

  A. t.sleep() B. t.yield() C. t.interrupt() D. t.start()

【解析】 Hello 类继承自 Thread，因此为线程类。第 4 行代码创建了 Hello 对象，该对象为线程对象，要启动线程，因此答案为 D 选项。

5. 能够使线程从运行状态进入阻塞状态的方法是(   )。

  A. interrupt() B. start() C. notify() D. wait()

【解析】 线程中有一些控制方法。interrupt()方法中断线程，中断状态将被清除；start()方法用于开启一个线程；notify()方法用于唤醒一个处于等待状态的线程。wait()方法能够使线程从运行状态进入阻塞状态。本题答案为 D 选项。

6. 为了使下列程序正常运行并且输出 5 个整数，在下画线处应填入的是(   )。

```
1  public class Test extends Thread{
2      int i = 0;
3      int j = 1;
4      public static void main(String[] args) {
5          Thread t = new Test();
6          t.start();
7      }
8      public void _____{
9          while(i++<5) { System.out.println("j = "+j++); }
10     }
11 }
```

  A. run() B. init() C. start() D. wait()

【解析】 继承 Thread 类是实现多线程的一种方法。继承后必须要重写父类中的 run() 方法，并将线程的任务代码封装到 run()方法中。Thread 类中定义的 run()方法就是用于存储线程要运行的代码的。本题答案为 A 选项。

159

7. 下列方法调用后,可能会使线程进入可运行状态的是(   )。
　　A. join()　　　　　B. isAlive()　　　　C. sleep()　　　　D. yield()

【解析】 join()方法把指定的线程加入当前线程,在主线程中启动子线程 s 后调用 s.join(),可以使当前主线程暂停执行,等待调用该方法的子线程 s 执行结束后,再恢复主线程的执行。isAlive()方法的功能是判断当前线程是否处于活动状态。sleep()方法是让线程进行休眠状态。yield()方法是使具有与当前线程相同优先级的线程(包括本线程)有运行的机会。因此,D 选项可以使线程进入可运行状态。

8. 为了使下列程序正常运行并且输出 10 个字符 a,在下画线处应填入的是(   )。

```
1   public class Test{
2       public static void main(String[] args) {
3           Thread printA = new Thread(new PrintChar('a',10));
4           printA.start();
5       }
6   }
7   class PrintChar _____ {
8       private char charToPrint;
9       private int times;
10      public PrintChar(char c, int t){
11          charToPrint = c;
12          times = t;
13      }
14      public void run() {
15          for (int i = 0; i < times; i++) {
16              System.out.println(charToPrint);
17              try {
18                  Thread.sleep(1000);
19              } catch (InterruptedException e) {
20                  e.printStackTrace();
21              }
22          }
23      }
24  }
```

　　A. 无须填写代码　　　　　　　　　　B. implements Thread
　　C. implements Runnable　　　　　　D. implements Serializable

【解析】 第 3 行代码实现了两个功能,首先通过创建 Thread 类的对象启动线程,其次在创建线程对象时参数为"new PrintChar('a',10)"。这就是将 Runnable 接口的子类对象作为实际参数传递给 Thread 类的构造方法,说明 PrintChar 类是通过实现 Runnable 接口来实现线程。所以本题答案为 C 选项。

7.4　线程的同步

7.4.1　线程同步概述

　　Java 允许多线程并发控制,当多个线程同时操作一个可共享的资源变量时,比如对同一个数据进行增、删、改、查操作时,将会导致数据不准确,相互之间产生冲突。因此要加入同步锁机制,用来避免在一个线程对该数据 x 没有操作完毕之前,其他线程有抢先操作数据 x 的机会,从而保证该数据 x 的唯一性和准确性。

视频 7-11 理论精解:线程的同步

7.4.2 用 synchronized 关键字处理同步问题

用 synchronized 关键字处理同步问题有两个思路,分别为同步代码块和同步方法。

(1) 同步代码块。要使用同步操作的代码块,必须要先设置一个锁定的对象,一般可以锁定当前的对象 this。例如:

```
synchronized(this){ }
```

(2) 同步方法。在一个方法上添加关键字 synchronized,表示该方法只能由一个线程访问。隐式锁对象 this。例如对 sale()方法加锁:

```
public synchronized void sale(){ }
```

7.4.3 wait()方法

当某个线程进入 synchronized 块后,共享数据的状态不能满足需要,要等待其他线程改变共享数据的状态并让出操作权限才能继续执行。如果此时这个线程占用了对象的锁,其他线程对象也无法对共享数据进行操作,因此需要引入 wait()方法和 notify()方法解决该问题。

wait()方法可使当前线程立即停止运行,变为等待状态,将当前线程置入锁对象的等待队列中,直到被通知或被中断为止。wait()方法只能在同步方法或同步代码块中使用,而且必须是内建锁。wait()方法调用后立即释放对象锁,此时其他线程就可以对该对象进行操作。

7.4.4 notify()方法

调用 notify()方法后,会随机选择一个在该对象上调用 wait()方法的线程,赋予其对象锁,解除其阻塞状态。在执行 notify()方法时,当前线程不会立即释放该对象的锁,要等到执行 notify()方法的线程退出 synchronized 代码块之后,当前线程才会释放锁,此时等待状态的线程才可以获取该对象锁,并继续执行 synchronized 代码块中 wait()方法后面的代码。

7.4.5 实践演练

实例 7-5 编程实现生产者、消费者模式。该模式是计算机操作系统中的重要概念,也是历年计算机专业研究生考试常考考点。

(1) 定义数据结构栈,该结构满足先进后出机制,出栈、入栈的功能在 pop()和 push()

方法中实现,保证出栈、入栈操作具有同步性。

(2) 对栈中的数据元素个数进行同步处理。

(3) 建立生产者、消费者线程,完成出栈、入栈的处理,观察运行结果。

视频7-12 实践演练：线程的同步

```
1     class MyStack{
2         private int index=0;
3         private int stack[] = new int[5];
4         public synchronized void push(int data) {
5             //自动生成方法存根
6             while(index==stack.length){
7                 try {
8                     this.wait();
9                 } catch (InterruptedException e) {
10                    //自动生成catch代码块
11                    e.printStackTrace();
12                }
13            }
14            stack[index]=data;
15            index++;
16            System.out.println("push:"+data);
17            this.notify();
18        }
19        public synchronized int pop() {
20            //自动生成方法存根
21            while(index==0){
22                try {
23                    this.wait();
24                } catch (InterruptedException e) {
25                    //自动生成catch代码块
26                    e.printStackTrace();
27                }
28            }
29            index--;
30            System.out.println("pop:"+stack[index]);
31            this.notify();
32            return stack[index];
33        }
34    }
35    class Producer implements Runnable{
36        MyStack mystack;
37        public Producer(MyStack s) {
38            //自动生成构造器存根
39            mystack = s;
40        }
41        @Override
42        public void run() {
43            int data;
44            for(int i=0;i<10;i++){
45                data = (int)(Math.random() * 100%100);
```

```java
46              mystack.push(data);
47              try {
48                  Thread.sleep((int)(Math.random() * 100));
49              } catch (InterruptedException e) {
50                  //自动生成 catch 代码块
51                  e.printStackTrace();
52              }
53          }
54      }
55  }
56  class Consumer implements Runnable{
57      MyStack mystack;
58      public Consumer(MyStack s) {
59          //自动生成构造器存根
60          mystack = s;
61      }
62      @Override
63      public void run() {
64          for(int i=0;i<10;i++){
65              mystack.pop();
66              try {
67                  Thread.sleep((int)(Math.random() * 100));
68              } catch (InterruptedException e) {
69                  //自动生成 catch 代码块
70                  e.printStackTrace();
71              }
72          }
73      }
74  }
75  public class TestSynchronized {
76      public static void main(String[] args) {
77          //自动生成方法存根
78          MyStack mystack = new MyStack();
79          Runnable producer = new Producer(mystack);
80          Runnable consumer = new Consumer(mystack);
81          Thread t1 = new Thread(producer);
82          Thread t2 = new Thread(consumer);
83          t1.start();
84          t2.start();
85      }
86  }
```

运行结果如下(通过 Eclipse 编译器的运行结果)：

```
push:9
pop:9
push:26
push:77
pop:77
push:51
```

```
pop:51
push:23
push:66
pop:66
push:27
pop:27
push:20
pop:20
pop:23
push:65
pop:65
pop:26
push:38
pop:38
```

程序解析：该实例有 4 个类，分别是 MyStack、Producer、Consumer 和 TestSynchronized。MyStack 类相当于定义了一个数据结构栈，实现了长度为 5 的栈的入栈、出栈的操作。当栈空时只能入栈，栈满时只能出栈。Producer、Consumer 是两个线程类，通过实现 Runnable 接口来创建线程类，分别实现了生产者、消费者模式，生产者线程生产的数据放入栈中，消费者用来消费栈中的数据并完成出栈。TestSynchronized 为主调测试类，开启生产者消费者线程，达到动态生成数据，依照先进后出的原则完成入栈、出栈的操作。

第 1～34 行代码定义了 MyStack 类。该类有两个私有属性：一个为整型 index 用来表示当前栈要操作的位置；另一个是名为 stack 的长度为 5 的整型一维数组，表示栈的存储空间。所以该栈最多存储 5 个整数。第 4～18 行代码定义了 push() 方法，第 19～33 行代码为 pop() 方法，两个方法都用了 synchronized 关键字修饰，且为同步方法，所以只能用一个线程访问。

在 push() 方法中，第 6～13 行代码为 while 循环，表示当 index 的值刚好为栈的最大长度时当前栈满，无法继续存入数据，所以第 8 行代码使用了 wait() 方法让该线程等待，while 循环将一直判断，直到栈中有空间存储数据时才能退出 while 循环。第 14 行代码将 data 数据放到栈的对应位置 index 处，第 15 行的 index++ 为后期存入数据做准备，第 16 行代码将入栈的数据 data 打印出来，第 17 行代码调用 notify() 方法通知出栈的线程可以操作了。

在 pop() 方法中，第 21～28 行代码为 while 循环，表示当 index 的值刚好为 0 时，则当前栈为空，无法继续弹出数据，所以第 23 行代码使用了 wait() 方法让该线程等待，while 循环将一直判断，直到栈中有数据时才能退出 while 循环。第 29 行代码将 index 进行减值，要弹出的 data 数据就在对应的 index 位置处。第 30 行代码将出栈的数据打印出来。第 31 行代码调用 notify() 方法通知入栈的线程可以操作了。第 32 行代码将弹出的数据返回。

第 35～55 行代码是 Producer 类，该类通过实现 Runnable 接口创建线程，该类中定义了一个数据成员为 MyStack 类的对象 mystack。第 37～40 行代码为构造方法，通过构造方法实现值注入，为数据成员 mystack 传递参数，此时为对象的引用，保证整个案例对同一片存储空间即长度为 5 的一维数组的操作，相当于传递了数组的首地址。第 42～54 行代码为 run() 方法。第 43 行代码定义了整型变量 data，第 44～53 行代码执行了 for 循环，循环执行 10 次。第 45 行代码每次都会产生一个 0～99 的随机整数 data。第 46 行代码调用 push() 方法将产生的数据 data 放入栈中。第 48 行代码让当前生产者线程停顿,让出 CPU 便于消费者线程的执行。

第 56~74 行代码是 Consumer 类,该类通过实现 Runnable 接口创建线程,该类中定义了一个数据成员为 MyStack 类的对象 mystack。第 58~61 行代码为构造方法,通过构造方法实现值注入,为数据成员 mystack 传递参数,此时为对象的引用,保证整个案例对同一片存储空间即长度为 5 的一维数组的操作,相当于传递了数组的首地址。第 63~73 行代码为 run()方法。第 64~72 行代码执行了 for 循环,循环执行 10 次。第 65 行代码每次都会调用 pop()方法,让栈顶元素出栈。第 67 行代码让当前消费者线程停顿,让出 CPU 便于生产者线程的执行。

第 75~86 行代码为主调测试类,主要实现 main()方法。第 78 行代码定义了 MyStack 类的 mystack 对象,通过 new 关键字创建。第 79、80 行代码将 mystack 对象作为参数传递给 Producer 和 Consumer 的构造方法,生成 producer 和 consumer 对象,这种参数传递实现了对象的引用,保证构建出来的 producer 和 consumer 对象中的数据成员 mystack 对象与 main()方法中的 mystack 对象共用一片存储空间,相当于地址传递,所以整个案例将对同一个一维数组进行操作,实现先进后出的栈的管理机制。producer 和 consumer 对象为 Runnable 接口的对象,由于 Runnable 接口本身是不能创建出来的,需要通过接口的实现类创建出来,所以就需要通过 Producer 和 Consumer 的构造方法来创建。第 81、82 行代码由于 Producer 和 Consumer 对象是通过 Runnable 接口来创建的,所以需要构建 Thread 类的对象,通过传递 producer 和 consumer 参数来构建线程的实例 t1 和 t2。第 83、84 行代码调用 start()方法开启线程,让线程处于就绪状态,当获得 CPU 后就达到了运行状态,开启生产者消费者模式的运行。

请同学们运行该实例,观察运行结果,感受栈的先进后出机制。可以画图来分析运行结果。

7.4.6 考题精讲

视频 7-13 专题精讲:线程的同步

1. 下列叙述中,错误的是( )。
   A. Java 中没有检测和避免死锁的专门机制
   B. 程序中多个线程相互等待对方持有的锁,可能形成死锁
   C. Java 程序员可以预先定义和执行一定的加锁策略,以避免发生死锁
   D. 为避免死锁,Java 程序中可先定义获得锁的顺序,解锁是按加锁的正序释放

【解析】 本题考查 Java 线程的同步机制。如果程序中多个线程相互等待对方持有的锁,而在得到对方锁之前都不会释放自己的锁,这就造成了都想得到资源而又得不到资源,这就是死锁。Java 中没有检测与避免死锁的专门机制,因此完全由程序进行控制,防止死锁的发生。应用程序可以采用的一般做法是:如果程序要访问多个共享数据,则要首先从全局考虑定义一个获得锁的顺序,并且在整个程序中都要遵循这个顺序。释放锁时,要按照加锁的反序释放。本题答案为 D 选项。

2. 在多线程并发程序设计中,能够给对象 x 加锁的语句是( )。
   A. x.wait()   B. x.notify()

C. synchronized(x)   D. x.synchronized()

【解析】 Java 平台将每个由 synchronized(Object)语句指定的对象设置一个锁,称为对象锁。Java 中的对象锁是一种独占的排它锁。本题答案为 C 选项。

3. 下列是一个支持多线程并发操作的堆栈类代码段,在下画线处应填入的是( )。

```
1   public class MyStack{
2       private int idx = 0;
3       private int[] data = new int[8];
4       public _____ void push(int i){
5           data[idx] = i;
6           idx++;
7       }
8   }
```

A. synchronized   B. wait   C. blocked   D. interrupt

【解析】 本题考查的是同步锁。多线程调用一个对象的多个方法,这些方法都被 synchronized 修饰,那么这些线程共同竞争一把锁,最后表现的就是同步顺序执行各个被 synchronized 修饰的方法。本题答案为 A 选项。

4. 阅读下列实现堆栈类并发控制的部分代码( )。

```
1    public class MyStack{
2        private int idx = 0;
3        private int[] data = new int[8];
4        public void push(int i){
5            _____ {
6                data[idx] = i;
7                idx++;
8            }
9        }
10   }
```

A. synchronized   B. synchronized(this)

C. synchronized()   D. synchronized(idx)

【解析】 在 Java 中,要使用同步操作的代码块,必须要设置一个锁定的对象,一般可以锁定当前的对象 this。例如:synchronized(this){ }。因此本题答案为 B 选项。

5. 为了支持压栈线程与弹栈线程之间的交互与同步,在程序下画线处依次填入的语句是( )。

```
1    public class MyStack{
2        private int idx = 0;
3        private int[] data = new int[8];
4        public _____ void push(int i){
5            data[idx] = i;
6            idx++;
7            _____
8        }
9    }
```

A. synchronized(),notify()   B. synchronized,this.wait()

C. synchronized,this.notify()　　　　　D. Serializable,sleep()

【解析】 进入 synchronized(线程锁)这个关键字修饰的代码同一时间只能有一个线程执行。线程可以同步同一个对象锁来调用 notify()方法,这样将唤醒原来等待中的线程,然后释放该锁。本题先通过 synchronized 关键字同步 push()方法,再调用 notify()方法,唤醒等待中的线程。故本题答案为 C 选项。

6. 阅读下列程序片段,为了对 number 进行并发访问控制,并保证调用 get()方法时能够获得正整数,在下画线处分别应填入的是(　　)。

```
1    public class Try_1{
2        _____ int number = 0;
3        synchronized void set(){
4            this.notify();
5            number++;
6        }
7        synchronized void get(){
8            while(number==0){
9                try{ this._____(); }catch(InterruptedException e){   }
10           }
11       }
12   }
```

A. public,notify　　　　　　　　　　B. private,wait

C. private,suspend　　　　　　　　　D. public,wait

【解析】 本题考查 Java 线程同步。首先将 number 定义成私有变量的原因在于隐藏 number,实现封装,否则其他类的实例也可以访问 number 进而修改 number 的值。本题的目的是让外界只能通过 set()方法访问并给 number 加 1。等待的目的在于将 get()方法线程挂起,直到条件满足,即执行 set()方法,故本题答案为 B 选项。

7. 阅读下列程序片段,为了对类 Try_2 对象中的共享数据 a、b 实现并发控制,在下画线处应填入的是(　　)。

```
1    public class Try_2{
2        _____ int a,b;
3        a=0;   b=0;
4        synchronized void incre(){
5            a++;   b++;
6        }
7        void decre(){
8            _____ (this){
9                a--;
10               b--;
11           }
12       }
13   }
```

A. private,synchronized　　　　　　　B. synchronized,super

C. public,synchronized　　　　　　　　D. public,synchronized

【解析】 为了实现同步 a 变量,则 b 变量要定义为 private,保证变量的私有性,不易被窜改。代码段同步需要用 synchronized 关键字。因此答案为 A 选项。

本章小结

本章小结

本章小结内容以思维导图的形式呈现,请读者扫描二维码打开思维导图学习。

习　　题

一、选择题

1. 下列选项中,反映 Java 并行程序设计特点的是(　　)。
   A. 简单性　　　　　B. 可移植　　　　　C. 安全性　　　　　D. 多线程
2. 下列关于线程的说法中,正确的是(　　)。
   A. Java 中的线程由代码、虚拟的 CPU 以及代码所操作的数据构成
   B. 线程是操作系统层的执行单元
   C. 线程是一种特殊的进程
   D. 线程代码是线程私有的
3. 下列关于 Java 线程的说法中,正确的是(　　)。
   A. 当线程运行 run()方法时,线程处于运行状态
   B. 线程是 java.cpu 中的 Thread 类的实例
   C. 线程调用了 sleep()方法后,将进入终止状态
   D. 线程的状态包括新建、运行、阻塞和终止
4. 下列方法调用后,可能会使线程进入可运行状态的是(　　)。
   A. join()　　　　　B. isAlive()　　　　　C. sleep()　　　　　D. yield()
5. 下列关于 Java 线程的说法中,正确的是(　　)。
   A. Thread 类属于 java.lang 包
   B. Thread 类属于 java.io 包
   C. Thread 类属于 java.lang.concurrent 包
   D. Thread 类属于 java.util.concurrent 包
6. 下列关于 Java 线程的说法中,正确的是(　　)。
   A. 线程是程序中的单个执行流
   B. 线程的代码和数据都不可以被多个线程共享
   C. 线程模型由代码以及代码所操作的数据构成
   D. 线程是内核级实体,线程结构驻留在内核空间中
7. 下列关于 Java 线程的说法中,正确的是(　　)。
   A. 线程是可以独立运行的程序

B. java.util.concurrent 中的 Thread 类是多线程程序设计的基础

C. 一个进程中可以包含多个线程

D. Java 线程模型由堆栈、代码和虚拟的 CPU 构成

8. 下列关于 Java 语言线程的叙述中,正确的是(　　)。

　　A. 线程是由代码、数据、内核状态和一组寄存器组成的

　　B. 线程间的数据是不共享的

　　C. 因多线程并发执行而引起的执行顺序的不确定性可能造成执行结果的不确定

　　D. 用户只能通过创建 Thread 类的实例或定义、创建 Thread 子类的实例,建立和控制自己的线程

9. 阅读下列代码,编译及运行代码的结果是(　　)。

```
public class Test implements Runnable{
    public void run(Thread t){
        System.out.printIn("Running.");
    }
    public static void main(String[]args){
        Thread tt=new Thread (new Test());
        tt.start();
    }
}
```

　　A. 抛出一个异常　　　　　　　　　　B. 没有输出并正常结束

　　C. 输出"Running."并正常结束　　　　D. 出现一个编译错误

10. 下列方法被调用后,一定使调用线程改变当前状态的是(　　)。

　　A. notify()　　　B. sleep()　　　C. yield()　　　D. isAlive()

二、程序填空题

1. 阅读下列程序片段,为了对 number 进行并发访问控制,并保证调用 get()方法时能够获得正整数。将程序补充完整。

```
public class Try_1{
    _____ int number = 0;
    synchronized void set(){
        this.notify();
        number ++;
    }
    synchronized int get(){
        while (number==0) {
            try{
                this._____();
            }catch(InterruptedException e){}
        }
        number --;
        return number;
    }
}
```

2. 阅读下列程序片段,为了对类 Try_2 对象中的共享数据 a、b 实现并发控制,请完成程序填空。

```
public class Try_2{
    _____ int a,b;
    a=0;
    b=0;
    synchronized void incre(){
        a++;
        b++;
    }
    void decre(){
        _____(this){
            a--;
            b--;
        }
    }
}
```

3. 若要使下列程序运行时创建两个线程,打印输出 5 行字符串,请将程序补充完整。

```
public class ThreadTest0 1{
    public static void main(String args[]){
        Xyz r=new Xyz();
        Thread t1=new Thread(r);
        Thread t2=new Thread(r);
        t1.setName("t1");
        t2.setName("t2");
        t1.start(?);
        t2.start(?);
    }
}
class Xyz _____{
    int i;
    String name;
    public void run(){
        name=Thread.currentThread().getName();
        while(true){
            System.out.println(name+"Hello"+i++);
            if(i==5) break;
        }
    }
}
```

4. 阅读下列程序片段,为了对变量 counter 进行并发访问时的同步控制,请将程序补充完整。

```
public class Try{
    private int counter = 0;
    synchronized void set(){
        this._____();
        counter++;
```

```
        }
_____ int get(){
    while (counter==0) {
        try{
            this.wait();
        }catch(InterruptedExceptione) { }
    }
    counter--;
    return counter;
}
```

5. 若要使程序运行时创建一个线程,该线程输出 4 行包含"How are you!"的字符串,请将程序补充完整。

```
public class ThreadTest0_3{
    public static void main(String args[]){
        Xyzr=newXyz();
        r.setName("t1");
        r.start(?);
    }
}
class Xyz _____ {
    int i =1;
    String name;
    public void run(){
        name=Thread.currentThread().getName();
        while(true){
            System.out.println(name+"How are you!"+i++);
            if(i==5) break;
        }
    }
}
```

本章习题答案

第 8 章 Java 的集合

集合在数学领域有着无可比拟的重要地位。19 世纪 70 年代，德国数学家康托尔奠定了集合论的基础，历经大批科学家半个世纪的努力，直到 20 世纪 20 年代，集合论在现代数学理论体系中的基础地位被正式确立。截至目前，现代数学领域几乎所有的成果无不构筑在严格的集合论的基础之上。被程序设计的最初目的就是解决科学计算的问题，那么 Java 中的"集合"将更有助于解决现实世界中的集合问题。

本章主要内容：

- 掌握 Java 的集合框架图。
- 掌握 List 接口及其实现类 ArrayList 的使用方法。
- 理解 Set 接口及其实现类 HashSet、TreeSet 的使用方法。
- 掌握 Map 接口及其实现类 HashMap 的使用方法。
- 掌握泛型的概念及其使用方法。

本章教学目标

8.1 集 合 框 架

8.1.1 集合框架介绍

Java 的整个集合框架始终围绕着一组标准接口而设计。程序员可以直接使用这些标准接口的实现类来创建对象，例如，ArrayList、LinkedList、HashSet 和 TreeSet 均是接口的实现类。除此之外，也可以通过这些集合接口构建自己的集合类，从而创建集合对象。

视频 8-1　理论精
解：集合框架

8.1.2 Java 的集合框架

Java 的集合框架如图 8-1 所示。其中，实线代表直接继承（通过 extends 继承父接口或父类），虚线代表间接继承（通过 implements 实现接口）。从图 8-1 中可以看出 List 接口和 Set 接口都继承自 Collection 接口，但是 Map 接口没有继承自 Collection 接口。

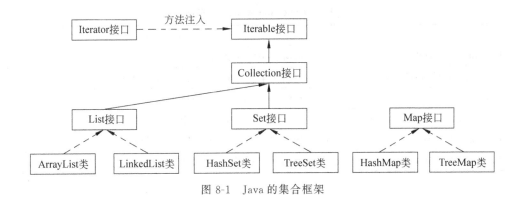

图 8-1　Java 的集合框架

8.2　Collection 接口及其主要方法

8.2.1　Collection 接口

从 Java 的集合框架中可以看出，List 接口和 Set 接口都继承自 Collection 接口，所以它们都是 Collection 的子接口；Collection 接口只有一个父接口就是 Iterable 接口。Iterable 接口中定义了遍历集合元素的方法，其返回值为 Iterator 接口类型的对象，所以后续的所有子接口，如 Collection 接口、List 接口、Set 接口中的 iterator()方法也同样会返回 Iterator 接口类型对象。Iterator 接口类型对象被称为迭代器，用于遍历当前集合的所有元素。在 Java 的帮助文档中对 Iterable 接口的描述如图 8-2 所示。

视频 8-2　理论精解：Collection 接口及其主要方法

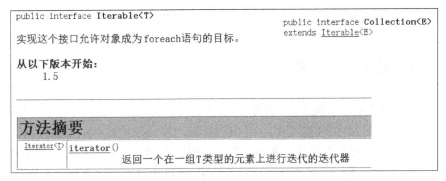

图 8-2　在 Java 的帮助文档中对 Iterable 接口的描述

8.2.2　Collection 接口的主要方法

Collection 接口常用的方法及其功能如表 8-1 所示。

表 8-1　Collection 接口常用的方法

方法	描述
boolean add(o:Object)	向集合中添加新元素 o
boolean addAll(c:Collection)	将指定集合中的所有元素添加到当前集合
void clear()	移除此 Collection 中的所有元素
boolean contains(Object o)	如果此 Collection 包含指定的元素,则返回 true
boolean isEmpty()	如果此 Collection 不包含元素,则返回 true
Iterator<E> iterator()	返回在此 Collection 的元素上进行迭代的迭代器

8.3　List 接口及其实现类

8.3.1　List 接口及其扩展方法

List 是 Collection 接口的子接口。List 接口的最大特点就是能够根据插入的数据量来动态改变容器的大小。List 接口扩展了 Collection 接口的很多方法,常用的方法如表 8-2 所示。

视频 8-3　理论精解:
List 接口及其实现类

表 8-2　List 接口常用的方法

方法	描述
void add(int index, E element)	在列表的指定位置插入指定元素(可选操作)
E get(int index)	返回列表中指定位置的元素
ListIterator<E> listIterator()	返回此列表元素的列表迭代器(按适当顺序)
E remove(int index)	移除列表中指定位置的元素(可选操作)
E set(int index, E element)	用指定元素替换列表中指定位置的元素(可选操作)

8.3.2　List 接口的实现类

List 接口有两个常用实现类,分别为 ArrayList 和 LinkedList,其对应于数据结构中的线性表。

(1) ArrayList 底层数据结构是数组,具有查询快、增删慢、线程不安全、效率高的特点。ArrayList 维护并封装了一个动态分配的对象数组,可以通过索引快速访问和修改元素。

(2) LinkedList 底层数据结构是链表,具有查询慢、增删快、线程不安全、效率低的特点。链表不能像数组那样通过索引来访问和修改元素,必须从头开始,逐个遍历每个元素。

8.3.3　集合的遍历

集合的遍历是实际编程中经常遇到的问题,对 List 中的元素进行遍历,一般有以下

4 种方法。

(1) 通过依次访问元素下标来遍历 List 中的元素。

```
List<String> list = new ArrayList<String>();
for (int i = 0; i < list.size(); i++) {
    System.out.println(list.get(i));
}
```

(2) 通过迭代器遍历集合中的元素。

```
List<String> list = new ArrayList<String>();
Iterator<String> iterator = list.iterator();
for (;iterator.hasNext();) {
    System.out.println(iterator.next());
}
```

(3) 通过 Iterable 的默认方法 forEach() 遍历 List 中的元素。

```
List<String> list = new ArrayList<String>();
list.add("Java 程序设计");
list.add("C 程序设计");
list.add("Visual Basic 程序设计");
list.forEach(obj->System.out.println(obj));
```

(4) 通过增强 for 循环遍历集合中的元素。

```
for(variable:collection){ statement; }
```

定义一个变量用于暂存集合中的每一个元素,并执行相应的语句(块)。collection 必须是一个数组或是一个实现了 Iterable 接口的类对象。

```
for(String s:list) { System.out.println(s); }
```

8.3.4 实践演练

实例 8-1 List 接口及其实现类的使用方法。
(1) 使用 List 接口的实现类创建 List 接口的对象。
(2) 构建线性表,实现对全国计算机二级考试所有考试科目的存储。
(3) 实现线性表的增、删、改、查四大操作。

视频 8-4 实践演练：List 接口及其实现类的使用

```
1    import java.util.ArrayList;
2    import java.util.Iterator;
3    import java.util.List;
4    public class TestList {
5        public static void main(String[] args) {
6            //自动生成方法存根
7            List<String> list = new ArrayList<String>();
8            list.add("Java 程序设计");
9            list.add("C 程序设计");
10           list.add("VB 程序设计");
```

```
11          list.add("Access 数据库程序设计");
12          list.add("C++程序设计");
13          list.add("MySQL 数据库程序设计");
14          list.add("Web 程序设计");
15          list.add("MS Office 高级应用与设计");
16          System.out.println("============================");
17          for (int i = 0; i < list.size(); i++) {
18              System.out.println(list.get(i));
19          }
20          System.out.println("============================");
21          for (Iterator<String> iterator = list.iterator(); iterator.hasNext();)
22          {
23              System.out.println((String) iterator.next());
24          }
25          System.out.println("============================");
26          list.forEach(objc->System.out.println(objc));
27
28          System.out.println("============================");
29          list.remove("VB 程序设计");
30          for (int i = 0; i < list.size(); i++) {
31              if(list.get(i).equals("C 程序设计")){
32                  list.set(i, "C 语言程序设计");
33              }
34          }
35          System.out.println("============================");
36          list.add("Python 语言程序设计");
37          list.add("WPS Office 高级应用与设计");
38          for (String s : list) {
39              System.out.println(s);
40          }
41          System.out.println("============================");
42      }
43  }
```

运行结果如下(通过 Eclipse 编译器的运行结果):

```
============================
Java 程序设计
C 程序设计
VB 程序设计
Access 数据库程序设计
C++程序设计
MySQL 数据库程序设计
Web 程序设计
MS Office 高级应用与设计
============================
Java 程序设计
C 程序设计
VB 程序设计
Access 数据库程序设计
```

```
C++程序设计
MySQL 数据库程序设计
Web 程序设计
MS Office 高级应用与设计
==========================================
Java 程序设计
C 程序设计
VB 程序设计
Access 数据库程序设计
C++程序设计
MySQL 数据库程序设计
Web 程序设计
MS Office 高级应用与设计
==========================================
==========================================
Java 程序设计
C 语言程序设计
Access 数据库程序设计
C++程序设计
MySQL 数据库程序设计
Web 程序设计
MS Office 高级应用与设计
Python 语言程序设计
WPS Office 高级应用与设计
==========================================
```

程序解析：List 为接口，本身不能创建出来，要通过其接口的实现类 ArrayList 来创建。接着构建对象 list，通过"<String>"说明该 list 对象里面的所有数据都是 String 类型。

第 8~15 行代码使用 add()方法向 list 对象中添加数据。将计算机二级的考试科目放到 list 对象中。

第 17~19 行代码使用 for 循环遍历 list 对象。用 list.size()得到 list 对象中现有数据的个数，因此 list 对象中有多少个数据就会循环多少遍。list.get(i)用来获取第 i 个元素，并将该元素打印出来。

第 21~24 行代码通过迭代器完成列表的遍历，"Iterator<String> iterator = list.iterator()"用来构建迭代器对象，迭代器用来获取 list 中的每个元素，hasNext()方法用来判断是否获取到 list 对象的末尾。next()方法是使用迭代器对象获取 list 对象中的下一个元素。

第 26 行代码使用 forEach()方法遍历 list 对象中的每个元素。

第 30~34 行代码通过 for 循环，遍历 list 对象中的每个元素。每遍历一个元素，都要判断当前第 i 个元素是否为"C 程序设计"，如果是，则将第 i 个元素的内容改为"C 语言程序设计"。

第 36、37 行代码向 list 对象的末尾追加两个元素，分别为"Python 语言程序设计"和"WPS Office 高级应用与设计"。

第 38~40 行代码通过迭代器遍历 list 对象中的每个元素。定义一个 String 类型的变量 s，用于暂存 list 集合中的每一个元素；s 的数据从 list 中顺次取出，在遍历的过程中将每个元素打印出来。

该实例重点考查了 List 接口及其实现类的使用方法,以及各种集合遍历方法的使用。请读者根据视频讲解完成该实例,并逐行分析运行结果。

8.4 Set 接口及其实现类

8.4.1 Set 接口

Set 接口不允许出现重复元素,即相同的元素仅保留一个。在构建的过程中会自动使用 equals()方法进行比较,如果返回值为 true,两个对象的 HashCode 值便会相等,从而保证集合中不存在值相同的两个元素。

Set 接口有两个常用的实现类:HashSet 和 TreeSet。

8.4.2 HashSet 类

视频 8-5 理论精解:Set 接口及其实现类

HashSet 是 Set 接口的实现类之一,用来存储那些无序、唯一的对象。由于是无序的,所以每组数据都没有索引,因此很多 List 接口可用的方法 HashSet 类都没有。HashSet 类常用的方法如表 8-3 所示。

表 8-3 HashSet 类常用的方法

方法	描述
public int size()	返回 Set 接口的 set 对象中的元素的数量(set 对象的容量)
public boolean add(E e)	如果此 set 对象中尚未包含指定元素,则添加指定元素
public boolean remove(Object o)	如果指定元素存在于此 set 对象中,则将其移除
public boolean contains(Object o)	如果此 set 对象包含指定元素,则返回 true

8.4.3 TreeSet 类

TreeSet 类不仅实现了 Set 接口,还实现了 java.util.SortedSet 接口。因此,要求存储在 TreeSet 集合中的元素必须是自然排序。也就是说,存入 TreeSet 集合的元素必然实现了 Comparable 接口。TreeSet 类常用的方法如表 8-4 所示。

表 8-4 TreeSet 类常用的方法

方法	描述
public E first()	来自接口 SortedSet。返回 Set 接口的 set 对象中当前第一个(最低)元素
public E last()	从接口 SortedSet。返回此 set 对象中当前最后一个(最高)元素
public SortedSet<E> headSet (E toElement)	返回此 set 对象的部分视图,其元素严格小于 toElement

8.4.4 实践演练

实例 8-2 Set 接口及其实现类的使用。

（1）分别使用 Set 接口的实现类 HashSet 和 TreeSet 创建 Set 的对象。

（2）构建集合操作，实现全国计算机二级考试所有考试科目的存储。

（3）实现相关操作。

视频 8-6　实践演练：Set 接口及其实现类的使用

```
1   import java.util.HashSet;
2   import java.util.Iterator;
3   import java.util.Set;
4   import java.util.TreeSet;
5   public class TestSet {
6       public static void testHashSet() {
7           //自动生成方法存根
8           Set<String> set = new HashSet<String>();
9           set.add("Java 程序设计");
10          set.add("C 程序设计");
11          set.add("VB 程序设计");
12          set.add("Access 数据库程序设计");
13          set.add("C++程序设计");
14          set.add("MySQL 数据库程序设计");
15          set.add("Web 程序设计");
16          set.add("MS Office 高级应用与设计");
17          System.out.println("==============================");
18          for (Iterator<String> iterator = set.iterator(); iterator.hasNext();)
19          {
20              System.out.println((String)iterator.next());
21          }
22          System.out.println("==============================");
23          set.add("Java 语言程序设计");
24          set.add("WPS Office 高级应用与设计");
25          set.remove("VB 程序设计");
26          for(Iterator<String> iterator = set.iterator(); iterator.hasNext();)
27          {
28              System.out.println((String)iterator.next());
29          }
30          System.out.println("==============================");
31      }
32      public static void testTreeSet() {
33          //自动生成方法存根
34          Set<String> set = new TreeSet<String>();
35          set.add("Java 程序设计");
36          set.add("C 程序设计");
37          set.add("VB 程序设计");
38          set.add("Access 数据库程序设计");
```

```
39          set.add("C++程序设计");
40          set.add("MySQL数据库程序设计");
41          set.add("Web程序设计");
42          set.add("MS Office高级应用与设计");
43          System.out.println("==============================");
44          for (Iterator<String> iterator = set.iterator(); iterator.hasNext();)
45          {
46              System.out.println((String)iterator.next());
47          }
48          System.out.println("==============================");
49          set.add("Java语言程序设计");
50          set.add("WPS Office高级应用与设计");
51          set.remove("VB程序设计");
52          for (Iterator<String> iterator = set.iterator(); iterator.hasNext();)
53          {
54              System.out.println((String)iterator.next());
55          }
56          System.out.println("==============================");
57      }
58      public static void main(String[] args) {
59          //自动生成方法存根
60          TestSet.testHashSet();
61          TestSet.testTreeSet();
62      }
63  }
```

运行结果如下(通过 Eclipse 编译器的运行结果)：

```
==============================
Web 程序设计
VB 程序设计
C 程序设计
C++程序设计
MS Office 高级应用与设计
Access 数据库程序设计
Java 程序设计
MySQL 数据库程序设计
==============================
Web 程序设计
WPS Office 高级应用与设计
C 程序设计
C++程序设计
MS Office 高级应用与设计
Java 语言程序设计
Access 数据库程序设计
Java 程序设计
MySQL 数据库程序设计
==============================
==============================
Access 数据库程序设计
C++程序设计
C 程序设计
```

```
Java 程序设计
MS Office 高级应用与设计
MySQL 数据库程序设计
VB 程序设计
Web 程序设计
==========================================
Access 数据库程序设计
C++ 程序设计
C 程序设计
Java 程序设计
Java 语言程序设计
MS Office 高级应用与设计
MySQL 数据库程序设计
WPS Office 高级应用与设计
Web 程序设计
==========================================
```

程序解析：Set 为接口，本身不能创建出来，要通过其接口的具体实现类创建出来。Set 有两个实现类，分别为 HashSet 和 TreeSet。所以本实例有两个静态方法 testHashSet() 和 testTreeSet()，分别通过 HashSet 和 TreeSet 来实现对 Set 集合的操作。由于 testHashSet() 和 testTreeSet() 两个方法都是静态方法，所以可以通过"类名.方法名"直接访问，如第 56、57 行代码所示。

第 6～31 行代码为 testHashSet() 方法。第 8 行代码使用 Set 接口的实现类 HashSet 构建 Set 的对象 set。第 9～16 行代码使用 add() 方法向 set 对象中添加数据，将计算机二级的考试科目放入 set 集合中。第 18～21 行代码通过迭代器遍历 set 集合中的所有元素，并在控制台输出每个元素的值，即考试科目的名称。第 23～25 行代码使用 add() 方法向 set 集合中添加 2 个考试科目，删除"VB 程序设计"。第 26～29 行代码再次使用迭代器遍历 set 集合中的所有元素，并在控制台输出每个元素的值，即考试科目的名称。

第 32～57 行代码为 testTreeSet() 方法。第 34 行代码使用 Set 接口的实现类 TreeSet 构建 Set 的对象 set。第 35～42 行代码使用 add() 方法向 set 对象中添加数据，将计算机二级的考试科目放入 set 集合中。第 44～47 行代码通过迭代器遍历 set 集合中的所有元素，并在控制台输出每个元素的值，即考试科目的名称。第 49～51 行代码使用 add() 方法向 set 集合中添加 2 个考试科目，删除"VB 程序设计"。第 52～55 行代码再次使用迭代器遍历 set 集合中的所有元素，并在控制台输出每个元素的值，即考试科目的名称。

观察运行结果会发现，用 HashSet 存储的数据呈现无序、唯一的对象。而 TreeSet 中存储的元素呈现自然排序，所以从打印的结果可以看出所有的考试科目是按照字典顺序输出的。

提示：请读者修改本案例中的第 25 行代码和第 51 行代码，将 remove() 方法改为 add() 方法，对比运行结果，感受 Set 集合"数据唯一性"的特点。由于原有的 Set 集合中已经有了"VB 程序设计"，所以再次添加"VB 程序设计"后，打印结果中"VB 程序设计"不会显示两次，仅打印一次。

请读者根据视频讲解完成该实例，并逐行分析运行结果。

8.5 Map 接口及其实现类

8.5.1 Map 接口

Map 是一种依照键值存储元素的容器,每个键对应一个值,键与对应的值共同构成一个条目,也被称为键值对。Map 容器中真正存在的就是键值对。java.util.Map 接口中常用的方法如表 8-5 所示。

视频 8-7 理论精解：Map 接口及其实现类

表 8-5 Map 接口中常用的方法

方　　法	描　　述
V put(K key, V value)	向当前容器添加一个指定的 key-value 键值对,如果 key 已经存在,则会覆盖原来的键值对
boolean containsKey(Object key)	如果当前容器包含指定的键值 key,则返回 true
boolean containsValue(Object value)	如果当前容器包含指定的值 value,则返回 true
V get(Object key)	返回指定 key 对应的 value,如果 key 不存在则返回 null
Set\<K\> keySet()	返回当前容器所有键值构成的 Set 接口的对象
Collection\<V\> values()	返回当前容器所有值构成的 Collection 对象
Set\<Map.Entry\<K,V\>\> entrySet()	返回当前容器所有键值对构成的 Set 接口的对象

8.5.2 Map 接口的实现类

Map 接口常用的实现类主要有 HashMap 和 TreeMap。

(1) HashMap 类是基于哈希表的 Map 接口的实现。此实现类提供所有可选的映射操作,键和值都可以为 null,HashMap 通过哈希表对内部的映射关系进行快速查找。此类不保证映射的顺序。

(2) TreeMap 类不仅实现了 Map 接口,还实现了 java.util.SortedMap 接口。因此集合中的映射关系具有一定顺序,要求所有键值均必须实现 java.util.Comparable 接口。

一般情况下,建议使用 HashMap,它的添加、删除操作效率相对更高。

8.5.3 实践演练

实例 8-3 Map 接口及其实现类的使用。

(1) 使用 List 接口与 Map 接口构建全国计算机等级考试一级到四级所有考试科目的存储。

(2) 使用 List 接口存储每个级别所有考试科目。

(3) 完成存储和展示。

视频 8-8 实践演练：Map 接口及其实现类的使用

```java
1   import java.util.ArrayList;
2   import java.util.HashMap;
3   import java.util.List;
4   import java.util.Map;
5   public class TestMap {
6       @SuppressWarnings({ "rawtypes", "unchecked" })
7       public static void main(String[] args) {
8           //自动生成方法存根
9           List<String> list = new ArrayList<String>();
10          list.add("一级");
11          list.add("二级");
12          list.add("三级");
13          list.add("四级");
14          Map NCER = new HashMap();
15          List<String> list1 = new ArrayList<String>();
16          list1.add("计算机基础及 WPS Office 应用");
17          list1.add("计算机基础及 MS Office 应用");
18          list1.add("计算机基础及 Photoshop 应用");
19          list1.add("网络安全素质教育");
20          NCER.put(list.get(0), list1);
21          List<String> list2 = new ArrayList<String>();
22          list2.add("C 语言程序设计");
23          list2.add("Java 语言程序设计");
24          list2.add("Access 数据库程序设计");
25          list2.add("C++语言程序设计");
26          list2.add("MySQL 数据库程序设计");
27          list2.add("Web 程序设计");
28          list2.add("MS Office 高级应用与设计");
29          list2.add("WPS Office 高级应用与设计");
30          list2.add("Python 语言程序设计");
31          NCER.put(list.get(1), list2);
32          List<String> list3 = new ArrayList<String>();
33          list3.add("网络技术");
34          list3.add("数据库技术");
35          list3.add("信息安全技术");
36          list3.add("嵌入式系统开发技术");
37          list3.add("Linux 应用与开发技术");
38          NCER.put(list.get(2), list3);
39          List<String> list4 = new ArrayList<String>();
40          list4.add("网络工程师");
41          list4.add("数据库工程师");
42          list4.add("信息安全工程师");
43          list4.add("嵌入式系统开发工程师");
44          list4.add("Linux 应用与开发工程师");
45          NCER.put(list.get(3), list4);
```

```
46          for (String string : list) {
47              List<String> newlist = (List<String>)NCER.get(string);
48              System.out.println(string+":");
49              for (String item : newlist) {
50                  System.out.println(item);
51              }
52          }
53      }
54  }
```

运行结果如下(通过 Eclipse 编译器的运行结果):

一级:
计算机基础及 WPS Office 应用
计算机基础及 MS Office 应用
计算机基础及 Photoshop 应用
网络安全素质教育
二级:
C 语言程序设计
Java 语言程序设计
Access 数据库程序设计
C++语言程序设计
MySQL 数据库程序设计
Web 程序设计
MS Office 高级应用与设计
WPS Office 高级应用与设计
Python 语言程序设计
三级:
网络技术
数据库技术
信息安全技术
嵌入式系统开发技术
Linux 应用与开发技术
四级:
网络工程师
数据库工程师
信息安全工程师
嵌入式系统开发工程师
Linux 应用与开发工程师

程序解析:第 9 行代码使用 List 接口的实现类 ArrayList 创建 list 对象,构建线性表。第 10~13 行代码通过 add()方法向 list 对象中添加数据,由于计算机等级考试仅有 4 个级别,所以,放入一级到四级共计 4 个元素。

第 14 行代码的 Map 接口本身无法创建出来,需要使用其具体实现类 HashMap 来构建对象 NCER。Map 接口里面存储的都是键值对,以第 9 行代码定义的 list 对象里的每个元素作为键,每个键对应一个由 List 接口构建的线性表作为值,从而形成计算机等级考试一级到四级所有考试科目组成的 Map 集合。

第 15 行代码创建线性表 list1 对象,该对象里面存储的是计算机一级的所有考试科目。第 16~19 行代码使用 add()方法将计算机一级的 4 个考试科目添加到 list1 中。

第 20 行代码使用 put()方法,以 list 对象中的第 0 个节点"一级"为键,以 list1 对象为值,形成键值对,将该键值对存储在 NCER 这样一个 Map 对象中。

第 21 行代码创建线性表 list2 对象,该对象里面存储的是计算机二级的所有考试科目。第 22~30 行代码使用 add()方法将计算机二级的 9 个考试科目添加到 list2 对象中。

第 31 行代码使用 put()方法,以 list 对象中的第 1 个节点"二级"为键,以 list2 对象为值,形成键值对,将该键值对存储在 NCER 这样一个 Map 对象中。

第 32 行代码创建线性表 list3 对象,该对象里面存储的是计算机三级的所有考试科目。第 33~37 行代码使用 add()方法将计算机三级的 5 个考试科目添加到 list3 对象中。

第 38 行代码使用 put()方法,以 list 对象中的第 2 个节点"三级"为键,以 list3 对象为值,形成键值对,将该键值对存储在 NCER 这样一个 Map 对象中。

第 39 行代码创建线性表 list4 对象,该对象里面存储的是计算机四级的所有考试科目。第 40~44 行代码使用 add()方法将计算机四级的 5 个考试科目添加到 list4 对象中。

第 45 行代码使用 put()方法,以 list 对象中的第 3 个节点"四级"为键,以 list4 对象为值,形成键值对,将该键值对存储在 NCER 这样一个 Map 对象中。

以上过程为数据封装,将全国计算机等级考试所有的考试科目分级归类存放到了 Map 集合中,接下来要将集合中的数据拆封,完成全部信息的打印输出。

第 46~52 行代码使用迭代器的方法,顺次从 list 对象中取出每个节点,此时 list 对象中始终存储的是 Map 对象中的每个键。第 47 行代码根据获取的键通过 get()方法从 NCER 对象中获取该键对应的值,每个值都是 List 接口的对象,所以要强制类型转换,并使用 List 接口的对象 newlist 来存储。第 49~51 行代码继续使用迭代器的方法,用 for 循环遍历 newlist 中的每个元素。

该案例重点介绍了 Map 接口及其实现类 HashMap 的使用方法,通过具体的案例展示了数据封装和数据拆封的解决方案,该方案在 Java EE(Java platform enterprise edition,企业版 Java 平台)技术中非常常用。请同学们完成该案例,并对运行结果进行分析。

8.6 泛 型

8.6.1 什么是泛型

视频 8-9 理论精解:泛型

"泛型"的本质就是参数化类型,即所有操作的类型被指定为一个参数。泛型存在的目的是让编写的代码可以被不同类型的对象所重用,提高代码的可重用性。泛型可以用在类、接口和方法的创建中,分别称为泛型类、泛型接口和泛型方法。

在Java程序中引入泛型的目的如下。

(1) 提高类型的安全性。泛型的主要目标就是提高Java程序的类型安全性。编译时就能检查出因为Java类型不正确导致的ClassCastException异常。符合越早出错代价越小的原则。

(2) 消除强制类型转换。使用泛型时可直接得到目标类型，消除过多的强制类型转换。

8.6.2 泛型类

泛型类和普通类的区别就是类名的后面有类型参数列表，如<E>，此时类型参数可以有多个。具体例子如下：

```
public class GenericClass<E>
```

其中，参数名称由程序员决定。

在类名中声明了参数类型之后，该类的内部成员、方法就可以使用这个参数类型。比如：GenericClass<F>就是一个泛型类，其类名的后面声明了类型F，此时GenericClass类的成员、方法就可以使用F来表示成员的类型、方法参数的类型、方法返回值的类型。泛型类最常见的用途就是作为能够容纳不同数据类型的容器类，比如Java的集合容器类。

8.6.3 泛型接口

与泛型类一样，泛型接口是在接口名的后面添加类型参数，比如如下定义的接口Comparator<T>。当接口声明了泛类型后，该接口的方法就可以直接使用这个类型。该接口的实现类在实现该泛型接口时需要指明具体的参数类型，否则就默认为Object类型，此时便失去了泛型接口的意义。

```
public interface Comparator<T>{
    int compare(T o1, T o2);
    boolean equals(Object obj)
}
```

8.6.4 泛型方法

在定义带有类型参数的方法时，紧跟在可见范围修饰符的后面，比如在public的后面添加<>，在<>内指定一个或多个类型参数的名字，同时也可以对类型参数的取值范围进行限定，多个类型参数之间用","分隔。定义完类型参数后，可以在定义位置之后及方法内的任意地方使用该类型参数，就像使用普通类型一样。如实践演练环节中的第12行，此时main()方法就是一个泛型方法。

8.6.5 实践演练

实例8-4 定义泛型类并使用。

(1) 定义泛型类,存储数据信息。
(2) 通过主调方法生成不同类型的泛型类对象,完成信息的打印。

视频 8-10 实践演练:定义泛型并进行使用

```
1   class Info<T>{
2       private T x;
3       public T getX() {
4           return x;
5       }
6       public void setX(T x) {
7           this.x = x;
8       }
9   }
10  public class TestGenerics {
11      @SuppressWarnings("unchecked")
12      public static <T> void main(String[] args) {
13          //自动生成方法存根
14          Info<T> info = new Info<T>();
15          info.setX((T)"零基础闯关 Java 挑战二级");
16          System.out.println(info.getX());
17          info.setX((T)new Integer(100));
18          System.out.println(info.getX());
19      }
20  }
```

运行结果如下(通过 Eclipse 编译器的运行结果):

零基础闯关 Java 挑战二级
100

程序解析:Info 类为泛型类,Info 泛型类中的类型用符号 T 表示。第 2 行代码创建一个泛型的私有属性 x,x 为与 T 一样的泛型类型。由于 x 为私有属性,对外不可见,所以第 3~5 行代码和第 6~8 行代码是泛型类型数据成员 x 的 get()和 set()方法,方便对私有数据成员进行获取和注入数据。

TestGenerics 类是主调测试类,该类中需要对泛型进行操作,所以第 12 行代码的 main()方法中要携带"＜T＞"标志,因此该方法为泛型方法。第 14 行代码创建了 Info 的对象 info,第 15 行代码通过 set()方法为 info 对象里面的私有属性 x 赋值为"零基础闯关 Java 挑战二级",于是第 16 行代码通过 get()方法打印出 info 中的私有属性的值为"零基础闯关 Java 挑战二级",此时泛型就接收了字符串类型。

第 17 行代码通过 set()方法为 info 对象里面的私有属性 x 赋值为 100 的整型对象,所以此时泛型私有数据成员 x 便接收了整型数据,于是第 18 行代码通过 get()方法打印出 info 对象中私有属性 x 的值为 100,此时泛型输出整型数据为 100。

请读者根据视频讲解完成该实例,并逐行分析运行结果。

8.6.6 泛型的使用规则

现将泛型的使用规则总结如下。

(1) 泛型的参数类型只能是类，也包括自定义类，不能是简单类型。因此上述案例的第 17 行代码当要传递整型数据 100 时，只能是整型类 Integer 的对象，而不能是基本数据类型 int 类型。

(2) 因为参数类型是不确定的，所以同一种泛型可以对应多个版本，不同版本的泛型类实例之间相互不兼容。

(3) 泛型的类型参数可以有一个，也可以有多个。

(4) 泛型的参数类型可以使用 extends 语句，通常称为"有界类型"。

(5) 泛型的参数类型名可以指定具体的名字，也可以使用通配符"?"。例如：

Class <?> classType = class.forName(java.lang.String);

本 章 小 结

本章小结内容以思维导图的形式呈现，请读者扫描二维码打开思维导图学习。

本章小结

习 题

一、选择题

下列选项中实现了 Set 接口的类是(　　)。

A. HashSet　　　　B. LinkedList　　　　C. Vector　　　　D. ArrayList

二、看程序写结果

1. 下列代码段执行后的结果是(　　)。

```
List lis = new ArrayList();
lis.add("1");
lis.add("2");
lis.add("3");
lis.add("4");
lis.add("3");
lis.add("4");
lis.remove(2);
lis.remove(3);
for(Object s: lis)
    System.out.print (s + " ");
```

2. 下列代码段运行的结果是(　　)。

```
Set<lnteger> set = new HashSet <Integer>();
set.add(1);
set.add(3);
```

```
set.add(5);
set.add(7);
System.out.println(Collections.min(set));
```

3. 下列代码段的运行结果是（　　）。

```
Set <Integer> set = new HashSet<lnteger>();
set.add(1);
set.add(4);
set.add(5);
set.add(7);
System.out.println(Collections.max(set));
```

4. 下列代码段执行后的结果是（　　）。

```
HashSets = new HashSet();
s.add("abc");
s.add("abcd");
s.remove("abcd");
int s1 = s.size();
s.add("abc");
s.add("abce")
int s2 = s.size();
System.out.println(s1+""+s2);
```

5. 下列代码段运行后的结果是（　　）。

```
Set<lnteger> set = new HashSet <lnteger>();
set.add(1);
set.add(4);
set.add(5);
set.add(7);
Systemout.println(set.size());
```

6. 下列代码段执行的结果是（　　）。

```
Set<String> set = new TreeSet<String>();
set.add("3");
set.add("1");
set.add("2");
set.add("1");
for(Object s: set)
    System.out.print(s + "");
```

本章习题答案

第 4 篇

Java 的 GUI 设计

第 9 章 Java 的用户界面程序设计
第 10 章 Java Applet 小程序

第 9 章　Java 的用户界面程序设计

三十载如弦吐箭一般，Java 已从"毛头小子"成长为"企业高管"，市场的需求、科技的进步推动 Java 从 GUI(graphical user interface，图形用户界面)发展到 Web，并大步迈向移动应用领域，成就了 Java 行业霸主地位的原因便是图形用户界面设计，即 GUI。准确来说GUI 就是屏幕产品的视觉体验和互动操作。GUI 是一种结合了计算机科学、美学、心理学、行为学以及各商业领域需求分析的人机系统工程，强调人、机、环境三者融为一体的系统设计。其目的是优化产品的性能，使操作更加人性化，减轻使用者的认知负担，使其更适合用户的操作需求，提升产品的市场竞争力。

本章主要内容：
- 了解 Java 图形用户界面编程的基本情况。
- 掌握 JFrame、JDialog、JOptionPane 容器的使用方法。
- 灵活运用 JPanel、JScrollPane 面板解决实际问题。
- 掌握 Java 的布局管理及使用方法。
- 掌握 Java 的按钮组件、文本组件、列表组件及其使用方法。
- 掌握 Java 的事件处理机制及常用方法。

本章教学目标

9.1　窗　　体

9.1.1　图形用户界面编程介绍

早期图形用户界面开发只能通过 AWT 工具包实现。AWT 是 Abstract Windows ToolKit(抽象窗口工具包)的缩写。这个工具包提供了一套与本地图形界面进行交互的接口。利用 AWT 来构建图形用户界面时，实际上是在利用操作系统所提供的图形库来完成设计。由于不同操作系统的图形库所提供的功能是不一样的，也就是说一个平台有的功能到了另一个平台上可能就不存在，又由于 AWT 是依靠本地方法类实现其功能的，所以，通常把 AWT 控件称为重量级控件。

视频 9-1　理论精解：窗体(JFrame、JDialog、JOptionPane)

由于 Swing 控件是用 100% 的纯 Java 代码实现的，因此在一个平台上设计的控件到了其他平台依然可以使用，又因为 Swing 中没有使用本地方法来实现图形功能，所以，通常把 Swing 控件称为轻量级控件。本章主要讲述 Swing 包中的内容。

9.1.2 JFrame

JFrame 是屏幕上 Windows 的对象,是一个带有标题行和控制按钮的独立窗口,能够最大化、最小化、关闭。JFrame 的默认布局为 BorderLayout(边界布局)。JFrame 类常用的构造方法如表 9-1 所示。

表 9-1 JFrame 类常用的构造方法

方 法	描 述
public JFrame() throws HeadlessException	构造一个初始时不可见的新窗体
public JFrame(GraphicsConfiguration gc)	以屏幕设备指定的 GraphicsConfiguration 和空白标题创建一个 Frame
public JFrame(String title) throws HeadlessException	创建一个新的、初始不可见的、具有指定标题的 Frame
public JFrame(String title,GraphicsConfiguration gc)	创建一个具有指定标题和指定屏幕设备的 GraphicsConfiguration 的 JFrame

9.1.3 对话框

对话框(JDialog)一般是一个临时的窗口,主要用于显示提示信息或接收用户的输入信息。所以,在对话框中一般不需要菜单条,也不需要改变窗口的大小。此外,在对话框出现时,可以设定禁止其他窗口的输入,直到这个对话框被关闭。对话框是由 JDialog 类实现的。简单对话框的展示如图 9-1 所示。

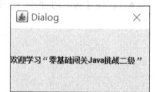

图 9-1 简单对话框的展示

9.1.4 消息提示对话框

消息提示对话框(JOptionPane)一般用于提示用户信息或者指定某些选项供用户选择。消息提示对话框的创建是通过 JOptionPane 类提供的多个静态方法来实现,按功能进行划分一般有三种:一是消息提示;二是用户输入;三是警示确认。

(1) showMessageDialog()方法。该静态方法用于创建展示消息提示信息的对话框,JOptionPane 类提供了多个 showMessageDialog()方法的重载,可以根据展示信息的不同,选择不同的 showMessageDialog()方法,具体例子如下。

① JOptionPane.showMessageDialog(null,"友情提示");
② JOptionPane.showMessageDialog(null, "提示消息", "标题", JOptionPane.WARNING_MESSAGE);
③ JOptionPane.showMessageDialog(null, "提示消息", "标题", JOptionPane.ERROR_MESSAGE);
④ JOptionPane.showMessageDialog(null, "提示消息", "标题", JOptionPane.PLAIN_MESSAGE);

（2）showInputDialog()方法。该静态方法用于创建接收用户输入信息的对话框。JOptionPane 类提供了多个 showInputDialog()方法的重载，可以根据需要选择不同的 showInputDialog()方法，具体例子如下。

注意：该方法的返回值为 String 类型，即返回用户输入的信息，若用户没有输入，则返回为 null。

JOptionPane.showInputDialog(null,"请输入您学习的课程名","零基础闯关 Java 挑战二级");

（3）showConfirmDialog()方法。该静态方法用于创建展示警示确认信息的对话框，需要用户对 YES、OK、NO、CANCEL 和 CLOSED 选项进行确认。JOptionPane 类提供了多个 showConfirmDialog()方法的重载，可以根据需要选择不同的 showConfirmDialog()方法，具体例子如下。

① JOptionPane.showConfirmDialog(null, "您学习的课程名是"零基础闯关 Java 挑战二级"吗?");
② JOptionPane.showConfirmDialog (null, "零基础闯关 Java 挑战二级","请选择", JOptionPane.YES_NO_OPTION);

注意：该方法的返回值为 int 类型，即返回用户所选择的选项的整数值，其中 YES、OK 选项的返回值为 0，NO 选项的返回值为 1，CANCEL 选项的返回值为 2，CLOSED 选项的返回值为－1。

9.1.5 实践演练

实例 9-1 设计一个实现如下功能的窗口。

（1）该窗口包含的容器有窗口、对话框、消息提示框、面板，控件有按钮。
（2）开启对话框的按钮在窗口最下面。
（3）用于展示消息提示对话框的按钮在窗口中间，可以根据需要展示不同的消息提示对话框。
（4）单击各个按钮展示不同类型的对话框。
（5）学习添加事件监听的两种技术方案。

视频 9-2 实践演练：常用窗体的设计

```
1    import java.awt.BorderLayout;
2    import java.awt.Color;
3    import java.awt.event.ActionEvent;
4    import java.awt.event.ActionListener;
5    import javax.swing.JButton;
6    import javax.swing.JDialog;
7    import javax.swing.JFrame;
8    import javax.swing.JLabel;
9    import javax.swing.JOptionPane;
10   import javax.swing.JPanel;
11   public class TestJFrame implements ActionListener {
12       private JFrame frame;
```

```java
13      private JPanel p1;
14      private JPanel p2;
15      private JButton btn1;
16      private JButton btn2;
17      private JButton btn3;
18      private JButton btn4;
19      private JButton btn5;
20      private JButton btn6;
21      private JButton btn7;
22      public void go() {
23          //自动生成方法存根
24          frame = new JFrame("TestJFrame");
25          p1 = new JPanel();
26          p2 = new JPanel();
27          btn1 = new JButton("Dialog");
28          btn2 = new JButton("友情提示");
29          btn3 = new JButton("警告提示");
30          btn4 = new JButton("错误提示");
31          btn5 = new JButton("一般提示");
32          btn6 = new JButton("输入提示");
33          btn7 = new JButton("警示提示");
34          p1.setBackground(Color.yellow);
35          p2.setBackground(Color.cyan);
36          btn1.addActionListener(new ActionListener() {
37              @Override
38              public void actionPerformed(ActionEvent e) {
39                  //自动生成方法存根
40                  JDialog jd = new JDialog(frame,"Dialog",true);
41                  jd.add(new JLabel("欢迎学习"零基础闯关 Java 挑战二级""));
42                  jd.setSize(250,150);
43                  jd.setVisible(true);
44              }
45          });
46          btn2.addActionListener(this);
47          btn3.addActionListener(this);
48          btn4.addActionListener(this);
49          btn5.addActionListener(this);
50          btn6.addActionListener(this);
51          btn7.addActionListener(this);
52          p1.add(btn1);
53          p2.add(btn2);
54          p2.add(btn3);
55          p2.add(btn4);
56          p2.add(btn5);
57          p2.add(btn6);
58          p2.add(btn7);
59          frame.add(p1,BorderLayout.SOUTH);
60          frame.add(p2,BorderLayout.CENTER);
61          frame.setSize(500,400);
62          frame.setVisible(true);
63      }
```

```
64      public static void main(String[] args) {
65          //自动生成方法存根
66          TestJFrame tf = new TestJFrame();
67          tf.go();
68      }
69      @Override
70      public void actionPerformed(ActionEvent e) {
71          //自动生成方法存根
72          JButton newbtn = (JButton)e.getSource();
73          if(newbtn==btn2){
74              JOptionPane.showMessageDialog(frame, "友情提示");
75          }else if(newbtn==btn3){
76              JOptionPane.showMessageDialog(frame, "警告提示","标题",
77                  JOptionPane.WARNING_MESSAGE);
78          }else if(newbtn==btn4){
79              JOptionPane.showMessageDialog(frame, "错误提示","标题",
80                  JOptionPane.ERROR_MESSAGE);
81          }else if(newbtn==btn5){
82              JOptionPane.showMessageDialog(frame, "一般提示","标题",
83                  JOptionPane.PLAIN_MESSAGE);
84          }else if(newbtn==btn6){
85              JOptionPane.showInputDialog(frame, "请输入您学习的课程名",
86                  "零基础闯关 Java 挑战二级");
87          }else if(newbtn==btn7){
88              JOptionPane.showConfirmDialog(frame, "您学习的课程名是"零基础
89              闯关 Java 挑战二级"吗?","请选择",JOptionPane.YES_NO_OPTION);
90          }
91      }
92  }
```

运行结果如图 9-2 所示(通过 Eclipse 编译器的运行结果)。

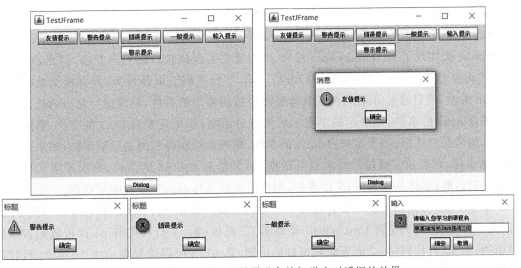

图 9-2 实例 9-1 的运行效果及各按钮弹出对话框的效果

程序解析:TestJFrame 类承担了整个窗口的设计,第 12~21 行代码为该类所需窗口

容器、面板、控件的声明，作为TestJFrame类的私有属性存在。main()方法作为主调测试方法。为了减轻main()方法的负载，该窗口的所有设计和实现均在go()方法中进行。所以在main()方法的第66行代码构建了TestJFrame类的对象tf。第67行代码调用go()方法，完成窗口的创建。

注意：go()方法的设计分"三步走"，具体如下。

（1）按序建：将所需窗口、面板、控件等全部创建出来，创建的顺序与声明的顺序一致，保证所有的信息不丢失。如果缺少，可以上下对应添加。

（2）设属性：对窗口、面板、控件设置属性，比如设置其位置、大小、颜色、行为、状态等。

（3）后组装：完成窗口、面板、控件的组装，设置窗口为可见。

按照以上"三步走"原则进行设计的好处在于，将复杂的GUI编程固化为口诀，便于操作且方便实施。一旦忘记了，可以很方便地找到要添加和修改的位置，因前后有关联而不易出错。

第24～33行代码完成窗口frame、面板p1、p2、按钮btn1～btn7的创建，其顺序与第12～21行代码私有属性的定义顺序一致。

第34、35行代码设置p1和p2的背景颜色，分别为黄色和青色。

第36～45行代码中，第一种添加事件监听的方法是通过匿名内部类的方式为btn1添加事件监听。addActionListener()方法需要一个ActionListener接口的对象，所以直接使用new关键字创建该对象，由于ActionListener为接口，所以要构建的匿名内部类需要实现ActionListener接口的所有方法，即actionPerformed()方法。actionPerformed()方法定义了当单击btn1按钮后要实现的行为。第40行代码创建了对话框对象jd，该对话框依附于frame窗口，对话框的标题为"Dialog"；第41行代码向该对话框中添加一个标签；第42行代码设置对话框的大小；第43行代码设置对话框为可见。

第46～51行代码中，第二种添加事件监听的方法是通过自身类实现ActionListener接口的方式为btn2到btn7添加事件监听。addActionListener()方法的参数指定为this，即本类，所以本类TestFrame需要实现ActionListener接口，如第11行代码所示。由于TestFrame类实现了ActionListener接口，所以就要实现该接口的所有方法，因此，第70～91行代码为实现的actionPerformed()方法。第72行代码获取事件源，并强制类型转换为JButton类型，然后通过if语句判断具体是哪个按钮发出的事件，从而进行对应的处理。如果是来自btn2的事件，则展示简单提示的消息对话框；如果是来自btn3的事件，则展示警告提示的消息对话框；如果是来自btn4的事件，则展示错误提示的消息对话框；如果是来自btn5的事件，则展示一般提示的消息对话框；如果是来自btn6的事件，则展示输入性提示的消息对话框；如果是来自btn7的事件，则展示选择性提示的警示提醒对话框。

第52～62行代码实现了所有面板和控件的组装。第52行代码是将btn1添加到p1面板；第53～58行代码是将btn2～btn7添加到p2面板；第59行代码将p1面板放到窗口的最南边；第60行代码将p2面板放到窗口的中间；第61行代码设置窗口大小；第62行代码设置窗口可见。

请读者在实践演练环节的基础上大胆尝试，勇于创新，创作出更多属于自己的作品。

9.1.6 考题精讲

视频 9-3 考题精讲：窗体

1. 下列可以获得构建前景色的方法是(　　)。
   A. getSize()　　　　　　　　　B. getForeground()
   C. getBackground()　　　　　　D. paint()

【解析】 getSize()方法用于获得窗口的大小,A 选项错误;getForeground()方法获取构建的前景色,B 选项正确;getBackground()方法获取构建的背景色,C 选项错误;paint()方法用于绘图,D 选项错误。因此,本题选择 B 选项。

2. 单击按钮时,产生的事件是(　　)。
   A. KeyEvent　　　　　　　　　B. ActionEvent
   C. WindowsEvent　　　　　　　D. MouseEvent

【解析】 用户单击按钮,JButton 对象就会创建一个 ActionEvent 对象,然后调用 listener.actionPerformed(event)传递事件对象。所以,本题答案为 B 选项。

3. 对单击按钮操作所产生的事件进行处理的接口是(　　)。
   A. MouseListener　　　　　　　B. WindowsListener
   C. ActionListener　　　　　　　D. KeyListener

【解析】 对单击按钮操作所产生的事件进行处理的接口是 ActionListener。本题答案为 C 选项。

4. 下列用于设置窗口标题的方法是(　　)。
   A. setTitle()　　　　　　　　　B. getSize()
   C. setForeground()　　　　　　D. setBackground()

【解析】 setTitle()方法用来设置窗口的标题,A 选项正确;getSize()方法可获得窗口的大小,B 选项错误;getForeground()方法获取构建的前景色,C 选项错误;getBackground()方法获取构建的背景色,D 选项错误。因此,本题选择 A 选项。

5. 设置组建大小的方法是(　　)。
   A. paint()　　　　　　　　　　B. setSize()
   C. getSize()　　　　　　　　　D. repaint()

【解析】 paint()方法用于绘图,A 选项错误;setSize()方法设置窗口的大小,B 选项正确;getSize()方法获得窗口的大小,C 选项错误;repaint()方法用来重新绘图,D 选项错误;因此,本题选择 B 选项。

6. 下列包中,包含 JOptionPane 类的是(　　)。
   A. javax.swing　　　　　　　　B. java.lang
   C. java.util　　　　　　　　　　D. java.applet

【解析】 swing 包中提供了 JOptionPane 类来实现类似 Windows 平台下的 MessageBox 的功能。利用 JOptionPane 类中的各个 static 类型的方法来生成各种标准的对话框,实现显示信息、提出问题、警告、用户输入参数等功能,且这些对话框都是模式对话框。所以,本题答案为 A 选项。

7. 在下列 Java 语言包中,提供图形界面构建的包是(　　)。

　　A. java.io　　　　B. javax.swing　　　C. java.net　　　　D. java.rmi

【解析】 java.io 包提供文件输入/输出操作的类;javax.swing 包提供构建和管理应用程序的图形界面的轻量级构建;java.net 包提供执行网络通信应用及 URL 处理的类;java.rmi 包提供远程方法调用所需的类。因此,本题答案为 B 选项。

8. 按钮可以产生 ActionEvent 事件,可以处理此事件的接口是(　　)。

　　A. ActionListener　　　　　　　　　　B. ComponentListener
　　C. WindowsListener　　　　　　　　　D. FocusListener

【解析】 ActionEvent 事件对应的处理事件的接口是 ActionListener,WindowsEvent 事件对应的处理事件的接口为 WindowsListener,FocusListener 是焦点监听器。不存在 B 选项的监听方法。因此,本题答案为 A 选项。

9.2　常　用　面　板

9.2.1　普通面板

JPanel(普通面板)是 Java 图形用户界面(GUI)工具包 swing 中的面板容器,包含在 javax.swing 包中,是一种轻量级容器,可以加入 JFrame 窗体中。JPanel 默认布局为 FlowLayout(流式布局)。向面板容器中添加组件时使用 add()方法,而向 add()方法中传递的参数决定于该面板容器使用哪个布局管理器。

视频 9-4　理论精解:常用面板

9.2.2　滚动面板

滚动面板(JScrollPane)是最常见的界面组件,当界面容器容纳了比其更大的组件内容时,就需要使用滚动条辅助展现。JScrollPane 类提供轻量级组件的 Scrollable 视图、JScrollPane 管理视口、可选的垂直和水平滚动条以及可选的行列标题视图。JScrollPane 类常用的构造方法如表 9-2 所示。

表 9-2　JScrollPane 类常用的构造方法

方法	描述
public JScrollPane()	创建一个空的 JScrollPane 对象
public JScrollPane(Component view)	创建一个新的 JScrollPane 对象,只要组件的内容超过视图大小,就会自动产生滚动条
public JScrollPane(Component view, int vsbPolicy, int hsbPolicy)	创建一个新的 JScrollPane 对象,里面含有要显示的组件,并设置滚动条出现的时机
public JScrollPane(int vsbPolicy, int hsbPolicy)	创建一个新的 JScrollPane 对象,里面不含有显示组件,但设置了滚动条出现的时机

9.2.3 实践演练

视频 9-5 实践演练：常用面板的使用

实例 9-2 设计一个实现如下功能的窗口，完成常用面板的使用。

(1) 单击"选课"按钮，在多行文本域中展示选中的选课信息。再次单击"选课"按钮，在多行文本域中追加选课信息。

(2) 单击"取消"按钮，清空多行文本域的所有信息。

(3) 巧用常用面板 JPanel、JScrollPane 完成窗口设计。

```
1   import java.awt.BorderLayout;
2   import java.awt.Color;
3   import java.awt.event.ActionEvent;
4   import java.awt.event.ActionListener;
5   import javax.swing.JButton;
6   import javax.swing.JFrame;
7   import javax.swing.JPanel;
8   import javax.swing.JScrollPane;
9   import javax.swing.JTextArea;
10  public class TestJPanel {
11      private JFrame frame;
12      private JPanel p;
13      private JButton btnOK;
14      private JButton btnCancel;
15      private JTextArea ta;
16      private JScrollPane sp;
17      static int index = 1;
18      public void go() {
19          //自动生成方法存根
20          frame = new JFrame("TestJPanel");
21          p = new JPanel();
22          btnOK = new JButton("选课");
23          btnCancel = new JButton("取消");
24          btnOK.addActionListener(new ActionListener() {
25              @Override
26              public void actionPerformed(ActionEvent arg0) {
27                  //自动生成方法存根
28                  if(index==1){
29                      ta.setText("欢迎学习"零基础闯关 Java 挑战二级"\n");
30                  }else{
31                      ta.append("欢迎继续学习"零基础闯关 Java 挑战二级"\n");
32                  }
33                  index++;
34              }
35          });
36          btnCancel.addActionListener(new ActionListener() {
37              @Override
38              public void actionPerformed(ActionEvent e) {
39                  //自动生成方法存根
40                  ta.setText("");
```

```
41              }
42          });
43          ta = new JTextArea();
44          sp = new JScrollPane(ta);
45          ta.setBackground(Color.cyan);
46          p.setBackground(new Color(98,0xFB,98));
47          p.add(btnOK);
48          p.add(btnCancel);
49          frame.add(sp,BorderLayout.CENTER);
50          frame.add(p,BorderLayout.SOUTH);
51          frame.setSize(500,400);
52          frame.setVisible(true);
53      }
54      public static void main(String[] args) {
55          //自动生成方法存根
56          TestJPanel tf = new TestJPanel();
57          tf.go();
58      }
59  }
```

运行结果如图 9-3 所示(通过 Eclipse 编译器的运行结果)。

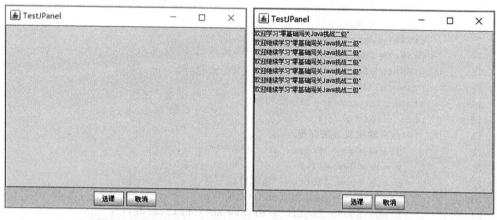

图 9-3 实例 9-2 的运行效果及单击"选课"按钮后的运行效果

程序解析：TestJPanel 类承担了整个窗口的设计，第 11~16 行代码定义了窗口所需的窗口容器、面板和控件，其作为 TestJPanel 类的私有属性存在，main()方法作为主调测试方法，为了减轻该方法的负载，所有的窗口设计和实现均在 go()方法中进行。所以 main()方法的第 56 行代码构建了 TestJPanel 类的对象 tf，第 57 行代码调用 go()方法完成窗口的创建。

第 20~23 行代码、第 43~44 行代码完成窗口 frame、面板 p、按钮 btnOK(选课)和 btnCancel(取消)、多行文本域 ta、滚动面板 sp 的创建，其顺序与第 11~16 行代码私有属性的罗列顺序一致。

第 24~35 行代码、第 36~42 行代码均是用第一种添加事件监听的方法，即通过匿名内部类的方式为 btnOK(选课)和 btnCancel(取消)按钮添加事件监听。该实例用到了计数器变量 index。第 17 行代码定义了带有 static 关键字的类属性 index，初始值为 1，当第一次单击 btnOK 按钮时，由于 index 为 1，所以设置多行文本域 ta 中的内容为："欢迎学习'零基础闯关 Java 挑战二级'"。随后，index 自增值，因 index 实现了递增，所以 index 将永远大于 1。当继续单击 btnOK 按钮时，由于 index 已经大于 1，所以将执行 else 部分代码，使用 append()方法向多行文本域 ta 中追加的信息是：欢迎继续学习"零基础闯关 Java 挑战二级"。当单击 btnCancel 按钮时，完成多行文本域内容的清空操作。

第 45 行代码设置多行文本域 ta 的背景颜色为青色。第 46 行代码设置面板 p 的背景颜色的 RGB 值为分别为 98、0xFB、98。第 47 行和第 48 行代码将按钮 btnOK（选课）和 btnCancel（取消）添加到面板 p 中。第 49 行代码将带有滚动条的面板 sp 添加到窗口 frame 的中间。第 50 行代码将面板 p 添加到窗口 frame 的南边。第 51 行代码设置窗口 frame 的大小。第 52 行代码设置窗口 frame 可见。

9.2.4 考题精讲

1. 下列组件中不属于容器的是（　　）。
   A. JFrame   B. JButton
   C. JToolBar   D. JDialog

视频 9-6 考题精讲：常用面板

【解析】JFrame 是页面容器，JButton 是按钮组件，JToolBar 是工具条，JDialog 是对话框。JButton 不是容器而是控件，所以答案为 B 选项。

2. 下列属于容器类的是（　　）。
   A. JLabel   B. JButton   C. JCheckBox   D. JPanel

【解析】Java Swing 中的 JPanel 是 Java 图形用户界面（GUI）工具包 swing 中的面板容器，其他选项则是控件，所以本题答案为 D 选项。

9.3　布局管理（边界、流式、卡片、网格）

9.3.1　边界布局

边界布局（BorderLayout）管理器把容器的布局分为五个位置：NORTH、SOUTH、WEST、EAST、CENTER，依次对应上北、下南、左西、右东和中间。边界布局是窗口（JFrame）的默认布局。边界布局的示意效果如图 9-4 所示。

视频 9-7　理论精解：布局管理

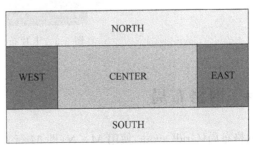

图 9-4　边界布局的示意效果

9.3.2 流式布局

流式布局(FlowLayout)使用该布局方式的容器中各个控件按照加入的先后顺序,按照设置的对齐方式(居中、左对齐、右对齐)从左到右排列,一行排满,就到下一行继续。JPanel的默认布局为流式布局。流式布局和边界布局的对比如图 9-5 所示。

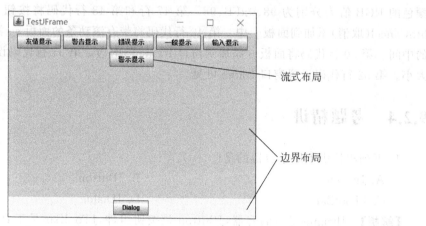

图 9-5　流式布局和边界布局的对比

9.3.3 卡片布局

卡片布局(CardLayout)能够让多个组件共享同一个显示空间,共享空间的组件之间就像扑克牌一样叠在一起。初始时显示该空间第一个添加的组件,通过 CardLayout 类提供的 next()方法可以切换空间中显示的组件。卡片布局的示意图如图 9-6 所示。

图 9-6　卡片布局示意图

9.3.4 网格布局

网格布局(GridLayout)使用 $M \times N$(即 M 行$\times N$ 列)的二维表格形式来布局界面组件,使容器中的所有组件呈现 M 行$\times N$ 列的网格状分布。图 9-7 展示了 3 行$\times 3$ 列的网格状分布。

图 9-7 3 行×3 列的网格状分布

9.3.5 实践演练

实例 9-3 卡片布局与网格布局的使用案例。

修改实例 9-1,定义布局 cp 为卡片布局,将不同颜色的 JPanel 对象放入 cp 中,将 cp 放入窗口中央。当鼠标单击窗口最下面的按钮时,实现卡片的切换。将 6 个展示警告的按钮放入网格布局的 JPanel 对象中。

视频 9-8 实践演练:卡片布局与网格布局的案例

```
1    import java.awt.BorderLayout;
2    import java.awt.CardLayout;
3    import java.awt.Color;
4    import java.awt.GridLayout;
5    import java.awt.event.ActionEvent;
6    import java.awt.event.ActionListener;
7    import javax.swing.JButton;
8    import javax.swing.JFrame;
9    import javax.swing.JOptionPane;
10   import javax.swing.JPanel;
11   public class TestLayout implements ActionListener {
12       private JFrame frame;
13       private JPanel p1;
14       private JPanel p2;
15       private JPanel p3;
16       private JPanel p3_1;
17       private JPanel p3_2;
18       private JPanel p3_3;
19       private JPanel p3_4;
20       private JPanel p3_5;
21       private JButton btn1;
22       private JButton btn2;
23       private JButton btn3;
24       private JButton btn4;
25       private JButton btn5;
26       private JButton btn6;
27       private JButton btn7;
28       private CardLayout cl;
29       public void go() {
30           //自动生成方法存根
```

```java
31          frame = new JFrame("TestJFrame");
32          p1 = new JPanel();
33          p2 = new JPanel();
34          p3 = new JPanel();
35          p3_1 = new JPanel();
36          p3_2 = new JPanel();
37          p3_3 = new JPanel();
38          p3_4 = new JPanel();
39          p3_5 = new JPanel();
40          cl = new CardLayout();
41          btn1 = new JButton("切换");
42          btn2 = new JButton("友情提示");
43          btn3 = new JButton("警告提示");
44          btn4 = new JButton("错误提示");
45          btn5 = new JButton("一般提示");
46          btn6 = new JButton("输入提示");
47          btn7 = new JButton("警示提示");
48          btn1.addActionListener(new ActionListener() {
49              @Override
50              public void actionPerformed(ActionEvent e) {
51                  //自动生成方法存根
52                  cl.next(p3);
53              }
54          });
55          p1.setBackground(Color.yellow);
56          p1.add(btn1);
57          p2.setLayout(new GridLayout(2,3));
58          p2.setBackground(Color.cyan);
59          p2.add(btn2);
60          p2.add(btn3);
61          p2.add(btn4);
62          p2.add(btn5);
63          p2.add(btn6);
64          p2.add(btn7);
65          btn2.addActionListener(this);
66          btn3.addActionListener(this);
67          btn4.addActionListener(this);
68          btn5.addActionListener(this);
69          btn6.addActionListener(this);
70          btn7.addActionListener(this);
71          p3.setLayout(cl);
72          p3.add(p3_1);
73          p3.add(p3_2);
74          p3.add(p3_3);
75          p3.add(p3_4);
76          p3.add(p3_5);
77          p3_1.setBackground(Color.magenta);
78          p3_2.setBackground(Color.green);
79          p3_3.setBackground(Color.pink);
80          p3_4.setBackground(Color.ORANGE);
81          p3_5.setBackground(Color.cyan);
```

```
82          frame.add(p1,BorderLayout.SOUTH);
83          frame.add(p2,BorderLayout.NORTH);
84          frame.add(p3,BorderLayout.CENTER);
85          frame.setSize(500, 400);
86          frame.setVisible(true);
87      }
88      public static void main(String[] args) {
89          //自动生成方法存根
90          TestLayout tl = new TestLayout();
91          tl.go();
92      }
93      @Override
94      public void actionPerformed(ActionEvent e) {
95          //自动生成方法存根
96          JButton newbtn = (JButton)e.getSource();
97          if(newbtn==btn2){
98              JOptionPane.showMessageDialog(frame,"友情提示");
99          }else if(newbtn==btn3){
100             JOptionPane.showMessageDialog(frame,"警告提示","标题",
101                 JOptionPane.WARNING_MESSAGE);
102         }else if(newbtn==btn4){
103             JOptionPane.showMessageDialog(frame,"错误提示","标题",
104                 JOptionPane.ERROR_MESSAGE);
105         }else if(newbtn==btn5){
106             JOptionPane.showMessageDialog(frame,"一般提示","标题",
107                 JOptionPane.PLAIN_MESSAGE);
108         }else if(newbtn==btn6){
109             JOptionPane.showInputDialog(frame,"请输入您学习的课程名",
110                 "零基础闯关 Java 挑战二级");
111         }else if(newbtn==btn7){
112             JOptionPane.showConfirmDialog(frame,"您学习的课程名是"零基
113                 础闯关 Java 挑战二级"吗?","请选择",JOptionPane.YES_NO_OPTION);
114         }
115     }
116 }
```

运行结果如图 9-8 所示(通过 Eclipse 编译器的运行结果)。

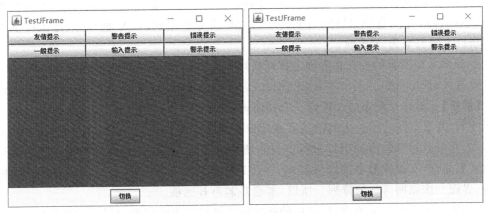

图 9-8　实例 9-3 的运行效果以及单击"切换"按钮后的效果

程序解析：TestLayout 类承担了整个窗口的设计，第 12~28 行代码定义了窗口所需的窗口容器、面板和控件，包含 8 个面板、7 个按钮以及 1 个卡片布局 cl，以 TestLayout 类的私有属性的形式存在。main()方法作为主调测试方法。为了减轻 main()方法的负载，所有的窗口设计和实现均在 go()方法中进行。所以在 main()方法的第 90 行代码构建了 TestLayout 类的对象 tl。第 91 行代码调用 go()方法，完成窗口的创建。

第 31~47 行代码完成窗口 frame、8 个面板、7 个按钮的创建，其顺序与第 12~28 行代码私有属性的罗列顺序一致。

第 48~54 行代码通过匿名内部类的方式为 btn1 按钮添加事件监听。其中第 52 行代码调用了 next()方法，在具有卡片布局管理的 p3 面板中实现各面板的轮换展示。当单击 btn1 按钮时，p3 面板中的各个面板将轮流展示。

第 55 行代码设置面板 p1 的背景色为黄色，第 56 行代码将 btn1 添加到 p1 面板中。

第 57 行代码设置面板 p2 的布局为 2 行×3 列的网格布局，第 58 行代码设置 p2 的背景色为青色，第 59~64 行代码顺次将 btn2~btn7 添加到面板 p2 中。第 65~70 行代码通过自身类实现 ActionListener 接口的方式为 btn2~btn7 添加事件监听，具体实现方法可参考实例 9-1。

第 71 行代码设置面板 p3 的布局为卡片布局，第 72~76 行代码顺次将 p3_1~p3_5 这 5 个面板添加到面板 p3 中，第 77~81 行代码分别设置 p3_1~p3_5 这 5 个面板的颜色为洋红、绿色、粉色、橘色、青色。

第 82 行代码将 p1 放到 frame 窗口的南边，将 p2 放到 frame 窗口的北边，将 p3 放到 frame 窗口的中间。第 85 行代码设置窗口 frame 的大小。第 86 行代码设置窗口 frame 可见。

9.3.6 考题精讲

视频 9-9 考题精讲：布局管理

1. Swing 与 AWT 相比新增的布局管理器是（　　）。
   A. BoxLayout　　　　　　　　B. GridBagLayout
   C. GridLayout　　　　　　　　D. CardLayout

【解析】 Swing 继续沿用了 AWT 中的 BorderLayout、FlowLayout、CardLayout、GridLayout、GridBagLayout 布局管理器，还新增了一个 BoxLayout 布局管理器。BoxLayout 布局管理器按照自上向下（Y 轴）或者从左到右（X 轴）的顺序依次加入控件。所以本题答案为 A 选项。

2. 如果希望所有的控件在界面上按网格均匀排列，应使用的布局管理器是（　　）。
   A. CardLayout　　B. GridLayout　　C. FlowLayout　　D. BorderLayout

【解析】 本题考查布局管理器。CardLayout 是卡片布局，能够让多个组件共享同一个显示空间，共享空间的组件之间的关系就像重叠在一起的扑克牌一样。BorderLayout 是边框布局，它可以对容器内的组件进行安排东南西北中的位置，并调整其大小。FlowLayout 是流式布局，所有控件都会按顺序排列，一行装不下就自动到下一行。GridLayout 为网格布局，界面上按照网格均匀排列。所以，本题答案为 B 选项。

3. JFrame 大小发生改变时，其中的按钮位置可能发生改变的布局管理器是（　　）。
   A. FlowLayout　　B. BorderLayout　　C. CardLayout　　D. GridLayout

【解析】 FlowLayout 为流式布局,该布局管理器的容器大小发生改变时,控件的大小不变,但是相对位置会发生变化。BorderLayout 为边界布局,该布局管理器被划分为 5 部分,容器大小的改变不会影响其中组件位置的变化,但是会影响它们大小的变化。CardLayout 为卡片布局,该布局管理器显示放入该容器的当前页中的组件,一次显示一个,容器大小的改变不能影响其中组件位置的改变。GridLayout 是网格布局,组件加入后将占据一个单元格,组件位置不变但是大小会变。所以,本题选 A 选项。

9.4 按钮组件(JButton、JCheckBox、JRadioButton)

9.4.1 按钮

按钮(JButton)是非常常用的控件,JButton 常用的构造方法如表 9-3 所示。通过构造方法,在 JButton 按钮上不仅能够显示文本标签,还能显示图标。

视频 9-10 理论精解:按钮组件

表 9-3 JButton 常用的构造方法

方　　法	描　　述
public JButton()	创建不带有设置文本或图标的按钮
public JButton(String text)	创建一个带文本的按钮
public JButton(Icon icon)	创建一个带图标的按钮
public JButton(Action a)	创建一个按钮,其属性从所提供的 Action 中获取

9.4.2 复选框

复选框(JCheckBox)可以进行多选设置,每个复选框都提供"选中"与"不选中"两种状态。JCheckBox 常用的构造方法如表 9-4 所示。复选框与其他按钮设置基本相同,除了可以在初始化时设置图标之外,还可以设置复选框的文字是否被选中。

表 9-4 JCheckBox 常用的构造方法

方　　法	描　　述
public JCheckBox()	创建一个没有文本和图标并且最初未被选定的复选框
public JCheckBox(Icon icon, boolean selected)	创建一个带图标的复选框,并指定其最初是否处于选定状态
public JCheckBox(String text, boolean selected)	创建一个带文本的复选框,并指定其最初是否处于选定状态
public JCheckBox(String text)	创建一个带文本的、最初未被选定的复选框
public JCheckBox(Action a)	创建一个复选框,其属性从所提供的 Action 中获取

9.4.3 单选按钮

一般情况下,需要将多个单选按钮(JRadioButton)组合在一起,实现多选一的功能,没有被选中的单选按钮将自动设置为不选中状态。单选按钮常用的构造方法如表 9-5 所示。

表 9-5 JRadioButton 常用的构造方法和使用方法

方 法	描 述
public JRadioButton()	创建一个初始化为未选择的单选按钮,其文本未设定
public JRadioButton(Icon icon,boolean selected)	创建一个具有指定图像和选择状态的单选按钮,但无文本
public JRadioButton(String text,boolean selected)	创建一个具有指定文本和选择状态的单选按钮
public JRadioButton(String text,Icon icon,boolean selected)	创建一个具有指定的文本、图像和选择状态的单选按钮

9.4.4 实践演练

实例 9-4 按钮控件的使用案例。

(1) 设计"全国计算机等级考试报考画面"。
(2) 完成一级到四级的所有选项布局。
(3) 用户选择考试科目后,在多行文本域中给出选择科目的提示信息。
(4) 学习添加事件监听的第三种技术方案。

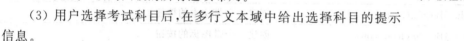

视频 9-11 实践演练:按钮的使用技巧

```
1    import java.awt.BorderLayout;
2    import java.awt.GridLayout;
3    import java.awt.event.ActionEvent;
4    import java.awt.event.ActionListener;
5    import java.awt.event.ItemEvent;
6    import java.awt.event.ItemListener;
7    import javax.swing.BorderFactory;
8    import javax.swing.ButtonGroup;
9    import javax.swing.JCheckBox;
10   import javax.swing.JFrame;
11   import javax.swing.JPanel;
12   import javax.swing.JRadioButton;
13   import javax.swing.JScrollPane;
14   import javax.swing.JTextArea;
15   import javax.swing.border.Border;
16   public class TestButton {
17       private JFrame frame;
18       private JPanel p1;
19       private JPanel p2;
20       private JPanel p3;
21       private JPanel p4;
```

```java
22      private JPanel p5;
23      private JPanel pa;
24      private JPanel pb;
25      private JCheckBox cb1;
26      private JCheckBox cb2;
27      private JCheckBox cb3;
28      private JCheckBox cb4;
29      private JCheckBox cb5;
30      private JCheckBox cb6;
31      private JCheckBox cb7;
32      private JCheckBox cb8;
33      private JCheckBox cb9;
34      private JCheckBox cb10;
35      private JCheckBox cb11;
36      private JCheckBox cb12;
37      private JCheckBox cb13;
38      private JRadioButton rb1;
39      private JRadioButton rb2;
40      private JRadioButton rb3;
41      private JRadioButton rb4;
42      private JRadioButton rb5;
43      private JRadioButton rb6;
44      private JRadioButton rb7;
45      private JRadioButton rb8;
46      private JRadioButton rb9;
47      private JRadioButton rb10;
48      private JTextArea ta;
49      public static void main(String[] args) {
50          //自动生成方法存根
51          TestButton tb = new TestButton();
52          tb.go();
53      }
54      public void go() {
55          //自动生成方法存根
56          frame = new JFrame("TestButton");
57          p1 = new JPanel();
58          p2 = new JPanel();
59          p3 = new JPanel();
60          p4 = new JPanel();
61          p5 = new JPanel();
62          pa = new JPanel();
63          pb = new JPanel();
64          cb1 = new JCheckBox("计算机基础及WPS Office应用");
65          cb2 = new JCheckBox("计算机基础及MS Office应用");
66          cb3 = new JCheckBox("计算机基础及Photoshop应用");
67          cb4 = new JCheckBox("网络安全素质教育");
68          cb5 = new JCheckBox("C语言程序设计");
69          cb6 = new JCheckBox("Java语言程序设计");
70          cb7 = new JCheckBox("Access数据库程序设计");
71          cb8 = new JCheckBox("C++语言程序设计");
72          cb9 = new JCheckBox("MySQL数据库程序设计");
```

```java
73              cb10 = new JCheckBox("Web 程序设计");
74              cb11 = new JCheckBox("MS Office 高级应用与设计");
75              cb12 = new JCheckBox("WPS Office 高级应用与设计");
76              cb13 = new JCheckBox("Python 语言程序设计");
77              rb1 = new JRadioButton("网络技术");
78              rb2 = new JRadioButton("数据库技术");
79              rb3 = new JRadioButton("信息安全技术");
80              rb4 = new JRadioButton("嵌入式系统开发技术");
81              rb5 = new JRadioButton("Linux 应用与开发技术");
82              rb6 = new JRadioButton("网络工程师");
83              rb7 = new JRadioButton("数据库工程师");
84              rb8 = new JRadioButton("信息安全工程师");
85              rb9 = new JRadioButton("嵌入式系统开发工程师");
86              rb10 = new JRadioButton("Linux 应用与开发工程师");
87              ta = new JTextArea();
88              p1.setLayout(new GridLayout(2,2));
89              p1.add(cb1);
90              p1.add(cb2);
91              p1.add(cb3);
92              p1.add(cb4);
93              Border etched = BorderFactory.createEtchedBorder();
94              Border border = BorderFactory.createTitledBorder(etched, "计算机一级");
95              p1.setBorder(border);
96              ButtonGroup group1 = new ButtonGroup();
97              group1.add(cb5);
98              group1.add(cb6);
99              group1.add(cb7);
100             group1.add(cb8);
101             group1.add(cb9);
102             group1.add(cb10);
103             group1.add(cb11);
104             group1.add(cb12);
105             group1.add(cb13);
106             p2.setLayout(new GridLayout(3,3));
107             p2.add(cb5);
108             p2.add(cb6);
109             p2.add(cb7);
110             p2.add(cb8);
111             p2.add(cb9);
112             p2.add(cb10);
113             p2.add(cb11);
114             p2.add(cb12);
115             p2.add(cb13);
116             etched = BorderFactory.createEtchedBorder();
117             border = BorderFactory.createTitledBorder(etched, "计算机二级");
118             p2.setBorder(border);
119             pa.setLayout(new GridLayout(2,1));
120             pa.add(p1);
121             pa.add(p2);
122             ItemListener il = new ItemListener() {
123                 @Override
```

```java
124         public void itemStateChanged(ItemEvent e) {
125             //自动生成方法存根
126             JCheckBox cb = (JCheckBox)e.getSource();
127             if(cb==cb1){
128                 ta.append("\n"+cb1.getText()+" "+cb1.isSelected());
129             }else if(cb==cb2){
130                 ta.append("\n"+cb2.getText()+" "+cb2.isSelected());
131             }else if(cb==cb3){
132                 ta.append("\n"+cb3.getText()+" "+cb3.isSelected());
133             }else if(cb==cb4){
134                 ta.append("\n"+cb4.getText()+" "+cb4.isSelected());
135             }else if(cb==cb5){
136                 ta.append("\n"+cb5.getText()+" "+cb5.isSelected());
137             }else if(cb==cb6){
138                 ta.append("\n"+cb6.getText()+" "+cb6.isSelected());
139             }else if(cb==cb7){
140                 ta.append("\n"+cb7.getText()+" "+cb7.isSelected());
141             }else if(cb==cb8){
142                 ta.append("\n"+cb8.getText()+" "+cb8.isSelected());
143             }else if(cb==cb9){
144                 ta.append("\n"+cb9.getText()+" "+cb9.isSelected());
145             }else if(cb==cb10){
146                 ta.append("\n"+cb10.getText()+" "+cb10.isSelected());
147             }else if(cb==cb11){
148                 ta.append("\n"+cb11.getText()+" "+cb11.isSelected());
149             }else if(cb==cb12){
150                 ta.append("\n"+cb12.getText()+" "+cb12.isSelected());
151             }else if(cb==cb13){
152                 ta.append("\n"+cb13.getText()+" "+cb13.isSelected());
153             }
154         }
155     };
156     cb1.addItemListener(il);
157     cb2.addItemListener(il);
158     cb3.addItemListener(il);
159     cb4.addItemListener(il);
160     cb5.addItemListener(il);
161     cb6.addItemListener(il);
162     cb7.addItemListener(il);
163     cb8.addItemListener(il);
164     cb9.addItemListener(il);
165     cb10.addItemListener(il);
166     cb11.addItemListener(il);
167     cb12.addItemListener(il);
168     cb13.addItemListener(il);
169     p3.setLayout(new GridLayout(2,3));
170     p3.add(rb1);
171     p3.add(rb2);
172     p3.add(rb3);
173     p3.add(rb4);
174     p3.add(rb5);
```

```java
175             etched = BorderFactory.createEtchedBorder();
176             border = BorderFactory.createTitledBorder(etched, "计算机三级");
177             p3.setBorder(border);
178             ButtonGroup group2 = new ButtonGroup();
179             group2.add(rb6);
180             group2.add(rb7);
181             group2.add(rb8);
182             group2.add(rb9);
183             group2.add(rb10);
184             p4.setLayout(new GridLayout(2,3));
185             p4.add(rb6);
186             p4.add(rb7);
187             p4.add(rb8);
188             p4.add(rb9);
189             p4.add(rb10);
190             etched = BorderFactory.createEtchedBorder();
191             border = BorderFactory.createTitledBorder(etched, "计算机四级");
192             p4.setBorder(border);
193             pb.setLayout(new GridLayout(2,1));
194             pb.add(p3);
195             pb.add(p4);
196             ActionListener a1 = new ActionListener() {
197                 @Override
198                 public void actionPerformed(ActionEvent e) {
199                     //自动生成方法存根
200                     JRadioButton rb = (JRadioButton)e.getSource();
201                     if(rb==rb1){
202                         ta.append("\n"+rb1.getText()+" "+rb1.isSelected());
203                     }else if(rb==rb2){
204                         ta.append("\n"+rb2.getText()+" "+rb2.isSelected());
205                     }else if(rb==rb3){
206                         ta.append("\n"+rb3.getText()+" "+rb3.isSelected());
207                     }else if(rb==rb4){
208                         ta.append("\n"+rb4.getText()+" "+rb4.isSelected());
209                     }else if(rb==rb5){
210                         ta.append("\n"+rb5.getText()+" "+rb5.isSelected());
211                     }else if(rb==rb6){
212                         ta.append("\n"+rb6.getText()+" "+rb6.isSelected());
213                     }else if(rb==rb7){
214                         ta.append("\n"+rb7.getText()+" "+rb7.isSelected());
215                     }else if(rb==rb8){
216                         ta.append("\n"+rb8.getText()+" "+rb8.isSelected());
217                     }else if(rb==rb8){
218                         ta.append("\n"+rb9.getText()+" "+rb9.isSelected());
219                     }else if(rb==rb10){
220                         ta.append("\n"+rb10.getText()+" "+rb10.isSelected());
221                     }
222                 }
```

```
223                };
224                rb1.addActionListener(a1);
225                rb2.addActionListener(a1);
226                rb3.addActionListener(a1);
227                rb4.addActionListener(a1);
228                rb5.addActionListener(a1);
229                rb6.addActionListener(a1);
230                rb7.addActionListener(a1);
231                rb8.addActionListener(a1);
232                rb9.addActionListener(a1);
233                rb10.addActionListener(a1);
234                JScrollPane jp = new JScrollPane(ta);
235                p5.setLayout(new BorderLayout());
236                p5.add(jp);
237                frame.setLayout(new GridLayout(3,1));
238                frame.add(pa);
239                frame.add(pb);
240                frame.add(p5);
241                frame.pack();
242                frame.setVisible(true);
243         }
244    }
```

运行结果如图 9-9 所示（通过 Eclipse 编译器的运行结果）。

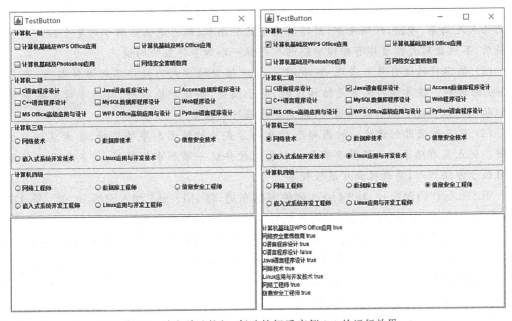

图 9-9　单击单选按钮、复选按钮后实例 9-4 的运行效果

程序解析：TestButton 类承担了整个窗口的设计，第 17～48 行代码定义了窗口所需的窗口容器、面板和控件，其作为 TestButton 类的私有属性存在，有 7 个面板、13 个复选框、10 个单选按钮、1 个多行文本域。main()方法作为主调测试方法，为了减轻它的负载，所有

的窗口设计和实现均在go()方法中。所以main()方法的第51行代码构建了TestButton类的对象tb;第52行代码调用go()方法,完成窗口的创建。

第56~87行代码完成窗口frame、7个面板、13个复选框、10个按钮、1个多行文本域的创建,其顺序与第17~48行代码私有属性的罗列顺序一致。

第88行代码设置p1为2行×2列的网格布局,将cb1~cb4加入面板p1中。第93~95行代码给p1面板设置外框,并将外框标题设置为"计算机一级"。

第96行代码创建按钮组合group1。第97~105行代码将复选框cb5~cb13加入按钮组合group1中,此时按钮组中的各个复选框之间是互斥的,让它们实现单选的功能。第106行代码设置面板p2的布局为3行×3列的表格布局。第107~115行代码将复选框cb5~cb13加入面板p2中。第116~118行代码给p2面板设置外框,并将外框标题设置为"计算机二级"。

第119行代码设置面板pa的布局为2行×1列的网格布局。第120、121行代码将面板p1和面板p2加入pa面板中,也就是将"计算机一级"和"计算机二级"组装到了pa中。

第122~155行代码为第三种添加事件监听的方法,即通过创建统一的内部类对象il,在第156~168行代码中为cb1~cb13添加事件监听对象il。其功能是根据将按钮是否被选中的状态追加到多行文本域ta的末尾。

注意:除了事件处理机制要放到9.7节讲述,目前已通过具体实例讲述了3种添加事件监听的方法。在实际编程中可以根据实际需要灵活使用这些添加事件监听的方法,达到为控件添加事件监听、实现具体功能的目的。现总结如下。

(1) 第一种通过匿名内部类的方式为控件添加事件监听,参考实例9-1的讲解。该方法的优点是简单、方便、代码量少,可根据需要随时添加;缺点是仅适用于对单个控件添加事件监听,不适合对大批量具有相似功能的控件统一添加事件监听的情况。

(2) 第二种通过自身类实现ActionListener接口的方式为控件添加事件监听,参考实例9-1的讲解。该方法的优点是结构清晰,易于阅读,功能扩展性好,有助于对大批量具有相似功能的控件统一添加事件监听;缺点是代码行数较多。

(3) 第三种通过创建统一的内部类对象的方式为控件添加事件监听,参考实例9-4的讲解。优点是有助于对大批量具有相似功能的控件统一添加事件监听;缺点是代码行数较多且位于方法内部,易读性和扩展性较差。

第169行代码设置p3为2行×3列的网格布局,将rb1~rb5加入面板p3中。第175~177行代码给p3面板设置外框,并将外框标题设置为"计算机三级"。

第178行代码创建按钮组合group2。第179~183行代码将单选按钮rb6~rb10加入按钮组合group2中。第184行代码设置面板p4的布局为2行×3列的表格布局。第185~189行代码将单选按钮rb6~rb10加入面板p4中。第190~192行代码给p4面板设置外框,并将外框标题设置为"计算机四级"。

第193行代码设置面板pb的布局为2行×1列的网格布局。第194、195行代码将面板p3和面板p4加入pb面板中,也就是将"计算机三级"和"计算机四级"组装到了pb中。

第196~223行代码为第三种添加事件监听的方法,即通过创建统一的内部类对象a1,在第224~233行代码中为rb1~rb10添加事件监听。根据选中的按钮,将单选按钮是否被选中的状态追加到多行文本域ta的末尾。

第 234 行代码创建带有滚动条的面板 jp。第 235 行代码设置面板 p5 的布局为边界布局。第 236 行代码将面板 jp 放入 p5 中。第 237 行代码设置窗口 frame 的布局为 3 行×1 列的网格布局。第 238~240 行代码将面板 pa、pb、p5 顺次放入 frame 中。第 241 行代码将窗口 frame 以最佳状态的紧缩性的方式呈现。第 242 行代码设置窗口 frame 可见。

9.4.5 考题精讲

1. 下列不属于 Swing 组件的是（　　）。
   A. JMenu   B. JApplet
   C. JOptionPane   D. Panel

视频 9-12　考题精讲：按钮组件

【解析】 Swing 组件是 AWT 的扩展，它提供了许多新的图形界面组件。Swing 组件以 J 开头。所以，本题答案为 D 选项。

2. 下列不属于 Swing 组件的是（　　）。
   A. JButton   B. JLabel   C. JFrame   D. JPane

【解析】 Swing 组件中 JButton 是按钮组件，JLabel 是标签组件，JFrame 是顶层窗体组件，JPanel 是面板容器组件。不存在 JPane 组件，所以，本题答案为 D 选项。

3. 下列组件中属于容器的是（　　）。
   A. JComboBox   B. JList   C. JApplet   D. JMenu

【解析】 JApplet 为小应用程序类，需要依靠浏览器执行，是 Swing 容器类的顶层容器。所以，本题答案为 C 选项。

4. 必须添加到其他容器中的组件是（　　）。
   A. JDialog   B. JFrame   C. JLabel   D. JWindow

【解析】 JDialog、JFrame、JWindow 本身就是容器，不是组件。JLabel 是组件，必须添加到其他容器里面。所以，本题答案为 C 选项。

5. 进行多项选择时需要使用的组件是（　　）。
   A. JComboBox   B. JList   C. JLabel   D. JRadioButton

【解析】 JComboBox 是下拉列表组件，一次也只允许选择一个元素。JList 中的元素选择有三种模式：单选、多选、间隔选择，可通过 setSelectionMode 来设置。JLabel 不是选择型组件，仅仅是标签。JRadioButton 是单选按钮组件，仅能做单选。所以，本题答案为 B 选项。

9.5　文本组件（JTextField、JPasswordField、JTextArea）

9.5.1　单行文本框（JTextField）

JTextField 类通过创建单行文本编辑器，允许用户进行单行文本的输入和编辑，其常用的构造方法如表 9-6 所示。

视频 9-13　理论精解：文本组件

表 9-6　JTextField 类常用的构造方法

方　　法	描　　述
public JTextField()	构造一个新的 TextField 对象,创建一个默认的模型,初始字符串为 null,列数设置为 0
public JTextField(String text)	构造一个用指定文本初始化的新的 TextField 对象,创建列数为 0 的默认模型
public JTextField(int columns)	构造一个具有指定列数的新的空 TextField 对象创建默认的模型,初始字符串设置为 null
public JTextField(String text,int columns)	构造一个用指定文本和列初始化的新的 TextField 对象,创建默认的模型
public JTextField(Document doc,String text,int columns)	构造一个新的 JTextField 对象,它使用给定文本存储模型和给定的列数

9.5.2　密码框(JPasswordField)

JPasswordField(密码框)类的用法和 JTextField(单行文本框)类的用法相似,不同的是,用户输入的密码字符会自动用掩码字符替换,用于遮挡明文密码,其常用的构造方法如表 9-7 所示。

表 9-7　JPasswordField 类常用的构造方法

方　　法	描　　述
public JPasswordField()	构造一个新的 JPasswordField 对象,使其具有默认文档,其初始文本字符串为 null,列宽度为 0
public JPasswordField(String text)	构造一个利用指定文本初始化的新的 JPasswordField 对象,将文档模型设置为默认值,列数为 0
public JPasswordField(String text,int columns)	构造一个利用指定文本和列初始化的新的 JPasswordField 对象,将文档模型设置为默认值
public JPasswordField(Document doc,String txt,int columns)	构造一个使用给定文本存储模型和给定列数的新的 JPasswordField 对象

9.5.3　文本域(JTextArea)

JTextArea(文本域)类用于多行文本的编辑,其常用的构造方法如表 9-8 所示。

表 9-8　JTextArea 类常用的构造方法

方　　法	描　　述
public JTextArea()	构造新的 TextArea 对象,设置默认的模型
public JTextArea(String text)	构造显示指定文本的新的 TextArea 对象
public JTextArea(int rows,int columns)	构造具有指定行数和列数的新的空 TextArea 对象
public JPasswordField(Document doc,String txt,int columns)	构造具有指定文本、行数和列数的新的 TextArea 对象创建默认模型

续表

方　法	描　述
public JTextArea(Document doc)	构造新的 JTextArea 对象,使其具有给定的文档模型,参数默认为(null,0,0)
public JTextArea(Document doc,String text,int rows,int columns)	构造具有指定行数和列数以及给定模型的新的 JTextArea 对象

9.5.4　实践演练

视频 9-14　实践演练：文本组件的使用技巧

实例 9-5　文本组件的使用案例。

（1）设计用户输入用户名、密码信息的图形用户界面。

（2）单击"确定"按钮后,捕获用户输入的用户名和密码信息,并展示在多行文本域中。

（3）单击"取消"按钮,清空所有输入信息及多行文本域中的信息。

（4）用户输入的用户名如果是英文字母,需要在录入的同时转换为红色大写字母,显示在文本框中。用户录入的密码信息在密码框中以"＊"呈现。

```java
1    import java.awt.BorderLayout;
2    import java.awt.Color;
3    import java.awt.GridLayout;
4    import java.awt.event.ActionEvent;
5    import java.awt.event.ActionListener;
6    import javax.swing.JButton;
7    import javax.swing.JFrame;
8    import javax.swing.JLabel;
9    import javax.swing.JPanel;
10   import javax.swing.JPasswordField;
11   import javax.swing.JScrollPane;
12   import javax.swing.JTextArea;
13   import javax.swing.JTextField;
14   import javax.swing.text.AttributeSet;
15   import javax.swing.text.BadLocationException;
16   import javax.swing.text.PlainDocument;
17   public class TestText {
18       private JFrame frame;
19       private JLabel nameLabel;
20       private JLabel pwLabel;
21       private JTextField nameField;
22       private JPasswordField pwField;
23       private JButton btnOK;
24       private JButton cancel;
25       private JTextArea ta;
26       public static void main(String[] args) {
27           //自动生成方法存根
28           TestText tt = new TestText();
29           tt.go();
```

```java
30      }
31      private void go() {
32          //自动生成方法存根
33          frame = new JFrame("用户名密码输入画面");
34          nameLabel = new JLabel("用户名:");
35          pwLabel = new JLabel("密码:");
36          nameField = new JTextField();
37          pwField = new JPasswordField();
38          btnOK = new JButton("确定");
39          cancel = new JButton("取消");
40          ta = new JTextArea(5,20);
41          nameField.setDocument(new UpperCaseDocument());
42          nameField.setForeground(Color.red);
43          JPanel labelPanel = new JPanel();
44          labelPanel.setLayout(new GridLayout(3,1));
45          labelPanel.add(nameLabel);
46          labelPanel.add(pwLabel);
47          labelPanel.add(btnOK);
48          JPanel fieldPanel = new JPanel();
49          fieldPanel.setLayout(new GridLayout(3,1));
50          fieldPanel.add(nameField);
51          fieldPanel.add(pwField);
52          fieldPanel.add(cancel);
53          JPanel northPanel = new JPanel();
54          northPanel.setLayout(new GridLayout(1,2));
55          northPanel.add(labelPanel);
56          northPanel.add(fieldPanel);
57          btnOK.addActionListener(new ActionListener() {
58              @Override
59              public void actionPerformed(ActionEvent e) {
60                  //自动生成方法存根
61                  String username = nameField.getText();
62                  ta.append("\nUserName:"+username);
63                  char pw[] = pwField.getPassword();
64                  String password = new String(pw);
65                  ta.append("\nPassword:"+password);
66              }
67          });
68          cancel.addActionListener(new ActionListener() {
69              @Override
70              public void actionPerformed(ActionEvent e) {
71                  //自动生成方法存根
72                  nameField.setText("");
73                  pwField.setText("");
74                  ta.setText("");
75              }
76          });
77          frame.add(northPanel,BorderLayout.NORTH);
78          JScrollPane jsp = new
```

```
79              JScrollPane(ta,JScrollPane.VERTICAL_SCROLLBAR_ALWAYS,
80              JScrollPane.HORIZONTAL_SCROLLBAR_ALWAYS);
81              frame.add(jsp,BorderLayout.CENTER);
82              frame.setDefaultCloseOperation(JFrame.EXIT_ON_CLOSE);
83              frame.setSize(400,300);
84              frame.setVisible(true);
85          }
86      }
87      class UpperCaseDocument extends PlainDocument{
88          private static final long serialVersionUID = 1L;
89          @Override
90          public void insertString(int offset, String str, AttributeSet a)
91          throws BadLocationException {
92              //自动生成方法存根
93              str = str.toUpperCase();
94              super.insertString(offset, str, a);
95          }
96      }
```

运行结果如图 9-10 所示(通过 Eclipse 编译器的运行结果)。

图 9-10　实例 9-5 的运行效果及输入用户名密码后单击"确定"按钮的运行效果

程序解析：TestText 类承担了整个窗口的设计，第 18～25 行代码定义了窗口所需的容器和控件，其作为 TestText 类的私有属性存在。main()方法作为主调测试方法，为了减轻它的负载，所有的窗口设计和实现均在 go()方法中进行，所以在 main()方法的第 28 行代码中构建了 TestText 类的对象 tt。第 29 行代码调用 go()方法，完成窗口的创建。

第 33～40 行代码完成窗口 frame、标签、文本域、密码域、按钮、多行文本域的创建，其顺序与第 18～25 行代码私有属性的罗列顺序一致。

第 41 行代码将输入用户名的文本域设置为大写。第 42 行代码将输入用户名的文本域的前景色设置为红色。第 43 行代码创建承载标签的面板 labelPanel。第 44 行代码设置面板 labelPanel 的布局为 3 行×1 列的网格布局。第 45～47 行代码顺次将用户名和密码的标签以及"确定"按钮放入面板 labelPanel 中。第 48 行代码创建承载输入框的面板 fieldPanel。第 49 行代码设置面板 fieldPanel 的布局为 3 行×1 列的网格布局。第 50～52 行代码顺次将用户名、密码输入框以及"取消"按钮放入面板 fieldPanel 中。第 53 行代码创建承载所有输入项的面板 northPanel。第 54 行代码设置面板 northPanel 的布局为 1 行×

2列的网格布局。第55、56行代码顺次将面板labelPanel和面板fieldPanel放入面板northPanel中。

第77行代码将面板northPanel加入窗口frame的北边。第78~80行代码创建带有垂直滚动条和水平滚动条的面板jsp。第81行代码将面板jsp放到窗口frame的中间。第82行代码设置窗口关闭时退出。第83行代码设置窗口frame的大小。第84行代码设置窗口frame可见。

第57~67行与第68~76行代码用第一种添加事件监听的方法,即通过匿名内部类的方式为btnOK按钮、cancel按钮添加事件监听。btnOK按钮的事件处理用来获取用户输入的用户名和密码,并将信息追加到多行文本域ta的末尾。cancel按钮的事件处理程序用来清空原有用户输入的用户名和密码信息。

第87~96行代码构建了PlainDocument类的子类UpperCaseDocument,重写了PlainDocument类中的insertString()方法,将用户输入的所有字母转换为大写字母。

9.6 列表组件(JComboBox、JList)

9.6.1 下拉框(JComboBox)

JComboBox(下拉框)类是用户选择下拉选项的UI组件,其常用的构造方法如表9-9所示。下拉框所展现的列表项可以使用数组表示,也可以使用下拉框模型(ComboxModel)实现。使用字符串数组作为下拉列表项内容时,用户单击下拉列表时,将顺次展现数组中的元素。通过getSelectedItem()方法获取当前选择的列表项,使用addItem()方法完成添加项,默认情况下选择数据模型中的第一项。当前列表项需要包含更多属性的时候,就需要用到灵活程度更大的下拉框模型,可以通过ComboBoxModel接口来实现。

视频9-15 理论精解:列表组件

表9-9 JComboBox类常用的构造方法

方法	描述
public JComboBox()	创建具有默认数据模型的JComboBox对象,默认的数据模型为空对象列表
public JComboBox(ComboBoxModel aModel)	创建一个JComboBox对象,其项取自现有的ComboBoxModel
public JComboBox(Object[] items)	创建包含指定数组中元素的JComboBox对象
public JComboBox(Vector<?>items)	创建包含指定Vector中元素的JComboBox对象

9.6.2 列表框(JList)

列表框类似于下拉框,不同的是列表框直接将所有的列表项展示在其中,用户无须再下拉选择。JList常用的构造方法如表9-10所示。

表 9-10 JList 常用的构造方法

方法	描述
public JList()	构造一个具有空的、只读模型的 JList 对象
public JList(Object[] listData)	构造一个 JList 对象,使其显示指定数组中的元素。此构造方法为给定数组创建一个只读模型,然后委托给带有 ListModel 类的构造方法
public JList(Vector<?>listData)	构造一个 JList 对象,使其显示指定 Vector 类中的元素。此构造方法为给定 Vector 类创建一个只读模型,然后委托给带有 ListModel 类的构造方法
public JList(ListModel dataModel)	根据指定的非空模型构造一个显示元素的 JList 对象,它的其他所有构造方法都委托给此方法处理

9.6.3 实践演练

实例 9-6 列表组件的使用案例。

(1) 将二级考试科目列表放置在下拉选框中。

(2) 单击按钮后,将下拉选框选中的内容推送到列表框,并提供课程推荐信息。

视频 9-16 实践演练:列表组件的使用技巧

```
1   import java.awt.BorderLayout;
2   import java.awt.event.ActionEvent;
3   import java.awt.event.ActionListener;
4   import javax.swing.DefaultListModel;
5   import javax.swing.JButton;
6   import javax.swing.JComboBox;
7   import javax.swing.JFrame;
8   import javax.swing.JList;
9   import javax.swing.JPanel;
10  import javax.swing.JScrollPane;
11  public class TestList {
12      private JFrame frame;
13      private DefaultListModel<String> listModel;
14      private JList<String> list;
15      private JPanel panel;
16      private JComboBox<String> cb;
17      private JButton button;
18      public static void main(String[] args) {
19          //自动生成方法存根
20          TestList tl = new TestList();
21          tl.go();
22      }
23      public void go() {
24          //自动生成方法存根
25          frame = new JFrame("列表组件的使用");
26          listModel = new DefaultListModel<String>();
27          list = new JList<String>(listModel);
28          JScrollPane jsp = new
```

知识小贴士 9-1 掌握 GUI 编程的规律达事半功倍之效

```
29            JScrollPane(list,JScrollPane.VERTICAL_SCROLLBAR_AS_NEEDED,
30            JScrollPane.HORIZONTAL_SCROLLBAR_AS_NEEDED);
31            panel = new JPanel();
32            cb = new JComboBox<String>();
33            button =new JButton("添加考试项目");
34            frame.add(jsp);
35            cb.addItem("C 语言程序设计");
36            cb.addItem("Java 语言程序设计");
37            cb.addItem("Access 数据库程序设计");
38            cb.addItem("C++语言程序设计");
39            cb.addItem("MySQL 数据库程序设计");
40            cb.addItem("Web 程序设计");
41            cb.addItem("MS Office 高级应用与设计");
42            cb.addItem("Python 语言程序设计");
43            cb.addItem("WPS Office 高级应用与设计");
44            button.addActionListener(new ActionListener() {
45                @Override
46                public void actionPerformed(ActionEvent e) {
47                    //自动生成方法存根
48                    String str = cb.getSelectedItem().toString();
49                    if(str.equals("C 语言程序设计")){
50                        str+="推荐:"计算机二级 C语言通关秘籍"";
51                    }else if(str.equals("Java 语言程序设计")){
52                        str+="推荐:"零基础闯关 Java 挑战二级"";
53                    }
54                    listMode1.addElement(str);
55                }
56            });
57            panel.add(cb);
58            panel.add(button);
59            frame.add(panel,BorderLayout.SOUTH);
60            frame.setDefaultCloseOperation(JFrame.EXIT_ON_CLOSE);
61            frame.setSize(400, 300);
62            frame.setVisible(true);
63        }
64    }
```

运行结果如图 9-11 所示(通过 Eclipse 编译器的运行结果)。

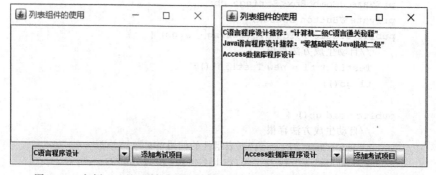

图 9-11 实例 9-6 的运行效果以及单击"添加考试项目"按钮后的运行效果

程序解析：TestList 类承担了整个窗口的设计，第 12～17 行代码定义了窗口所需的容器、面板和控件，其作为 TestList 类的私有属性存在。main() 方法作为主调测试方法，为了减轻该方法的负载，所有的窗口设计和实现均在 go() 方法中进行。所以在 main() 方法的第 20 行构建了 TestList 类的对象 tl。第 21 行调用 go() 方法，完成窗口的创建。

第 25～33 行代码完成窗口 frame、列表框、带有垂直滚动条和水平滚动条的面板 jsp、面板 panel、下拉框 cb、按钮 button 的创建，其顺序与第 12～17 行代码私有属性的罗列顺序一致。其中第 26 行代码创建了列表模型 listModel。通过第 27 行代码使 listModel 与列表框 list 绑定。

第 34 行代码将带有滚动条的面板放入窗口 frame 中。第 35～43 行代码向下拉框 cb 中添加选项，其选项内容为全国计算机二级考试科目。第 57 行代码将下拉框 cb 放入面板 panel 中。第 58 行代码将按钮 button 放入面板 panel 中。第 59 行代码将面板 panel 放到窗口 frame 的南边。第 60 行代码设置窗口关闭时退出。第 61 行代码设置窗口 frame 的大小。第 62 行代码设置窗口 frame 为可见。

第 44～56 行代码用第一种添加事件监听的方法，即通过匿名内部类的方式为 button 按钮添加事件监听。首先获取下拉框 cp 选中项的内容，第 49～53 行代码如果选中的项是"C 语言程序设计"或"Java 语言程序设计"考试科目，此时要将推荐的课程添加到预备的字符串 str 中。第 54 行代码将 str 中的内容添加到 listModel 中，由于 listModel 与列表框 list 已绑定，所以一旦 listModel 发生改变，则 listModel 的内容就会在列表框中自动显示。

9.6.4 考题精讲

视频 9-17 考题精讲：列表组件

1. Java 中 JTableHeader 类所在的包是（ ）。

    A. javax.swing.text   B. javax.swing.table

    C. javax.swing.tree   D. javax.swing.plaf

【解析】 javax.swing.text 是文本类的包；javax.swing.table 是表格类的包；javax.swing.tree 是树状组件的包；javax.swing.plaf 提供外观式样操作的类和接口。管理 JTable 表头的对象要选择 B 选项。

2. Java 中 JTextComponent 类所在的包是（ ）。

    A. javax.swing.tree   B. javax.swing.table

    C. javax.swing.text   D. javax.swing.plaf

【解析】 javax.swing.tree 是树状组件的包；javax.swing.table 是表格类的包；javax.swing.text 是文本类的包；javax.swing.plaf 提供外观式样操作的类和接口。JTextComponent 是 swing 文本组件的基类，Java 程序员最熟悉的 JEditorPane、JTextArea 和 JTextField 文本控件就是该类的子类。JTextComponent 所在包是 javax.swing.text，所以本题答案为 C 选项。

9.7 事件处理机制

Java 事件处理机制的具体应用方法已经在本章的各个实践演练部分通过实例进行了详细的介绍,实例 9-4 的程序解析部分对添加事件监听的方法进行了全面总结,本节仅对事件处理机制的相关理论知识部分做进一步的讲述。

视频 9-18 理论精解：Swing 的事件处理机制

9.7.1 事件处理机制的三要素

Java 事件处理机制其实就是一个委托事件的处理,由事件源(组件)、事件(Event)、事件监听器(Listener)三要素组成。

（1）事件源。事件源是产生事件的对象,比如文本框、按钮、下拉列表等。也就是说,事件源必须是一个对象,而且这个对象必须是 Java 能够发生事件的对象。

（2）事件。事件就是用户对该对象触发的动作,比如单击按钮、放大窗口等。每个事件源可以产生一个或多个事件。

（3）事件监听器。为了能够响应所产生的事件,事件源需要为自己注册监听器,以便实时监听发生的事件并做出相应处理。一旦事件发生,监听器将会自动启动并执行相关事件处理程序进行处理。

例如,当发生 ActionEvent 事件时,为事件源对象添加事件监听器的方法为 addActionListener(ActionListener l),该方法中的参数是 ActionListener 接口,因此必须将一个实现 ActionListener 接口的类创建的对象作为参数传递给该方法,使该对象成为事件源的监听器。

9.7.2 事件处理模型

监听器负责调用特定的方法,即事件处理程序来处理事件。创建监视器的类必须提供处理事件的特定方法,即接口要实现的方法。Java 采用接口回调技术来处理事件,当事件源发生事件时,接口立刻通知监听器自动调用实现这个接口的方法,接口方法规定了怎样处理事件的操作。接口回调的过程对程序员是不可见的,Java 设计之初已经设计好了回调机制,无须程序员关心,程序员只需要让事件源获得正确的监听器即可。Java 事件处理模型如图 9-12 所示。

图 9-12 Java 事件处理模型

9.7.3 事件的种类

事件的发起者是用户,所以从用户的行为出发,将常见的用户行为对应的事件源、事件类等进行归类和整理,便于初学者学习,如表 9-11 所示。

表 9-11 用户行为、事件源和事件类等

用 户 行 为	事件源	事 件 类	事件监听接口	事件处理方法
单击按钮	JButton	ActionEvent	ActionListener	actionPerformed(ActionEvent e)
文本域按下 Enter 键	JTextField			
选定一个新项	JComboBox			
单击复选框	JCheckBox			
选定菜单项	JMenuItem			
选定一个新项	JComboBox	ItemEvent	ItemListener	itemStateChange(ItemEvent e)
单击复选框	JCheckBox			
文本的值已改变	JTextField	TextEvent	TextListener	textValueChang(TextEvent e)
选定项或选定多项	JList	ListSelectionEvent	ListSelectionListener	valueChanged(ListSelectionEvent e)
滑动滚动条	JScrollBar	AdjustmentEvent	AdjustmentListener	adjustmentValueChanged(AdjustmentEvent e)
组件获得焦点	Component	FocusEvent	FocusListener	focusGained(FocusEvent e)
组件失去焦点				focusLost(FocusEvent e)
输入某个键值		KeyEvent	KeyListener	KeyType(KeyEvent e)
按下键				KeyPressed(KeyEvent e)
释放键				KeyRelease(KeyEvent e)
拖曳鼠标			MouseMotionListener	mouseDragged(MouseEvent e)
移动鼠标				mouseMoved(MouseEvent e)
光标离开组件时		MouseEvent	MouseListener	mouseExited(MouseEvent e)
光标在组件上时按下鼠标				mousePressed(MouseEvent e)
光标在组件上并释放鼠标				mouseReleased(MouseEvent e)
光标在组件上并单击				mouseClicked(MouseEvent e)
光标进入组件上方				mouseEntered(MouseEvent e)
窗口正在关闭	Window	WindowEvent	WindowListener	windowClosing(WindowEvent e)
窗口被打开				windowOpen(WindowEvent e)
窗口变为最小化				windowIconified(WindowEvent e)
窗口变为正常				windowDeiconified(WindowEvent e)
窗口被关闭				windowClosed(WindowEvent e)
窗口被激活				windowActivated(WindowEvent e)
窗口被停用				windowDeactivated(WindowEvent e)

9.7.4 考题精讲

1. 下列代码中，WindowsAdapter 处理的事件类是（ ）。

```
1  public class MyWindow extends WindowAdapter{
2      public void windowClosing(WindowEvent e) { }
3      public void windowClosed(WindowEvent e) { }
4      public void windowOpened (WindowEvent e) { }
5  }
```

视频 9-19 考题精讲：Swing 的事件处理机制

A. WindewEvent   B. windowOpened
C. windowClosing   D. windowClosed

【解析】 MyWindow 类继承了 WindowAdapter 类，在重写方法中传入的参数为 WindowEvent 类，则处理的事件为 WindowEvent 类。所以本题答案为 A 选项。

2. 下列选项中，不属于事件适配器类的是（ ）。

A. MouseAdapter   B. KeyAdapter
C. ComponentAdapter   D. FrameAdapter

【解析】 本题考查 java.awt.event 包中定义的适配器类。该包中定义的适配器类包括以下几个：①ComponentAdapter 类为构件适配器；②ContainerAdapter 类为容器适配器；③FocusAdapter 类为焦点适配器；④MouseAdapter 类为鼠标适配器；⑤KeyAdapter 类为键盘适配器；⑥MouseMotionAdapter 类为鼠标运动适配器；⑦WindowAdapter 类为窗口适配器。D 选项中的 FrameAdapter 类不属于事件适配器，故本题答案为 D 选项。

3. 阅读下列代码片段，在下画线处应该填入的选项是（ ）。

```
1  class InterestTest _____ ActionListener{
2      ...
3      public void actionPerformed(ActionEvent event){
4          ...
5      }
6  }
```

A. Implementation   B. Inheritance
C. implements   D. extends

【解析】 ActionEvent 属于监听器接口，一个类要实现一个接口必须用关键字 implements。因此，本题答案为 C 选项。

4. 单击菜单项（MenuItem）产生的事件是（ ）。

A. MenuEvent   B. ActionEvent   C. KeyEvent   D. MouseEvent

【解析】 ActionEvent 是控件事件，当特定的控件有动作发生时，比如按下操作，此时该控件将生成高级别的事件。事件被传递给每一个 ActionListener 对象，这些对象是使用控件的 addActionListener 方法注册的，用来接收这类事件。因此本题答案为 B 选项。

5. 下列为窗口事件的是（ ）。

A. MouseEvent   B. WindowEvent   C. ActionEvent   D. KeyEvent

【解析】 WindowEvent 属于窗口事件，因此基本题答案为 B 选项。

6. 单击按钮所产生的事件是(   )。
   A. ActionEvent   B. ItemEvent   C. MouseEvent   D. KeyEvent

【解析】 ActionEvent 是按钮单击事件；ItemEvent 为项目监听事件；MouseEvent 是鼠标监听事件；KeyEvent 是键盘监听事件。所以，本题答案为 A 选项。

7. 关于组件和监听器，错误的说法是(   )。
   A. 一个组件可以注册多个监听器
   B. 一个监听接口可以监听组件的多个事件
   C. 多个监听器可以同时监听一个组件
   D. 可多次调用add×××Listener()方法向组件加入监听器

【解析】 一个监听器接口只可以监听组建的一种事件，所以本题答案为 B 选项。

8. 在JFrame中添加菜单的方法是(   )。
   A. add()   B. setJMenuBar()
   C. JMenu()   D. addJMenuBar()

【解析】 setJMenuBar()是用来创建菜单条的。add()方法无法在 JFrame 中添加菜单，它可以向菜单中添加指定的项。Java 中没有 addJMenuBar()方法。当菜单条设置好之后，就可以通过 JMenu()方法向其中添加菜单。本题答案为 C 选项。

本 章 小 结

本章小结

本章小结内容以思维导图的形式呈现，请读者扫描二维码打开思维导图学习。

习　　题

一、选择题

1. 下列选项中不属于 MouseListener 接口的方法是(   )。
   A. MouseDragged()   B. mousePressed()
   C. mouseClicked()   D. mouseEntered()

2. 下列属于容器类的是(   )。
   A. JLabel   B. JButton   C. JCheckBox   D. JPanel

3. JFrame 大小发生改变时，其中的按钮位置可能发生改变的布局管理器是(   )。
   A. FlowLayout   B. BorderLayout   C. CardLayout   D. GridLayout

4. 必须添加到其他容器中的组件是(   )。
   A. JDialog   B. JFrame   C. JLabel   D. JWindow

5. 关于组件和监听器，错误的说法是(   )。
   A. 一个组件可以注册多个监听器

B. 一个监听器接口可以监听组件的多种事件
C. 多个监听器可以同时监听一个组件
D. 可多次调用add×××Listener()方法向组件加入监听器

6. Swing与AWT相比,新增加的布局管理器是(　　)。
   A. BoxLayout　　　B. GridLayout　　　C. CardLayout　　　D. BorderLayout

7. 进行多项选择时,可以使用的组件是(　　)。
   A. JComboBox　　　B. JList　　　C. JLabel　　　D. JRadioButton

8. 事件处理机制中不包括的是(　　)。
   A. 事件监听　　　B. 事件　　　C. 事件生成　　　D. 事件处理

9. 下列类中,不是顶层容器但可以加入组件的是(　　)。
   A. JToolBar　　　B. JFrame　　　C. JButton　　　D. JLabel

10. myListener是实现了ActionListener接口的类的对象,则能够使myListener监听myButton按钮动作事件的语句是(　　)。
    A. myButton.addActionListener(myListener);
    B. MyListener.add(myButton);
    C. myButton.addListener(myListener);
    D. Mylistener.addListener(myButton);

11. 不是JButton构造方法的是(　　)。
    A. JButton(Icon icon,Icon icon)　　　B. JButton(Icon icon)
    C. JButton(String text)　　　D. JButton(String text,Icon icon)

12. 包含菜单条的选项是(　　)。
    A. JFrame　　　B. JLabel　　　C. JDialog　　　D. JApplet

13. 容器被重新设置大小后,组件大小不随容器大小变化而改变的布局管理器是(　　)。
    A. FlowLayout　　　B. BorderLayout
    C. CardLayout　　　D. GridLayout

14. 下列布局管理器中,容器大小发生变化,而其所包含的组件大小不变的是(　　)。
    A. FlowLayout　　　B. BorderLayout
    C. CardLayout　　　D. GridLayout

15. 关于JTextArea组件,不正确的说法是(　　)。
    A. JTextArea组件可以显示文本并进行编辑
    B. JTextArea组件在默认的情况下将所有文本显示在一行上
    C. JTextArea组件通过调用setLineWrap(true)设置自动换行
    D. JTextArea组件只能显示一行文本

16. 下列可以获得构件前景色的方法是(　　)。
    A. getSize()　　　B. getForeground()
    C. getBackground()　　　D. paint()

17. 下列不属于Swing构件的是(　　)。
    A. JMenu　　　B. JApplet　　　C. JOptionPane　　　D. Panel

二、填空题

1. ActionEvent 的事件监听器是_____。
2. 用户在 JTextField 组件中输入文本，按下 Enter 键后产生的事件是_____。
3. 为窗口注册监听器所使用的方法是_____。
4. 在 JFrame 中添加菜单的方法是_____。
5. 按钮可以产生 ActionEvent 事件，可以处理此事件的接口是_____。
6. 改变当前容器布局管理器的方式是调用_____方法。

三、编程题

完成 Java 的用户图形界面编程，在 JFrame 窗口的左上方展示有一个"红军不怕远征难，万水千山只等闲。"的字符串，用户可以使用窗口中 File 菜单下的 Open 子菜单来选择 014.JPG 图片或 306.JPG 图片，并将选中的图片显示出来。在窗口下方有一个下拉列表框，可对"红军不怕远征难，万水千山只等闲。"字符串的字体进行设置。该程序运行时的界面如图 9-13 所示；选择 306.JPG 图片后的显示如图 9-14 所示；选择 014.JPG 图片后的显示如图 9-15 所示。

图 9-13　程序运行时的界面效果

图 9-14　选择 306.JPG 图片后的界面效果

图 9-15　选择 014.JPG 图片后的界面效果

本章习题答案

第 10 章　Java Applet 小程序

在 Web 2.0 时代之前，所有的网页程序都是静态的。Java 诞生之初，颇具吸引力的一点就是其可以在 Web 浏览器中运行。这些嵌入在 HTML 中的 Java 程序被称为 Java 小程序，即 Applet。Applet 使用现代图形用户界面与 Web 用户进行交互，将 Applet 内嵌在 HTML 代码中。虽然现在市面上已经基本看不到 Applet 的身影了，但这是 Java 在 Web 页面程序上的首次大胆尝试。随着 Java 技术在 Web 方面的不断成熟，这一大胆尝试为后续 Servlet、JSP、Java EE 技术的推出奠定了坚实的基础，也是 Java 为什么能够成为 Web 应用程序首选开发语言的原因。

本章主要内容：
- 了解 Applet 的基本概念。
- 掌握 Applet 的生命周期。
- 了解 Applet 在生命周期中的使用方法。
- 掌握 Applet 程序的编写方法。
- 使用 Applet 解决实际问题。

本章教学目标

10.1　Applet 概述

10.1.1　什么是 Applet

前面章节讲述的都是 Java 应用程序，均是通过 Java 解释器执行的独立程序，以 main() 方法为入口点开始执行。本章讨论的 Applet 是 Java 语言与 Internet 相结合的产物，是一种被嵌入 Web 页面中，由 Java 兼容浏览器执行的小程序，可以生成具有动态效果和交互功能的 Web 页面。Applet 自身不能运行，必须嵌入在其他应用程序（如 Web 浏览器或 Java AppletViewer）中运行。Applet 与应用程序的主要区别在执行方式上。

10.1.2　Applet 的生命周期

Applet 的生命周期是指从 Applet 下载到浏览器，直至用户退出浏览器终止 Applet 生命的全过程。Applet 的生命周期包括 Applet 的初始、运行、停止和消亡四个状态。Applet 的生命周期状态转换如图 10-1 所示。

视频 10-1　理论精解：Applet 的生命周期

图 10-1　Applet 的生命周期状态转换

10.1.3　加载 Applet

当一个 Applet 被下载到本地系统时，将发生如下操作。
（1）产生该 Applet 主类的一个实例。
（2）对 Applet 自身进行初始化。
（3）启动 Applet 后运行，将 Applet 完全显示出来。

10.1.4　离开或者返回 Applet 所在 Web 页

当用户离开 Applet 所在的 Web 页（比如转到另一页面），Applet 将停止自身运行；而当用户再次返回到 Applet 所在 Web 页面时，Applet 又一次启动运行。

10.1.5　重新加载 Applet

当用户执行浏览器的刷新操作时，浏览器将先卸载该 Applet。在整个过程中，Applet 要首先停止自身运行，接着执行善后处理，释放 Applet 所占用的资源，然后加载 Applet。加载过程与前面的加载过程相同。

10.1.6　退出浏览器

当用户退出浏览器时，Applet 先停止自身执行，待善后处理完毕后，才会安全退出浏览器。

10.1.7　Applet 生命周期中常用的方法

Applet 生命周期中常用的方法有 4 个，具体功能如下。
（1）void init()：该方法在 Applet 被下载时调用，一般用来完成所有必需的初始化操作。
（2）void start()：该方法在 Applet 初始化之后以及被重新装入时调用。
（3）void stop()：该方法在 Applet 停止执行时调用。一般在 Applet 所在的 Web 页被其他页面覆盖时调用。

(4) void destroy()：该方法在关闭浏览器或者 Applet 从系统中撤出时调用。stop()方法总是在 destroy()方法之前被调用。

10.1.8　考题精讲

1. 在 Applet 的 init()方法被调用后，接下来最先被调用的方法是（　　）。

  A. run()　　　　　　　　　　B. strat()
  C. stop()　　　　　　　　　　D. destroy()

【解析】　在运行 Applet 时，首先调用 init()方法；初始化完成后，再调用 start()方法，此时的 Applet 将处于激活状态。当 Applet 被覆盖时，可用 stop()方法停止线程。关闭浏览器时调用 destroy()方法，彻底终止 Applet，从内存中卸载并释放该 Applet 占用的所有资源。因此，本题答案为 B 选项。

2. 当一个 Applet 被加载，后续对 Applet 生命周期方法的调用中，可能存在的次序是（　　）。

  A. start()、stop()、init()、destroy()
  B. init()、start()、stop()、start()、stop()、destroy()
  C. start()、init()、stop()、destroy()
  D. init()、start()、destroy()、stop()

【解析】　init()方法一般用来完成所有必需的初始化操作；start()方法是在初始化之后 Applet 被加载时调用；stop()方法在 Applet 停止执行时调用；destroy()方法是 Applet 从系统撤出时调用。本题答案为 B 选项。

3. 下列关于 Applet 的叙述中，正确的是（　　）。

  A. Applet 中可以重写 Applet 类的 paint()方法
  B. Applet 的 start()方法只能在加载时调用一次
  C. Applet 的 stop()方法是在浏览器关闭时被调用的
  D. Applet 的 destroy()方法不属于 Applet 生命周期

【解析】　在 init()方法之后调用 start()方法，当用户浏览过其他网页之后返回到包含这个 Applet 的 Web 页面时，该方法也会被调用，所以 B 选项错误；stop()方法是用户在离开这个网页时被调用的，因此 C 选项错误；Applet 生命周期的常用方法有 init()、start()、stop()、destroy()，因此 D 选项错误。Applet 中与显示相关的方法主要有 3 个，即 paint()、update()、repaint()。paint()方法定义为"public void paint(Graphics g)"，具体进行 Applet 的绘制。update()方法定义为"public void update(Graphics g)"，主要用于更新 Applet 的显示，此方法将首先清除背景，再调用 paint()方法完成 Applet 的具体绘制。所以本题答案选 A 选项。

10.2　编写 Applet 程序

10.2.1　编写 Applet 程序的注意事项

编写 Applet 程序时，主要注意以下三点。

（1）继承父类：将 Applet 程序的主类声明为 Applet 类的直接子类，或是 JApplet 类的直接子类。

（2）重写方法：往往需要重写初始化方法 init()、启动方法 start()、停止方法 stop()、撤销方法 destroy()以及绘制方法 paint()等。

视频 10-3　理论精解：Applet 编程

（3）功能实现：为了达到更好的设计效果，往往需要实现其他功能，此时还要再写出 Applet 程序主类的其他方法，或完成其他非主类的设计。

10.2.2　编写程序的要点

Applet 程序的主类必须继承 Applet 类或 JApplet 类。在 Applet 程序中，语法规则与 Application 程序一样。在其所包含的类中可以根据需要实现各种接口，也可以使用 GUI 界面设计技术。通常情况下，用户主要是根据程序的实际情况重写几个主要的方法。大多数情况下仅需要重写 init()方法和 start()方法；需要界面操作时重写 paint()方法；需要重写 stop()方法的情况不多；极少数情况才需要重写 destroy()方法。

10.2.3　Applet 标记

在运行 Applet 程序时，需要将 Applet 程序编译成字节码文件，然后嵌入 HTML 文本中作为 Web 页的一部分，并发布到 Internet 上。在嵌入 Web 页面时，需要在 HTML 文本中使用与 Applet 有关的标记来实现。

Applet 常用的属性和标签如下。

（1）code 属性：提供一个 Applet 类，是继承自 java.applet.Applet 或 java.swing.JApplet 类的子类。此属性一定要包含 Applet 类的路径。

（2）width 属性：Applet 在浏览器中所要占用的显示区域的宽度。

（3）heigth 属性：Applet 在浏览器中所要占用的显示区域的高度。

（4）codebase 属性：指的是要加载的文件不在当前目录，而在其子目录或者上级目录时，需要该属性。

（5）param 标签：可以通过该标签向 Applet 类传递参数。

10.2.4 实践演练

实例 10-1 编写具有如下功能的 Applet 程序并运行。

（1）编写最简单的 Applet 程序，完成文本信息的展示，通过传递参数接收数据信息，通过计算求 1～100 的和并显示。

（2）向显示区域中添加"绘制"按钮。

（3）在画面中随机生成 100 个圆，其颜色、位置和大小均随机。当单击"绘制"按钮时，实现重绘的功能。

程序如下。

（1）TestApplet.java

```
1   import java.applet.Applet;
2   import java.awt.Button;
3   import java.awt.Color;
4   import java.awt.Graphics;
5   import java.awt.event.ActionEvent;
6   import java.awt.event.ActionListener;
7   public class TestApplet extends Applet {
8       private static final long serialVersionUID = 1L;
9       String text;
10      String course;
11      String teacher;
12      Button b1;
13      int sum;
14      @Override
15      public void init() {
16          //自动生成方法存根
17          text = "Hello World!";
18          course = getParameter("course");
19          teacher = getParameter("teacher");
20          b1 = new Button("绘制");
21          b1.addActionListener(new ActionListener() {
22              @Override
23              public void actionPerformed(ActionEvent e) {
24                  //自动生成方法存根
25                  repaint();
26              }
27          });
28          add(b1);
29      }
30      @Override
31      public void start() {
32          //自动生成方法存根
33          sum=0;
```

```java
34          for (int i = 1; i <= 100; i++) {
35              sum+=i;
36          }
37      }
38      @Override
39      public void paint(Graphics g) {
40          //自动生成方法存根
41          g.setColor(Color.blue);
42          g.drawString(text, 25, 25);
43          g.setColor(Color.cyan);
44          g.drawString(course, 25, 50);
45          g.setColor(Color.green);
46          g.drawString(teacher, 25, 75);
47          g.setColor(Color.red);
48          g.drawString("sum = "+sum, 25, 100);
49          int r,gr,b,h=300,w=400;
50          int x,y,x1,y1;
51          for (int i = 0; i < 100; i++) {
52              r = (int)(Math.random() * 255);
53              gr = (int)(Math.random() * 255);
54              b = (int)(Math.random() * 255);
55              g.setColor(new Color(r,gr,b));
56              x=(int)(Math.random() * w+25);
57              y=(int)(Math.random() * h+125);
58              x1=(int)(Math.random() * 10+5);
59              y1=x1;
60              g.fillOval(x, y, x1, y1);
61          }
62      }
63  }
```

(2) TestApplet.html

```html
1   <!DOCTYPE html PUBLIC "-//W3C//DTD HTML 4.01 Transitional//EN"
2   "http://www.w3.org/TR/html4/loose.dtd"><html>
3     <head>
4         <meta charset="UTF-8">
5         <title>Test Applet</title>
6     </head>
7     <body>
8         <applet code="TestApplet.class" width=500 height=400>
9             <param name="course" value=""零基础闯关 Java 挑战二级"">
10            <param name="teacher" value="赵彦">
11        </applet>
12    </body>
13  </html>
```

运行结果如图 10-2 所示(通过 Eclipse 编译器的运行结果)。

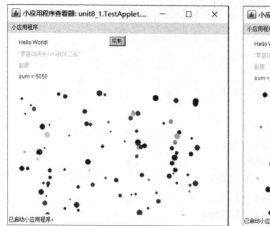 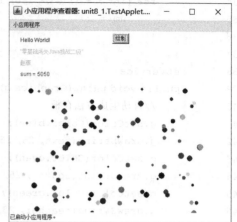

图10-2　实例10-1运行效果及单击绘制按钮后的运行效果

程序解析：TestApplet类继承自Applet类，所以第8行代码要给系统Applet类的子类定义一个序列号。由于TestApplet是一个Applet程序，所以其没有main()方法，必须要重写init()方法。

第9～13行代码定义了所需的字符串对象text、course、teacher，用来存储文本信息、课程信息和授课教师信息，定义了按钮b1，以及需要进行求和计算的sum整型变量。这些均是TestApplet类的属性。

在init()方法中，第17～20行代码用来给属性text赋值为"Hello World!"，通过getParameter()方法从HTML文件中获得传入的参数信息，从而得到course和teacher的值，第20行代码创建按钮b1。第21～28行代码为b1按钮添加事件监听，其功能就是调用repaint()方法实现页面的重绘。第29行代码将b1按钮添加到页面上。

在Applet启动时，需要执行start()方法，此时重写start()方法，并完成对sum的计算，获得1～100的和，如第31～37行代码所示。

第39～62行代码是重写的paint()方法。第41行代码设置画笔的颜色为蓝色。第42行代码绘制文字，将text的内容写到页面上。第43行代码设置画笔的颜色为青色。第44行代码绘制文字，将course的内容写到页面上。第45行代码设置画笔的颜色为绿色。第46行代码绘制文字，将teacher的内容写到页面上。第47行代码设置画笔的颜色为红色。第48行代码绘制文字，将sum的值写到页面上。在写文字时，每次都要指定文字的位置。第49～61行代码是绘制100个圆形，所以第49、50行代码定义了所需的变量，r、g、b代表了绘制圆形的颜色，h、w定义了需要在一个高为300像素、宽为400像素的范围中进行绘制，x、y是绘制的圆形的圆心，x1和y1是椭圆的长半轴和短半轴的长度，此时要求x1和y1的值是相同的，所以该椭圆就是正圆。第52～54行代码随机生成了颜色值。第55行代码根据生成的颜色值设置画笔颜色。第56、57行代码随机生成圆心位置。第58行代码随机生成一个5～15的随机数作为圆的半径。第59行代码让长半轴与短半轴保持一致。第60行代码绘制圆形。该循环一共执行100遍，所以绘制了100个大小、颜色不同的圆。

Applet程序没有main()方法，需要被加载到HTML文件中才能运行。在TestApplet.html文件中，其<applet></applet>标签内配置了Applet程序的信息。code属性内容为

TestApplet.class,此时需要注意是编译后的 class 文件,而不是 java 源文件。width 和 height 属性指定了页面的宽度和高度。<param>标签给出了传递的参数,其中 name 属性指定参数的名称,value 属性指定参数的内容。

10.2.5 考题精讲

视频 10-5 考题精讲:Applet 编程

1. 向 Applet 传递参数的正确描述是( )。
    A. <param name=age, value=20>
    B. <applet code=Try.class width=100, height=100, age=33>
    C. <name=age, value=20>
    D. <applet code=Try.class name=age, value=20>

【解析】 Applet 获取参数是通过 HTML 文件中采用<param>标记定义参数的。Java 中还定义了相应的方法,用来从 HTML 中获取参数。格式如下:

```
<param name=appletParameter1, value=value1>
```

2. 下列叙述中,错误的是( )。
    A. Java Applet 程序的.class 文件可用 java 命令运行
    B. 通常情况下,Java 应用程序只能有一个 main()方法
    C. Java Applet 必须有 HTML 文件才能运行
    D. Java 应用程序与 Applet 的所有编译命令相同

【解析】 本题考查的是 Java 的 Applet 与应用程序的区别。Applet 不能直接通过 Java 命令启动运行,因此 A 选项错误。在每个应用程序中可以包含多个方法,但是只有一个 main()方法作为入口执行点,有且只有一个 main()方法,B 选项正确。Applet 是能够嵌入 HTML 语言中,并能够在浏览器中运行的类。Applet 运行环境是 Web 浏览器,所以必须建立 HTML 文件,告诉浏览器如何加载和运行 Applet,C 选项正确。Applet 的运行方式和 Java 应用程序虽然不同,但是 Applet 在运行前也必须被编译为类文件,这点和 Java 应用程序是一样的,D 选项正确。所以答案为 A 选项。

3. 下列叙述中,错误的是( )。
    A. Applet 事件处理机制与 Java 应用程序相同
    B. Applet 事件处理机制与 JApplet 相同
    C. Applet 事件处理机制采用监听器方式
    D. JApplet 事件处理机制不是采用监听器方式

【解析】 Swing 事件处理机制继续沿用 awt 的事件处理机制。事件处理机制中仍旧包含三种角色:事件源、事件、事件处理者(事件监听程序)。事件源就是 Swing 的各种构件,与之对应的就是事件监听器接口。D 选项说法错误,本题答案为 D 选项。

4. 要向 Applet 传递参数,应该在下列 hello.html 文件的下画线处填入的选项是( )。

```
1    ...
2    <applet code = Hello.class width = 100 height = 100>
3    <_____ value = "Hi! ">
4    </applet>
5    ...
```

A. str B. "str"

C. param name=str D. param"str"

【解析】 param 标签就是用来给 Applet 传递参数的。必须要有 name 属性和 value 值。下画线处填入的选项是：param name="str"。其中双引号可以省略。所以本题答案为 C 选项。

5. 下列关于 Applet 的叙述中，正确的是( )。

    A. Applet 中支持与 Java 应用程序相同的 GUI 事件响应机制

    B. Applet 的主类只能定义为 Applet 类的子类

    C. Applet 的主类必须定义为 JApplet 类的子类

    D. Applet 主类的直接父类是 Object

【解析】 每个 Java Applet 类都必须是 Applet 类或是 JApplet 类的子类。因此 B 选项和 C 选项错误。Object 是 Applet 的间接父类，D 选项错误。Java Applet 与 Java 应用程序的事件相应机制都是监听器机制。所以本题答案为 A 选项。

6. 若要使 Applet 程序 AppletTest 在浏览器正常运行，应该在下列 app_test.html 文件的下画线处填入的选项是( )。

```
1    ...
2    <_____ code = AppletTest.class width = 200 height = 25>
3    <_____ name = str value = "have a nice day!">
4    </applet>
5    ...
```

    A. class, var B. applet, param

    C. codebase, parameter D. applet, argum

【解析】 Applet 属于嵌入浏览器中的程序，当 Applet 编译通过后，需要通过 HTML 中的<applet></applet>标记来告诉浏览器将允许一个 Java Applet 运行。code 是告诉浏览器运行哪一个 Java 应用程序，也可以通过<param>标记将参数传递到 Java Applet 中。因此，答案为 B 选项。

7. 为了使下列 Applet 在运行时显示如下界面，在下画线处应填入的是( )。

```
1    import java.awt.*;
2    import java.swing.*;
3    public class AppletTest extends JApplet{
4        public void _____ (     ){
5            Container contentPane = getContentPane();
6            JTextField tf = new JTextField(20);
7            tf.setText("祝你成功!");
8            contentPame.add(tf);
9        }
10   }
```

    A. run B. paint C. start D. init

【解析】 创建 Applet 之后，就要调用 init()方法。本题初始化的过程必须要完成，因此要有 init()方法，因此答案为 D 选项。

本 章 小 结

本章小结内容以思维导图的形式呈现,请读者扫描二维码打开思维导图学习。

本章小结

习 题

一、选择题

1. 下列方法中,不属于 Applet 生命周期方法的是( )。
   A. init()　　　　B. start()　　　　C. stop()　　　　D. paint()
2. 下列关于 Applet 的叙述中,正确的是( )。
   A. Applet 中支持与 Java 应用程序相同的 GUI 事件响应机制
   B. Applet 的主类只能定义为 Applet 类的子类
   C. Applet 的主类必须定义为 JApplet 类的子类
   D. Applet 主类的直接父类是 Object
3. 下列关于 Applet 的叙述中,正确的是( )。
   A. Applet 中可以重写 Applet 类的 paint()方法
   B. Applet 的 start()方法只能在加载时调用一次
   C. Applet 的 stop()方法是在浏览器关闭时被调用的
   D. Applet 的 destroy()方法不属于 Applet 生命周期
4. 下列关于 Applet 的说法中,正确的是( )。
   A. 可以在 HTML 文件中定义和传递 Applet 参数
   B. Applet 中不能重写 Applet 类的 start()方法
   C. Applet 中不能包含 main()方法
   D. Applet 和 Java 应用程序启动和运行的方式相同
5. 下列关于 Applet 的叙述中,正确的是( )。
   A. Applet 需要在浏览器中运行,运行过程相对复杂
   B. Applet 的主类只能定义为 JApplet 类的子类
   C. Applet 中不支持 GUI 事件响应机制
   D. Applet 的 init()方法在每次显示该 Applet 时都要调用
6. 下列关于 Applet 的说法,正确的是( )。
   A. Applet 的主类只能定义为 JApplet 类的子类
   B. Applet 的主类只能定义为 Applet 类的子类
   C. 当 Applet 从内存卸载时,需要调用 Applet 的 destroy()方法
   D. Applet 不支持显示图像和播放音乐等多媒体功能

二、程序填空题

1. 下列代码包括一个 HTML 文件和一个定义 Applet 类的 Java 程序。为了使 HTML 文件在浏览器中运行时显示"A nice day!",将程序补充完整。

(1) hello2.html

```
<HTML>
    <HEAD>
        <TITLE> Hello </TITLE>
    </HEAD>
    <BODY>
        <APPLET CODE="_____" WIDTH=150 HEIGHT=25>
        </APPLET>
    </BODY>
</HTML>
```

(2) AppletTest2.java

```
import java.awt.*;
import javax.swing.*;
import java.applet.*;
public class AppletTest2 extends _____ {
    public void paint (Graphics g){
        g.drawString("A nice day!",25,25);
    }
}
```

2. 将下列 Applet 程序补充完整。

```
import java.awt.*;
import javax.swing.*;
public class AppletTest1 extends JApplet{
    public void _____ () {
        Container contentPane= getContentPane();
        JTextField tf = new JTextField(20);
        tf.setText("祝你成功!");
        contentPane.add(tf):
    }
}
```

3. 若要使 Applet 程序 AppletTest 在浏览器中正常运行,请将下列 app_test.html 文件代码补充完整。

```
<HTML>
    <BODY>
        <_____ CODE="AppletTest.class" WIDTH=200 HEIGHT=25>
            <_____ NAME=STR VALUE = "Have a nice day!">
        </APPLET>
    </BODY>
</HTML>
```

4. 为了使下列 Applet 在运行时显示字符串信息"How are you!",请将下列程序补充完整。

```
import java.awt.*;
import javax.swing.*;
public class AppletTest3 extends JApplet{
    JTextArea ta;
    public void _____(){
    Container contentPane= getContentPane();
        ta = new JTextArea(2,50);
        contentPane.add(ta);
    }
    public void paint (Graphics g){
        ta._____("How are you!");
    }
}
```

5. 下列 Apple 程序将在屏幕上显示"How are you!"的信息，请将下列代码补充完整。

```
import java.awt.*;
import javax.swing.*:
public class AppletTest1 extends _____{
    public void init(){
        Container contentPane = getContentPane();
        JTextField tf = new JTextField(20);
        tf.setText("How are you!");
        _____.add(tf);
    }
}
```

6. 为了使下列 Applet 在运行时示字符串信息"Java! Java!"，请将下列程序补充完整。

```
import java.awt.*;
import javax.swing.*;
public class AppletTest2 extends JApplet{
    public void _____(Graphics g){
        g.setColor(Color.blue);
        g._____("Java!Java!",10,10);
    }
}
```

本章习题答案

附录 A Java 常用关键字表

Java 常用关键字表见表 A-1。

表 A-1 Java 常用关键字表

abstract	boolean	break	byte	case	cast	catch
char	class	const	continue	default	do	double
else	extends	false	final	finally	float	for
future	generic	goto	if	implements	import	inner
instanceof	int	interface	long	native	new	null
operator	outer	package	private	protected	public	rest
return	short	static	super	switch	synchronized	this
throw	throws	transient	true	try	var	void
volatile	while					

附录 B Java 运算符优先次序表

Java 运算符优先次序见表 B-1。

表 B-1 Java 运算符优先次序

优先级	运算符	名称或含义	使用形式	对象个数	结合方向
1	[]	数组下标	数组名[常量表达式]	单目运算	从左到右
	.	对象成员引用	对象.成员名		
	(参数)	参数计算和方法调用	(表达式)/方法名(形参表)		
	++	后缀加	变量名++		
	－－	后缀减	变量名－－		
2	++	前缀加	++变量名	单目运算	从右到左
	－－	前缀减	－－变量名		
	＋	正号运算符	＋表达式		
	－	负号运算符	－表达式		
	~	按位取反运算符	~表达式		
	!	逻辑非运算符	!表达式		
3	new	对象实例	new 构造方法	单目运算	从右到左
	(类型)	强制类型转换	(数据类型)表达式		
4	*	乘	表达式 * 表达式	双目运算	从左到右
	/	除	表达式 / 表达式		
	%	余数(取模)	整型表达式 % 整型表达式		
5	＋	加	表达式 ＋ 表达式	双目运算	从左到右
	＋	字符串连接	字符串1＋字符串2		
	－	减	表达式1－表达式2		
6	<<	左移	变量<<表达式	双目运算	从左到右
	>>	右移	变量>>表达式		
	>>>	无符号右移	变量>>>表达式		
7	>	大于	表达式>表达式	双目运算	从左到右
	>=	大于或等于	表达式 >= 表达式		
	<	小于	表达式 < 表达式		
	<=	小于或等于	表达式<=表达式		
	instanceof	类型比较	对象 instanceof 类型名		

续表

优先级	运算符	名称或含义	使用形式	对象个数	结合方向
8	==	等于	表达式==表达式	双目运算	从左到右
	!=	不等于	表达式!=表达式		
9	&	按位与	表达式&表达式	双目运算	从左到右
	&	布尔与	表达式&表达式		
10	^	按位异或	表达式^表达式	双目运算	从左到右
	^	布尔异或	表达式^表达式		
11	|	按位或	表达式|表达式	双目运算	从左到右
	|	布尔或	表达式|表达式		
12	&&	逻辑与	表达式&&表达式	双目运算	从左到右
13	||	逻辑或	表达式||表达式	双目运算	从左到右
14	?:	条件运算符	布尔表达式?表达式1:表达式2	三目运算	从右到左
15	=	赋值运算符	变量=表达式	双目运算	从右到左
	*=	乘后赋值	变量*=表达式		
	/=	除后赋值	变量/=表达式		
	%=	取模后赋值	变量%=表达式		
	+=	加后赋值	变量+=表达式		
	+=	字符串连接赋值	变量+=字符串表达式		
	-=	减后赋值	变量-=表达式		
	<<=	左移后赋值	变量<<=表达式		
	>>=	右移后赋值	变量>>=表达式		
	>>>=	无符号右移后赋值	变量>>>=表达式		
	&=	按位与后赋值	变量&=表达式		
	&=	布尔与后赋值	变量&=表达式		
	^=	按位异或后赋值	变量^=表达式		
	^=	布尔异或后赋值	变量^表达式		
	|=	按位或后赋值	变量|=表达式		
	|=	布尔或后赋值	变量|=表达式		
16	,	逗号运算符	表达式,表达式,…		从左到右

附录 C 全国二级 Java 考试大纲及考试环境解读

1. 上机考试报考指南

全国计算机等级考试每年举行 4 次,分别安排在 3 月、5 月、9 月和 12 月。具体安排和注意事项如表 C-1 所示。全国计算机等级考试全部为上机考试,所以该考试的报考指南如表 C-2 所示。

表 C-1 全国计算机等级考试时间安排及注意事项

场次	注 意 事 项
第 1 次	(1) 报名时间:上一年的 12 月底至本年的 1 月。各省、市、自治区考试院根据自己的实际情况略有差别。 (2) 考试时间:3 月最后一周的周六、周日。如果该考点考试人数过多,还会延续到周一。 (3) 报考科目:可以报考全国计算等级考试全部级别全部科目
第 2 次	(1) 报名时间:4 月底到 5 月初报名。 (2) 考试时间:5 月最后一周的周六、周日。 (3) 报考科目:涉及全国计算机等级考试一级和二级的全部科目
第 3 次	(1) 报名时间:6 月底至 7 月初。各省、市、自治区考试院根据自己的实际情况略有差别。 (2) 考试时间:9 月最后一周的周六、周日,如果该考点考试人数过多,还会延续到周一。 (3) 报考科目:可以报考全国计算机等级考试全部级别全部科目
第 4 次	(1) 报名时间:11 月底到 12 月初报名。 (2) 考试时间:12 月最后一周的周六、周日。 (3) 报考科目:涉及全国计算机等级考试一级和二级的全部科目

表 C-2 全国计算机等级考试报考指南

流程名称	注 意 事 项
考试报名	(1) 考点报名: ① 携带身份证(户口本、身份证或军官证); ② 缴纳考试费用; ③ 考生按照要求进行信息采集。 (2) 网上报名: ① 考生所在省、市、自治区的网上报名系统注册,填报个人信息; ② 根据网上报名的要求上传正面免冠电子照片; ③ 完成网上缴费 ④ 网上报名时注意填写证书邮寄地址信息,为后期获取证书做准备

续表

流程名称	注 意 事 项
领准考证	(1) 打印时间：一般在考前15天左右。 (2) 领取地点： ① 考点报名的考生需携带身份证到考试报名点领取； ② 网上报名的考生，可登录报名网站查看、打印准考证。 (3) 特别提醒：考试具体时间、地点以"准考证"为准，不得更改
模拟考试	(1) 考试时间：一般在考前一周左右。 (2) 考试地点：到具体考点参加模拟考试。 (3) 特别提醒：如果自己报考的考点安排模拟考试，自己也有条件参加，考生应携带身份证、准考证到考点参加模拟考试。请尽可能参加模拟考试，给自己一次实战的机会
正式考试	(1) 考试时间：一般是3月、5月、9月和12月最后一周的周六到周日。 (2) 考试地点：准考证上的考点。 (3) 特别提醒：考生应携带身份证、准考证、蓝色或黑色水笔到考点并按照考场要求参加考试
成绩查询	(1) 查询时间：一般在考后30个工作日内，教育部考试中心会将成绩的处理结果下发给省级承办机构。考生可在考试结束50个工作日以后查询成绩。 (2) 注意事项：考生要关注网上的相关信息或及时与考点联系
领取证书	(1) 领取时间：考试结束后的45个工作日内由教育部考试中心颁发证书。 (2) 注意事项：携带相关证件到考点领取证书。证书上将根据考生成绩加盖"合格""良好""优秀"字样。90分以上为优秀，80分以上为良好，60分以上为及格。应注意只有选择题和操作题都达到优秀，才能拿到优秀证书。其中达到合格要求的补充条件包括40道选择题需要答对一半，即需要选择题达到20分及以上

2. 二级Java程序设计考试大纲

（1）全国计算机等级考试二级公共基础知识考试大纲。

全国计算机等级考试二级的所有考试科目均要考公共基础知识，公共基础知识占10分，共计10道选择题，包含计算机系统、基本数据结构与算法、程序设计基础、软件工程基础、数据库设计基础，共涉及5个计算机专业课程的基础内容。具体要求、考试要点及分值比例如表C-3所示。

表C-3 公共基础知识考试内容解析

对应专业课程	具体要求及考试要点解读	分值比例解析
计算机系统	(1) 掌握计算机系统的结构。 (2) 掌握计算机硬件系统结构，包括CPU的功能和组成，存储器分层体系，总线和外部设备。 (3) 掌握操作系统的基本组成，包括进程管理、内存管理、目录和文件系统、I/O设备管理	2021年3月起新增的考试内容，需要熟练掌握。一般出现在选择题第1、2题，占1~2分

续表

对应专业课程	具体要求及考试要点解读	分值比例解析
基本数据结构与算法	(1) 算法的基本概念;算法复杂度的概念和意义(时间复杂度与空间复杂度)。 (2) 数据结构的定义;数据的逻辑结构与存储结构;数据结构的图形表示;线性结构与非线性结构的概念。 (3) 线性表的定义;线性表的顺序存储结构及其插入与删除运算。 (4) 栈和队列的定义;栈和队列的顺序存储结构及其基本运算。 (5) 线性单链表、双向链表与循环链表的结构及其基本运算。 (6) 树的基本概念;二叉树的定义及其存储结构;二叉树的前序、中序和后序遍历。 (7) 顺序查找与二分法查找算法;基本排序算法(交换类排序,选择类排序,插入类排序)	多考第(1)、(3)、(4)、(6)项的内容,需要熟练掌握。大多出现在选择题第3~5题,约占3分
程序设计基础	(1) 程序设计方法与风格。 (2) 结构化程序设计。 (3) 面向对象的程序设计方法,以及对象、方法、属性及继承与多态性	重点考察第(2)、(3)项的内容,需要重点掌握。大多出现在第6题,占0~1分
软件工程基础	(1) 软件工程基本概念,软件生命周期概念,软件工具与软件开发环境。 (2) 结构化分析方法,数据流图,数据字典,软件需求规格说明书。 (3) 结构化设计方法,总体设计与详细设计。 (4) 软件测试的方法,白盒测试与黑盒测试,测试用例设计,软件测试的实施,单元测试、集成测试和系统测试。 (5) 程序的调试,静态调试与动态调试	多考第(3)、(4)、(5)项的内容,需要重点掌握。大多出现在第6、7题,占1~2分
数据库设计基础	(1) 数据库、数据库管理系统、数据库系统的相关概念。 (2) 数据模型,实体联系模型及E-R图,从E-R图导出关系数据模型。 (3) 关系代数运算(包括集合运算及选择、投影、连接运算),以及数据库规范化理论。 (4) 数据库设计方法和步骤:需求分析,概念设计,逻辑设计和物理设计的相关策略	重点考查第(2)、(3)、(4)项的内容。大多出现在选择题第8~10题,约占3分。其中关系模型和关系代数运算是重中之重

(2) 全国计算机等级考试二级Java语言程序设计考试大纲。

全国计算机等级考试二级Java语言程序设计科目上机时长120分钟,满分100分,分为单选题和操作题,所有操作题均是程序填空。其中单选题40题,每题1分共计40分,包含公共基础知识部分10分。操作题60分,包括基本操作题、简单应用题和综合应用题。该考试科目的基本要求如下。

① 掌握Java语言的特点、实现机制和体系结构。
② 掌握Java语言中面向对象的特性。
③ 掌握Java语言提供的数据类型和结构。
④ 掌握Java语言编程的基本技术。

⑤ 会编写 Java 用户界面程序。
⑥ 会编写 Java 简单应用程序。
⑦ 会编写 Java 小应用程序(Applet)。
⑧ 了解 Java 语言的广泛应用。

全国计算机等级考试二级 Java 语言程序设计科目的具体要求、考试要点及分值比例如表 C-4 所示。

表 C-4 Java 语言程序设计考试内容解析

内　　容	大 纲 要 求	分值比例解析
Java 语言的特点、实现机制和体系结构	(1) Java 的特点及实现机制。 (2) Java 程序结构。 (3) Java 类库结构。 (4) Java 程序开发环境结构	一般出现在选择题,第(1)项考 1 分,第(2)、(3)、(4)项考 1 分。大多出现在第 11、12 题的位置,分值约占 2%
Java 语言中面向对象的特性	(1) 面向对象编程的基本概念和特征。 (2) 类的基本组成和使用。 (3) 对象的生成、使用和删除。 (4) 包与接口。 (5) Java 类库的常用类和接口	以选择题和操作题两种题型出现。选择题常考第(1)、(2)、(5)项,一般出现在第 21~25 题的位置,分值占 5%。操作题三个题目中均有体现,出现的概率为 30%
Java 语言的基本数据类型和运算	(1) 变量和常量。 (2) 基本数据类型及转换。 (3) Java 类库中对基本数据类型的类包装。 (4) 运算符和表达式运算。 (5) 字符串和数组	以选择题和操作题两种题型出现。选择题常考第(1)、(2)、(4)、(5)项,一般出现在第 13~17、27、28 题的位置,分值占 7%。操作题三个题目中均有体现,常考第(2)、(5)两项,出现的概率为 25%
Java 语言的基本语句	(1) 条件语句。 (2) 循环语句。 (3) 注释语句。 (4) 异常处理语句。 (5) 表达式语句	以选择题和操作题两种题型出现。选择题常考第(1)、(2)、(4)、(5)项,一般出现在第 18~20、25、26 题的位置,分值占 5%。操作题三个题目中均有体现,常考第(1)、(2)、(4)三项,出现的概率为 40%
Java 编程基本技术	(1) 输入输出流及文件操作。 (2) 线程的概念和使用。 (3) 程序的同步与共享。 (4) Java 语言的继承、多态和高级特性。 (5) 异常处理和断言概念。 (6) Java 语言的集合(Collections)框架和泛型概念	以选择题和操作题两种题型出现。选择题常考第(1)、(2)、(3)、(4)项,一般出现在第 29~32、36~39 题的位置,分值占 8%。操作题三个题目中均有体现,常考第(1)、(3)、(4)、(5) 四项,出现的概率为 40%
编写用户界面程序基础	(1) 用 AWT 编写图形用户界面的基本技术。 (2) 用 Swing 编写图形用户界面的特点。 (3) Swing 的事件处理机制	以选择题和操作题两种题型出现。选择题常考第(1)、(2)、(3)项,一般出现在第 33~35 题的位置,分值占 3%。操作题三个题目中均有体现,常考第(2)、(3)两项,出现的概率为 38%

续表

内　容	大纲要求	分值比例解析
编写小应用程序基础	（1）Applet 的 API 基本知识。 （2）Applet 的编写步骤及特点。 （3）基于 AWT 和 Swing 编写用户界面。 （4）Applet 的多媒体支持和通信	以选择题和操作题两种题型出现。选择题常考第（1）、（2）两项，一般出现在 40 题的位置，分值占 1%。操作题三个题目中均有体现，常考第（1）、（2）两项，出现的概率为 20%
SDK 的下载和安装	Java SDK 6.0 的下载和安装	下载安装 Java SDK 6.0，掌握安装方法。考试考核较少

3. 考试环境介绍

（1）硬件环境。考试系统所需要的硬件环境如表 C-5 所示。

表 C-5　考试硬件环境

硬　件	指标要求	硬　件	指标要求
CPU	主频 3GHz 或以上	显卡	SVGA 彩显
内存	2GB 或以上	硬盘空间	10GB 以上可供使用的空间

（2）软件环境。考试系统所需要的软件环境如表 C-6 所示。

表 C-6　考试软件环境

硬　件	指标要求
操作系统	中文版 Windows 7
应用软件	NetBeansIDE 中国教育考试版(2007)

4. 考试流程介绍

（1）登录。在实际答题之前，需要进行考试系统的登录，系统要验证考生的合法身份。另外，考试系统要进行随机抽题，生成一份二级 Java 语言考试试题。

① 启动考试系统。双击桌面上的 NCRE 考试系统的快捷方式，或从选择"开始"菜单→"所有程序"→"第××（××为考次号）次 NCRE"命令，启动"NCRE 考试系统"，如图 C-1 所示。

② 输入准考证号。如果准考证号存在，将出现考生信息确认界面，完成准考证号、姓名、证件号的信息确认，如图 C-2 所示。如果准考证号、姓名、证件号有错误，可以单击"重输准考证号"按钮，进行重新输入。如果确认无误，可以单击"下一步"按钮继续。如果准考证号不存在，考试系统会展示提示性信息，并要求考生重新输入。

③ 登录成功。当考试系统抽取试题成功后，屏幕上会显示二级 Java 语言的考试须知，如图 C-3 所示，考生须选中"已阅读"复选框并单击"开始考试"按钮，此时开始计时，考试随后开始。

图 C-1　考生登录界面

图 C-2　考生信息确认

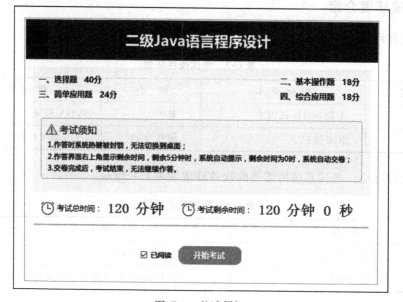

图 C-3　考试须知

（2）答题。

① 试题内容查阅窗口。成功登录后，考试系统将自动在屏幕中间生成试题内容查阅窗口，如图 C-4 所示。至此，系统已为考生抽取了一套完整的试题。单击"选择题""基本操作题""简单应用题""综合应用题"等按钮，可以查看各题型的题目要求。当窗口中有上下或左右滚动条时，表示该窗口的试题还没有显示完全，考生可以滚动鼠标，查看余下的题目，防止漏看和漏做。

② 考试状态信息条。考试状态信息条如图 C-5 所示，包含考生的考试科目、准考证号、姓名、考试剩余时间。可以收起或固定顶部栏，显示或隐藏试题内容查阅窗口，查看答题进度，查阅帮助文档。单击"交卷"按钮，则实现退出考试系统的功能。

③ 启动考试环境。在试题内容查阅窗口，单击选择题标签，然后单击"开始作答"按钮，系统会自动进入作答选择题的界面，可根据要求进行答题。

提示：选择题只能进入一次，只有唯一一次机会作答，退出后就不能再进去。对于基本操作题、简单应用题、综合应用题，可多次进入，多次作答，多次修改。

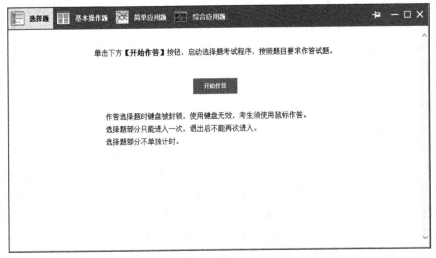

图 C-4　试题内容查阅窗口

图 C-5　考试状态信息条

操作题考试时,如图 C-6 所示,首先选择考试题型,然后单击考生文件夹,此时跳出考生文件夹所在路径对应的窗口。考生根据自己的需要选择对应的文件,此时需要启动桌面上的 nbncre.exe 编译器。将考生文件夹中的工程导入编译器中,才能开始答题。基本操作题、简单应用题和综合应用题需要考生边做、边编译、边运行。做完请保存好文件。不编译、运行、保存是无法获得分数的。做题时,只需要将空格替换为代码即可,不能增加和删除行。

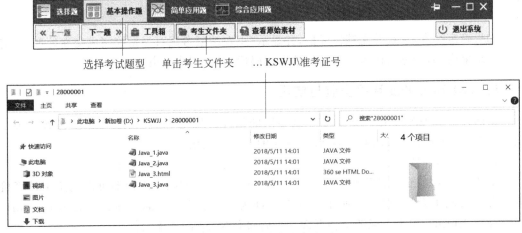

图 C-6　考试作答注意事项

注意：考生文件夹是考生存放答题结果的唯一位置。考生在考试的过程中所有操作的文件和文件夹绝对不能脱离考生文件夹，绝对不能删除此文件夹中的任何与考试要求无关的文件和文件夹，否则会影响考试成绩。每个考生的考生文件夹的命名都是考生的准考证号，请不要修改。

④ 素材恢复。如果考生在考试过程中，原始的素材文件不能复原或被误删除时，可以单击试题内容查阅窗口的"查看原始素材"按钮，系统将会下载原始素材文件到临时目录中。考生可以查看或复制原始素材文件，但请勿删除临时目录中的答题文件。

（3）交卷。当考试距离结束还剩 5 分钟时，系统会提示考生存盘并准备交卷。时间一旦用完，系统自动结束考试，强制性交卷。考生要提前结束考试，可以单击"交卷"按钮，考试系统会弹出如图 C-7 所示的"作答进度"窗口，显示已做答题目和未作答题目。此时考生如果单击"确定"按钮，系统会再次弹出确认对话框，如果仍选择"继续交卷"，则退出考试系统并完成交卷，结束考试；单击"取消"按钮返回考试界面继续考试。

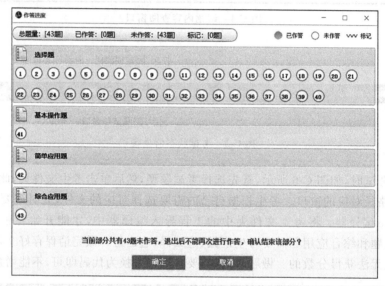

图 C-7 "作答进度"窗口

如果确定交卷，系统首先锁住屏幕，并显示"正在结束考试"；当系统完成交卷处理时，需要输入结束密码，待输入监考人员输入结束密码后，考试正式结束。

5. 二级 Java 开发环境安装与使用

全国计算机等级考试二级 Java 考试使用的编译环境是"NetBeans IDE 中国教育考试版（2007）"。以下是对考试编译器 NetBeans 的安装和使用。

（1）启动编译器。

① 软件下载。全国计算机等级考试二级 Java 考试官方指定编译器可以到全国计算机等级考试官网下载，如图 C-8 所示。下载地址为 http://ncre.neea.edu.cn/html1/report/1507/865-1.htm。单击下载链接会下载一个后缀名为 zip 的压缩文件。

② 文件解压。下载后的压缩文件包含四部分：jdk1.6.0_04、netbeans-ncre2007、nbncre.exe、netbeans_ncre 的说明文档.doc，如图 C-9 所示。

图 C-8　二级 Java 编译器官网下载页面

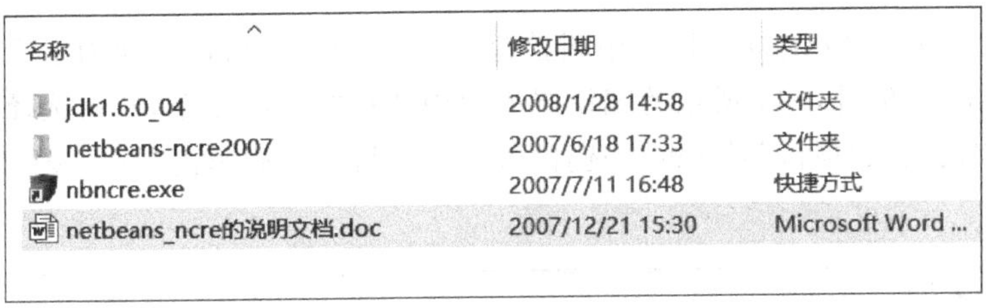

图 C-9　压缩包内所包含的文件

注意：需要将它们解压到 C 盘根目录，解压到其他目录是无法使用的。

③ 软件启动。解压后，在 C 盘根目录下找到 nbncre.exe，双击 nbncre.exe 快捷图标，启动软件。软件启动效果如图 C-10 所示，编译器界面如图 C-11 所示。也可以将 nbncre.exe 的快捷方式创建到桌面上，这样后期就可以很方便地找到该软件了。

图 C-10　软件启动效果

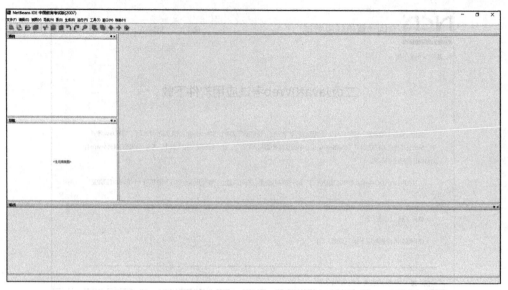

图 C-11 编译器界面

（2）NetBeans 开发环境的使用。

① 创建新项目。NetBeans IDE 中国教育考试版（2007）可以创建为中国教育考试涉及的"NCRE 项目"。在图 C-11 所示的编译器界面中选择"文件"菜单，然后选择"新建项目"命令，在随后弹出的"新建项目"对话框中选择"NCRE 项目"，然后单击"下一步"按钮，如图 C-12 所示。

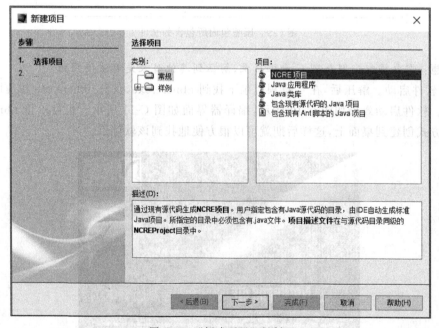

图 C-12 "新建项目"对话框

② 找考生文件夹。接着将进入"新建 NCRE 项目"对话框，在该对话框中完成第 2 步

"名称和路径",在"项目名称和路径"栏目中单击"浏览"按钮,在随后打开的"请选择项目路径"对话框中选择"考生文件夹",如图 C-13 所示,之后单击"打开"按钮。"请选择项目路径"对话框随即关闭,然后单击"完成"按钮,进入答题界面,如图 C-14 所示。

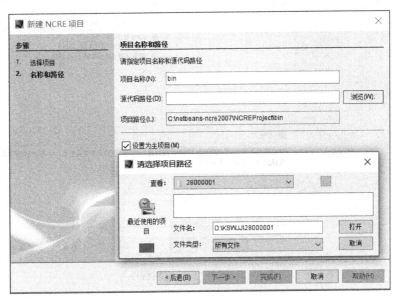

图 C-13　选择项目路径

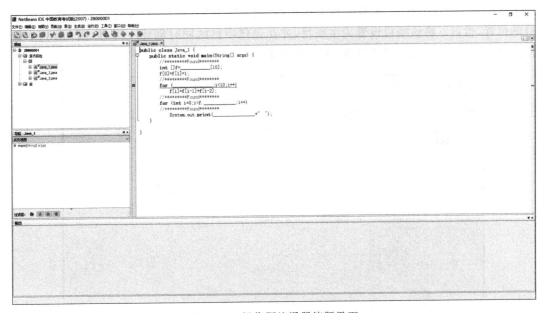

图 C-14　操作题编译器答题界面

(3) 自建 Java 工程。

① 创建新项目。在图 C-11 所示的界面中选择"文件"菜单,再选择"新建项目"命令,在随后弹出的"新建项目"对话框中选择"Java 应用程序",然后单击"下一步"按钮,如图 C-15 所示。

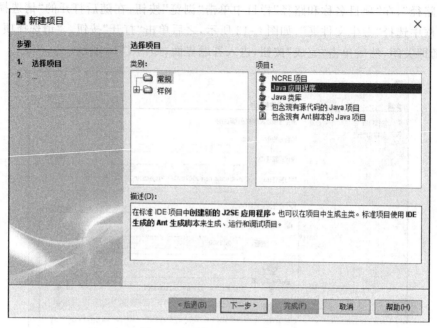

图 C-15　选择"Java 应用程序"

② 创建 Java 工程。在随后弹出的"项目名称"的文本框中输入 Java 工程名，如 JavaPro。在"项目位置"文本框中写上该项目的位置路径，可以通过浏览按钮选择 Java 项目的位置，也可以将该项目设置为主项目，并在创建项目的同时创建主类，如图 C-16 所示。单击"完成"按钮，进入编译器界面，实现代码编辑。

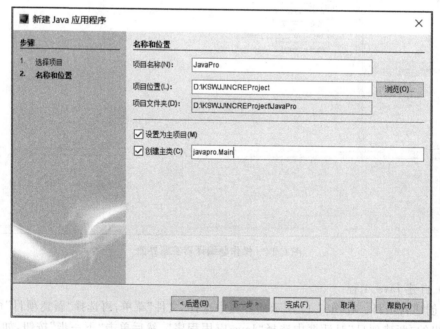

图 C-16　"新建 Java 应用程序"对话框

③ 编辑并运行程序。在随后弹出的代码编辑界面中找到第 27 行,写下代码"System.out.println("Hello World!");",然后在编辑窗口空白的地方右击,选择"运行文件"命令,完成程序的运行,并查看运行结果,如图 C-17 所示。

图 C-17　编辑、运行 Java 程序

参 考 文 献

[1] 辛运帏,饶一梅. Java 程序设计[M]. 4 版. 北京:清华大学出版社,2017.
[2] 赵彦. C 语言程序设计[M]. 4 版. 北京:高等教育出版社,2019.
[3] 赵彦. Java EE 框架技术进阶式教程[M]. 2 版. 北京:清华大学出版社,2018.
[4] 张基温. 新概念 Java 程序设计大学教程[M]. 3 版. 北京:清华大学出版社,2018.
[5] 秦小波. 设计模式之禅[M]. 2 版. 北京:机械工业出版社,2014.
[6] 卡马尔米特·辛格,等. Java 设计模式及实践[M]. 张小坤,等译. 北京:机械工业出版社,2019.
[7] 未来教育教学与研究中心. 全国计算机等级考试上机考试题库二级 Java[M]. 成都:电子科技大学出版社,2020.
[8] 陈芸,等. Java 程序设计任务驱动式教程[M]. 北京:清华大学出版社,2020.